Thermosets: Toughening Methods and Applications

热固性树脂增韧方法及应用

王智　著

化学工业出版社
·北京·

本书系统总结了热固性树脂增韧的研究现状及应用。主要内容包括增韧的基础理论与表征方法、传统增韧方法、热固性树脂增韧新方法、苯并噁嗪与双马来酰亚胺固化物的相结构及其形成机理、热固性树脂增韧在复合材料应用中存在的问题及解决方法。

本书可供从事热固性树脂行业的工作人员、科研人员及教学人员参考使用。

图书在版编目（CIP）数据

热固性树脂增韧方法及应用 / 王智著. —北京：化学工业出版社，2018.4

ISBN 978-7-122-31695-0

Ⅰ. ①热…　Ⅱ. ①王…　Ⅲ. ①热固性树脂-改性-研究　Ⅳ. ①TQ323

中国版本图书馆 CIP 数据核字（2018）第 045328 号

责任编辑：李晓红　　文字编辑：李　玥
责任校对：宋　玮　　装帧设计：王晓宇

出版发行：化学工业出版社（北京市东城区青年湖南街 13 号　邮政编码 100011）
印　　装：北京虎彩文化传播有限公司
710mm×1000mm　1/16　印张 13¾　字数 230 千字　2018 年 6 月北京第 1 版第 1 次印刷

购书咨询：010-64518888　　售后服务：010-64518899
网　　址：http://www.cip.com.cn
凡购买本书，如有缺损质量问题，本社销售中心负责调换。

定　　价：68.00 元

前言

FOREWORD

热固性树脂的增韧一直是其应用过程中的关键问题。近年来，随着纤维增强树脂基复合材料的不断兴起，热固性树脂作为高性能基体树脂体系在军用和民用领域得到广泛的应用，其增韧的问题愈发显得重要与迫切。针对热固性树脂的增韧，经历了由经验到理论，再由理论指导实践，然后实践又发展理论的循环过程。其中，涉及的理论知识繁杂、实践经验丰富。目前，罕有系统总结热固性树脂增韧方面的书籍。

作者从事热固性树脂的增韧改性工作10余年，对热固性树脂的增韧改性有一定的认识。在收集和参阅近年来国内外热固性树脂增韧方面文献资料的基础上，结合自身10年来在这方面的工作，系统地总结了热固性树脂增韧的研究现状及应用。本书在介绍了常见的热固性树脂的种类之后，适当地介绍了热固性树脂的基础理论、基本概念，系统总结了目前主流的增韧机理，重点介绍了作者本人在热固性树脂增韧方面所做的工作，最后对增韧热固性树脂的应用及可能的问题进行了讨论。本书内容全面，并尽量采用实验数据。书中涉及大量文献、实例及产品，以供从事热固性树脂行业的工作人员、科研人员及教学人员参考。

本书在撰写的过程中，得到了中北大学、四川大学、中北大学材料科学与工程学院、四川大学高分子学院、纳米功能复合材料山西省重点实验室、山西省高分子复合材料工程技术中心的大力支持。书中研究内容受到了国家自然科基金面上项目、青年项目（项目编号：50873062，51503187和51773185）和山西省青年基金项目（项目编号：201601D021058）的支持。在此一并致以谢意。

要特别感谢四川大学顾宜教授对我的指导与帮助，我的家人对我无私的奉献和支持。特别要感谢我的一对儿女，他们的到来让我们的生活变得充满乐趣与希望。

由于笔者水平所限，书中疏漏和不妥在所难免，欢迎读者批评指正。

王 智

2018年1月于美国西北大学

目录

CONTENTS

Chapter 01

第1章 绪　论

高分子材料凭借其轻质高强、性价比高、易于成型等优点，在日常生活、交通运输和国防军工等领域发挥着越来越重要的作用。其中，以高分子为基体、纤维为增强体的复合材料因为迎合了航空航天等尖端技术领域的需求而得到迅猛的发展。用高分子基复合材料制造的飞机部件比传统航空结构材料通常减重20%～30%。目前，先进战斗机复合材料用量达到其结构质量的25%以上，大型客机A380、B787、A350复合材料的用量分别达到25%、50%和53%，新型直升机V-22、RAH-66、NH-90复合材料的用量分别达到78%、90%和95%[1]。而在我国已正式下线首飞的大飞机C919中，复合材料的用量达到了12%[2]，仅约为波音空客的四分之一。今天，高分子基复合材料的发展带动了工业，特别是航空航天工业的进步，而这些方面的进步又深化了高分子这门学科逐渐成为这些战略领域最富研究和发展潜力材料的地位。

高分子材料可分为天然高分子材料和合成高分子材料两大类。其中，典型的天然高分子材料包括天然橡胶、纤维素、甲壳素等，而合成高分子材料则始于1905～1907年Baekeland合成的第一个高分子——酚醛树脂[3]，包括热塑性树脂和热固性树脂两大类。

1.1 热固性树脂的定义及种类

热塑性树脂，具有受热软化、冷却硬化的性能，而且不发生化学反应，无论加热和冷却重复进行多少次，均能保持这种性能。热塑性树脂其分子结构都属线型，它包括全部聚合树脂和部分缩合树脂。热塑性树脂有：PE（聚乙烯）、PVC

（聚氯乙烯）、PS（聚苯乙烯）、PA（聚酰胺）、POM（聚甲醛）、PC（聚碳酸酯）、PPO（聚苯醚）、PSF（聚砜）等。热塑性树脂的优点是加工成型简便，具有较高的力学性能；缺点是耐热性和刚性较差。热固性树脂加热后产生化学变化，逐渐硬化成型，再受热后既不能软化也不能溶解。热固性树脂固化后分子结构为体型，它包括大部分的缩合树脂。热固性树脂的优点是耐热性高，受压不易变形。热固性树脂种类繁多，包括酚醛树脂、环氧树脂、呋喃树脂等，下面就各种热固性树脂作一简单介绍。

1.1.1 酚醛树脂

酚醛树脂是由酚类化合物和醛类化合物缩聚而成的一类树脂。作为三大热固性树脂之一，其应用面广、产量大，发展历史悠久。在 1905～1907 年，美国科学家 Baekeland（酚醛树脂创始人）对酚醛树脂进行了系统研究之后，发现其生产周期较长，固化树脂质脆。1911 年 Aylesworth 发现乌洛托品（六亚甲基四胺）可以有效地固化酚醛树脂，形成不溶不熔产物，且产品具有优异的电绝缘性能，赋予了酚醛树脂作为绝缘材料使用的可能性。随后，Martin、Megson 等都对酚醛树脂的合成、改性、加工及应用进行了研究[3]。酚醛树脂的合成路线及结构示意如图 1.1 所示。其中，所用酚类化合物可以为苯酚、壬基酚、腰果酚、双酚 A 或几种酚的混合物；所用醛类化合物可以为多聚甲醛、乙醛、糠醛或几种醛的混合物。当两种组分按照

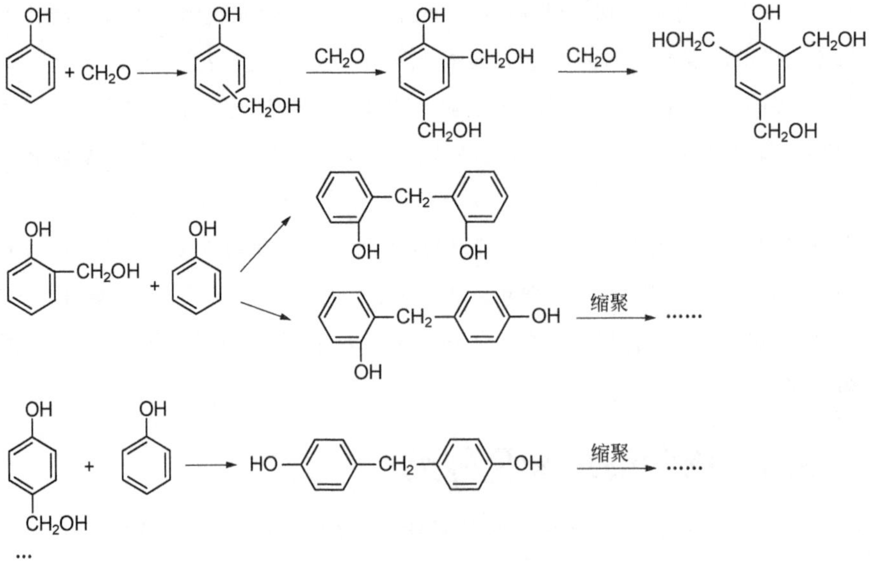

图 1.1　酚醛树脂的合成路线示意

官能团摩尔比小于 1∶1 时，合成的树脂为线型酚醛树脂，当两组分官能团摩尔比控制在 1∶1.5 或者更高时，合成的树脂为高支化或者交联型树脂。

酚醛树脂是由加成和缩聚反应制得的产物，固化的总速度由两个阶段反应速度决定：①由 A 阶树脂（单体）变为 B 阶树脂（线型分子，初步凝胶）；②由 B 阶树脂进一步固化转变成不溶不熔的三维交联网络结构，即 C 阶树脂。其中，将 A 阶状态向 B 阶状态的转变过程称为凝胶过程，对应的时间称为凝胶化时间（可用平板小刀法测得），从 B 阶状态向 C 阶状态的转变是形成三维交联网络的过程。从树脂的 A 阶状态到 C 阶状态统称为固化过程。热固性酚醛树脂可以在加热或酸性条件下完成固化，当酚和醛的官能团摩尔比为 1∶1.5 时，固化物具有最优的物理性能。酚醛树脂虽然原料简单，但是固化反应复杂，影响因素众多，主要包括树脂合成过程中酚和醛的投料比、酸碱性、温度、压力等。

酚醛树脂具有耐高温、耐烧蚀、低发烟及耐化学品等优良特性，可以广泛应用于运输、建筑、军事等领域。然而其在使用过程中也存在着固化时有副产物、固化物质脆、固化物耐候性差、固化收缩等问题。为了克服传统酚醛树脂的诸多问题，近年来一种新型的低固化收缩的高性能树脂——苯并噁嗪树脂受到国内外高度重视[3~5]。

1.1.1.1 苯并噁嗪的合成

苯并噁嗪单体是由 Holly 和 Copy[6]最先使用酚类化合物、伯胺类化合物和甲醛经 Mannich 缩合反应制得的六元杂环化合物，其反应路线如图 1.2 所示。Burke 等[7,8]进一步完善和发展了苯并噁嗪的合成。随后 Schreiber[9,10]展示了可能的噁嗪环开环机理，并提出了其取代酚醛方面的应用。Reiss 等[11]首次研究了苯并噁嗪作为热固性树脂的应用领域，说明了其热引发和酚催化单环苯并噁嗪可能形成的二聚体结构。到了近代，在 Ishida[12~14]和顾宜[15]的推动下，苯并噁嗪的合成不断完善，依据苯并噁嗪单体制备过程中噁嗪环的制备方式，可将苯并噁嗪单体的制备方法归结为三种，其制备方法如图 1.3 所示。

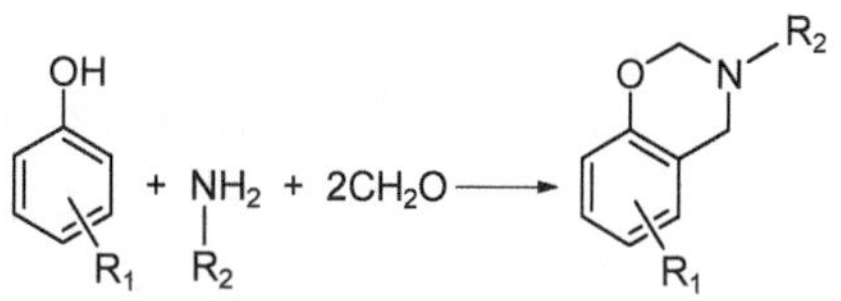

OH R_1 + NH_2 R_2 + $2CH_2O$ ⟶ (O, N, R_2, R_1)

图 1.2 苯并噁嗪的合成路线

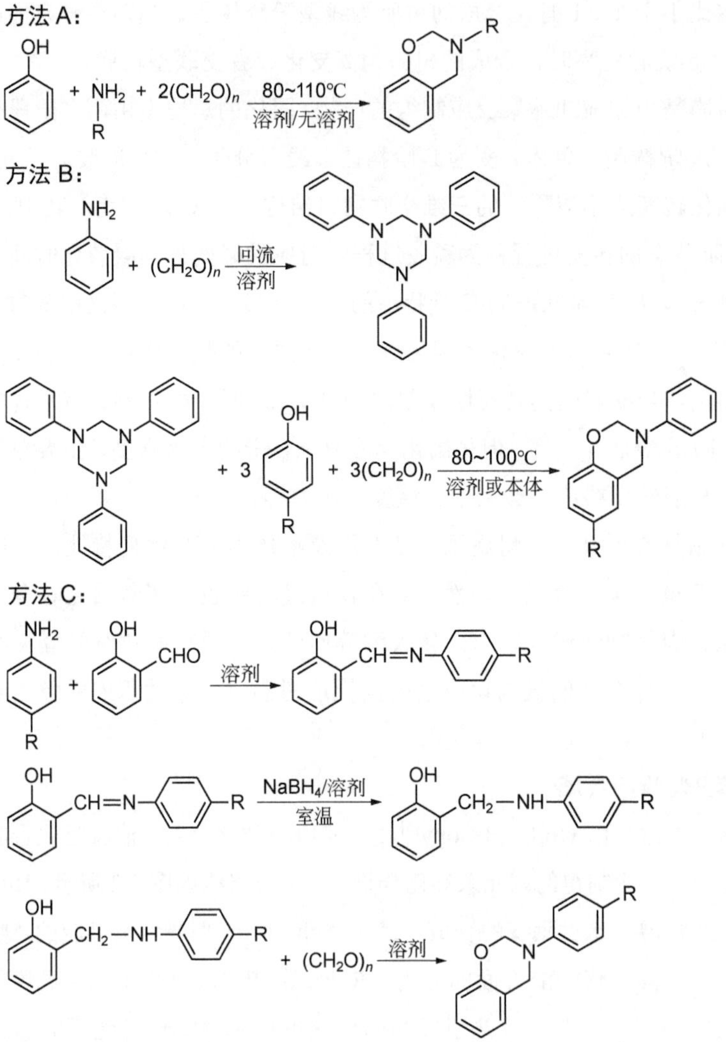

方法 A：

方法 B：

方法 C：

图 1.3　苯并噁嗪单体的不同制备方法

方法 A：在溶剂或无溶剂的环境下，称取一定计量比的酚、胺和甲醛（水溶液或多聚甲醛），按一定的加料顺序混合后，在 80～110℃下反应一定时间后制得苯并噁嗪单体。

方法 B：苯胺与多聚甲醛先反应生成三嗪，再将三嗪与一定计量比的酚混合，在溶剂或无溶剂的环境下，在一定温度下反应一定时间后制得苯并噁嗪单体。

方法 C：也称为“三步法”。第一步，在溶剂环境下，将胺与 2-羟基苯甲醛反应生成含“希夫碱”结构的中间体；第二步，用 $NaBH_4$ 还原第一步的产物；第三步，将第二步得到的产物与多聚甲醛以一定的计量比在一定温度下反应一定时间后制得苯并噁嗪单体。

1.1.1.2 苯并噁嗪的固化

苯并噁嗪中噁嗪环呈现畸形的椅式构象，存在较大的环张力。正是由于这种环张力的存在，使得苯并噁嗪能够在特定的条件下发生开环聚合反应。N、O 元素是路易斯碱，是潜在的阳离子开环聚合的反应位点[16]。Burke 等[17]首次报道了苯并噁嗪与酚类化合物进行活泼氢开环的反应。研究表明，在酚羟基的邻、对位有两个反应活性点，其生成的结构如图 1.4 所示。

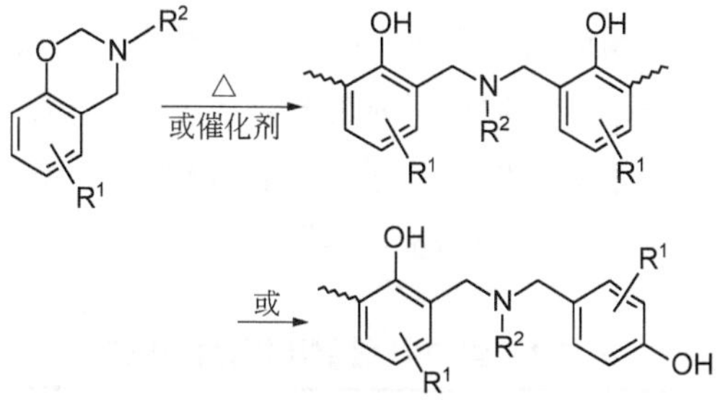

图 1.4 苯并噁嗪的固化过程

此外，苯并噁嗪可以在 200℃以上的高温下进行热开环聚合。在开环过程中产生的酚羟基可以催化苯并噁嗪的热固化过程，使得苯并噁嗪具有自催化的特点[18]。催化剂的引入可以降低苯并噁嗪的固化反应温度，缩短固化反应时间。目前主要的催化剂有路易斯酸、有机酸、叔胺类化合物等。对路易斯酸的研究表明，路易斯酸可以使苯并噁嗪的聚合反应在较温和的反应温度下进行[19]。对有机酸的研究显示[18,20]，强酸和弱酸对苯并噁嗪都有催化作用，而弱酸催化固化的苯并噁嗪树脂性能要更加优越。此外，顾宜、Ishida 等的研究表明叔胺类催化剂[21~25]对苯并噁嗪也有较好的催化作用。

1.1.1.3 苯并噁嗪的性能特点

苯并噁嗪树脂具有下列特点[12,26~30]：①灵活的分子设计性；②相对低的熔融黏度，便于成型加工；③固化过程中无小分子放出，制品孔隙率低；④固化物体积零收缩甚至微膨胀，保证了制品的精度；⑤高的 T_g 和模量；⑥低的吸水率；⑦优良的阻燃性和高的残炭；⑧良好的力学性能和电气性能等。然而其缺点也十分明显，如固化温度高、交联密度低、质脆等，是限制其发展应用的重要方面。

1.1.1.4 酚醛树脂的主要应用

酚醛树脂中热塑性酚醛树脂主要用于制造模塑粉，也用于制造层压塑料、铸造造型材料、清漆和胶黏剂等。通用热固性酚醛树脂主要用于制造层压塑料、浸渍成型材料、涂料等。高性能酚醛树脂除去用于上述用途外，还可作为耐烧蚀材料用于航空航天、作为耐磨材料用于高速交通工具的制动、作为封装材料用于电子工业的封装、作为保温材料用于建筑等领域。

如四川大学顾宜课题组已经将苯并噁嗪树脂基155级和180级两种耐高温玻璃布层压板投入工业化生产与应用，其性能指标见表1.1 和表1.2。可以看到，相比同类的其他产品，该产品性价比高，已经作为耐高温绝缘材料和结构材料用作电机和变压器电绝缘材料、真空泵旋片材料获得批量应用。此外，顾宜教授还将粒状苯并噁嗪与橡胶、摩擦性能调节剂和各种填料混合制备了性能优良的汽车刹车片和火车闸瓦，且已在成都批量生产，取得了显著的经济效益。相比传统酚醛体系，该体系缩短了生产周期，改善了劳动生产环境，产品气泡明显减少、合格率大幅度提高，制品的压缩强度和摩擦性能明显改善或提高[3]。

表1.1　国内H级层压板性能比较

材料	密度/(g/cm³)	马丁温度/℃	弯曲强度/MPa		冲击强度/(kJ/m²)	体积电阻率/(Ω·m)		介电强度(2mm板)/(kV/mm)	介电损耗因子	氧指数/%	可燃性/级	耐温等级/级
			室温	(180±2)℃		室温	(180±2)℃					
聚酰亚胺	1.7～1.9	≥280	≥350	≥180	≥150	$\geqslant 1.0\times10^{11}$	$\geqslant 1.0\times10^{8}$	≥18	≤0.05			H
改性二苯醚	1.7～1.9	≥250	≥300	≥150	≥150	$\geqslant 1.0\times10^{11}$	$\geqslant 1.0\times10^{8}$	≥18	≤0.05			H
苯丙噁嗪	1.7～1.9	≥250	≥400	≥250	≥150	$\geqslant 1.0\times10^{11}$	$\geqslant 1.0\times10^{9}$	≥18	≤0.05	≥40	FV-0	H

表1.2　国内F级层压板性能比较

材料	密度/(g/cm³)	马丁温度/℃	弯曲强度/MPa		冲击强度/(kJ/m²)	体积电阻率/(Ω·m)		介电强度(2mm板)/(kV/mm)	介电损耗因子	氧指数/%	可燃性/级	耐温等级/级
			室温	(155±2)℃		室温	浸水24h					
3240	1.7～1.9	≥200	≥350	≥180		≥222	$\geqslant 1.0\times10^{9}$	≥20	≤0.03			B-F
高强度环氧	1.7～1.9	≥250	≥340	≥150	≥170	≥196	$\geqslant 1.0\times10^{8}$	≥18	≤0.05			F
苯丙噁嗪	1.7～1.9	≥240	≥240	≥250	≥250	≥200	$\geqslant 1.0\times10^{9}$	≥18	≤0.05	≥40	FV-0	F

1.1.2　环氧树脂

环氧树脂是一个分子中含有两个或两个以上环氧基$-\underset{\diagdown O \diagup}{\overset{H\ \ H}{C-C}}-$，可以在加热或催化剂存在条件下形成三维交联网络结构的化合物的总称[31~33]。1934 年，Schlack 用胺类化合物使环氧树脂聚合，得到了相应的固化物，并申请了德国专利。1938 年，Pierre Castan 和 Greenlee 发表了很多关于环氧树脂合成和固化的相关专利。1947 年美国的 Ddve-Raynolds 公司进行了第一次环氧树脂的工业化生产[31]。环氧树脂种类多、应用广、应用量大[34]，按照化学结构分类，可以分为缩水甘油醚类、缩水甘油酯类、缩水甘油胺类、脂环族环氧树脂等，其典型的结构如图 1.5 和图 1.6 所示。

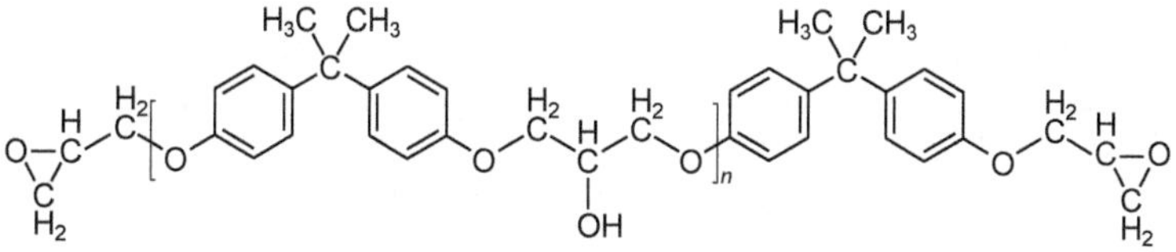

图 1.5　缩水甘油醚类环氧树脂（双酚 A 型环氧树脂）的结构

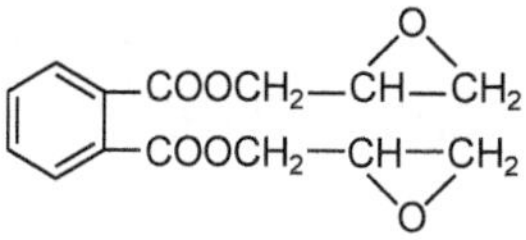

图 1.6　缩水甘油酯类环氧树脂（邻苯二甲酸二缩水甘油酯环氧树脂）的结构

1.1.2.1　环氧树脂的合成

双酚 A 型环氧树脂是由双酚 A 与环氧氯丙烷在氢氧化钠催化下制得的。基本方法是：在 NaOH 溶液存在条件下 1mol 双酚 A 和 2mol 环氧氯丙烷于 65℃进行反应。这样的反应得到的不是简单的双酚 A 的二环氧丙基醚，而是一种约在 75℃软化的固体树脂，可能是环氧丙基聚醚的复杂混合物。而脂环族环氧树脂的合成分为两个阶段：首先合成脂环族烯烃，然后再进行脂环族烯烃的环氧化。近年来，随着环氧树脂用量的增大，微电子行业的迅猛发展，合成新型的特殊类型的功能性环氧成为一种趋势[35]。如新型耐湿热环氧树脂（稠环结构环氧树脂、联苯型环氧树脂、含酰亚胺结构环氧树脂）、新型阻燃型环氧树脂（含磷型环氧树脂、含氮型环氧树脂、有机硅类环氧树脂）、液晶环氧树脂等。

1.1.2.2　环氧树脂的固化

未发生固化反应的环氧树脂呈现黏性液体或脆性固体状态，只有通过与固化剂进行固化交联形成三维交联网络结构才能实现其用途。环氧树脂的交联主要是通过环氧基的开环反应完成的，一般情况下，环氧树脂可以在酸或碱等固化剂作用下发生开环固化。其中，脂肪胺和部分脂环胺类固化剂可以使环氧树脂在室温下固化，而大部分脂环族胺和芳香胺类以及全部的酸酐类固化剂都需要在较高的温度下长时间才能发生固化交联反应。因此，选择必要的促进剂是环氧树脂使用过程中的必备步骤。促进剂主要分为亲核型促进剂、亲电型促进剂和金属羧酸盐类促进剂。

固化剂可以分为一般固化剂和潜伏型固化剂。潜伏型固化剂与环氧树脂配合在一定温度下可以长期稳定储存，一旦暴露于热、光、湿气中则容易发生固化反应。这类固化剂基本上是使用物理和化学方法封闭其固化剂活性的。潜伏型固化剂简化了环氧树脂的使用方法，是研究与开发的重点。而一般固化剂固化环氧树脂时又分为加成聚合型和催化型。加成聚合型就是使环氧环打开进行加成聚合。这种加成聚合反应，固化剂本身要参与到固化反应当中，其自身就可以形成三维交联网络结构，因此与环氧复配使用时存在最佳添加量的问题，如果含量不足，会使体系的最终固化物中含有部分未反应的环氧官能团。催化型固化剂则是以阳离子方式或阴离子方式使环氧环开环进行加成聚合，其本身不参加到三维交联网络结构中，因此不存在最佳用量问题。增大其用量会使固化反应加速，放热效应明显，从成型加工的角度来说是不利的。

不同的固化剂，其固化机理不同，总的来说主要有以下几种：环氧基与带有活性氢官能团的分子反应；环氧基之间开环；环氧基与分子中芳香结构或脂肪链上的羟基反应；环氧基或羟基与其他活性基团反应。其中伯胺固化体系[36,37]和酸酐固化体系[38]的反应机理如下。

（1）伯胺固化体系　伯胺固化环氧树脂是亲核加成机理。环氧基与伯胺存在三种反应：伯胺与一个环氧基反应生成仲胺；仲胺继续与环氧基反应生成叔胺；环氧基与反应过程中生成的羟基发生反应。如图 1.7 所示。

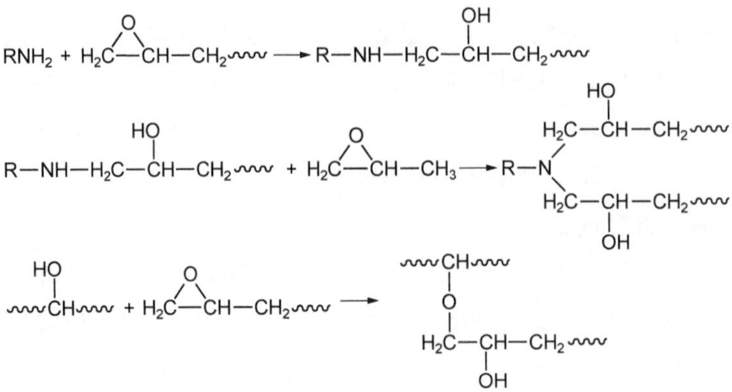

$$RNH_2 + H_2C\overset{O}{—}CH—CH_2\sim \longrightarrow R—NH—H_2C—\underset{}{\overset{OH}{CH}}—CH_2\sim$$

$$R—NH—H_2C—\overset{HO}{CH}—CH_2\sim + H_2C\overset{O}{—}CH—CH_3 \longrightarrow R—N(H_2C—\overset{HO}{CH}—CH_2\sim)(H_2C—\underset{OH}{CH}—CH_2\sim)$$

$$\sim\overset{HO}{CH}\sim + H_2C\overset{O}{—}CH—CH_2\sim \longrightarrow \sim CH\sim—O—H_2C—\underset{OH}{CH}—CH_2\sim$$

图 1.7　伯胺与环氧树脂的反应

（2）酸酐固化体系　酸酐固化环氧树脂的化学反应较复杂，无促进剂和有促进剂时的反应机理不同。在叔胺促进下的酸酐固化环氧的反应包括氧阴离子的生成、羧酸盐阴离子的生成、氧阴离子与酸酐反应生成酯化结构，如图 1.8 所示。

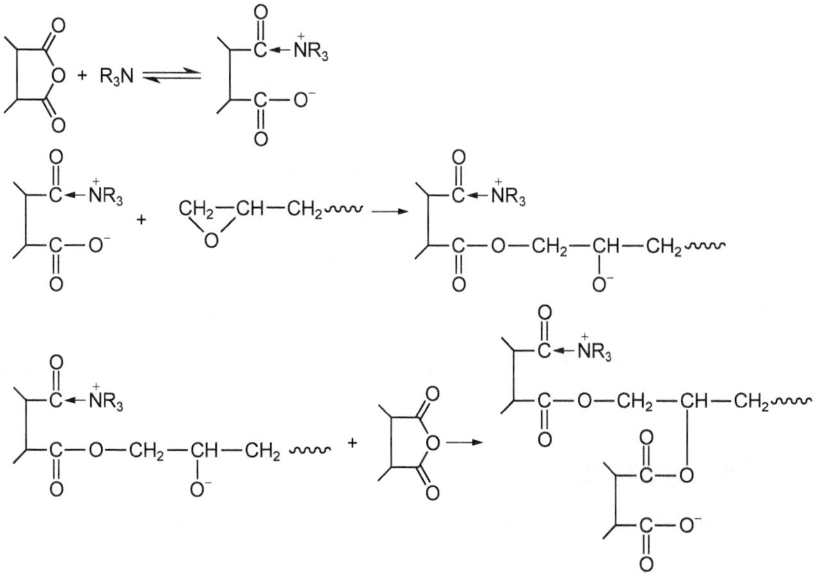

图 1.8　叔胺促进酸酐固化环氧树脂

1.1.2.3　环氧树脂的性能特点

环氧树脂的种类众多，性能也各有差异，按照其结构特点，其具有以下基本性能[31,33]：

（1）粘接强度高　环氧树脂固化物中含有大量的羟基和醚键结构，易与玻璃、金属等表面形成分子间相互作用，实现高粘接强度。

（2）力学性能优异　环氧树脂固化物交联密度高，且存在氢键相互作用，内聚能较高，结构紧密。

（3）耐腐蚀性好　环氧固化物结构稳定，其交联网络对酸碱都具有很好的抵抗性能。

（4）加工工艺简便　环氧树脂预聚物一般为液体或低熔点固体，黏度较低，可以适用于多种加工方法。

然而，作为一种重要的热固性树脂，其高的交联密度及其特有的分子结构也使得固化材料脆性大，受冲击时容易产生微裂纹甚至直接破坏，很大程度上限制了环氧树脂的应用。

1.1.2.4　环氧树脂的应用

环氧树脂凭借其突出的性能主要应用于电气、电子、光学机械、工程技术、土木建筑及文体用品制造等领域。环氧树脂的应用领域十分广泛，几乎遍及所有工业领域。先就其重要的几个应用领域进行介绍。

（1）涂料　环氧树脂涂料的力学性能突出、附着力强、固化前后尺寸稳定性好、耐酸碱腐蚀，可以应用于车身底漆、部件涂装、车间防腐涂装、钢管内外防腐涂料、储罐内涂装、桥梁防腐涂装等领域。

（2）胶黏剂　环氧树脂材料中含有大量的羟基和醚键等极性基团以及部分具有较大反应活性的环氧基团，因此它和绝大多数材料都具有很好的黏结力，可以应用于机体粘接、蜂窝夹层板的芯材与面板粘接、密封橡胶填充物等。

（3）工程塑料　环氧树脂属于热固性树脂，其价格低廉，固化温度和速度可调节，稳定性好，可以用作纤维增强复合材料基体，用于飞机主翼、尾门、飞行架材等领域。

1.1.3　不饱和聚酯树脂

不饱和聚酯树脂是由饱和的或不饱和的二元醇与二元酸（或酸酐）缩聚而成的线型高分子化合物，其分子主链中同时含有酯键 $\left(-\overset{\|}{C}-O-\right)$ 和不饱和双键 $\left(-\underset{H}{C}=\underset{H}{C}-\right)$[39]，典型的结构式如图 1.9 所示。式中，R′和 R″分别代表二元醇及饱和二元酸中的烷基或芳基，x 和 y 代表聚合度。可以看到，不饱和聚酯树脂属于线型聚合物，分子结构中的双键可以通过加成反应和其他烯类单体交联聚合，因此，工业上常将乙烯类单体作为不饱和聚酯树脂的一部分共混使用，习惯上将两者的共混物叫作不饱和聚酯树脂。1894 年伏莱德首先采用顺丁烯二酸和乙二醇合成了不饱和聚酯树脂，1947 年麦斯凯脱将苯乙烯单体加入到不饱和聚酯树脂中，改善了树脂体系的加工性能，制备了刚性的固化物。

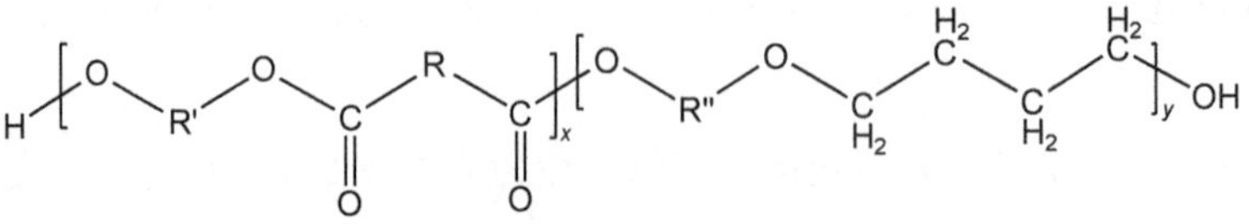

图 1.9　不饱和聚酯树脂的结构式

1.1.3.1　不饱和聚酯树脂的合成[39]

不饱和聚酯树脂的制造过程分为两步：①二元酸和二元醇进行缩聚，制备不饱和聚酯树脂低聚物；②不饱和聚酯树脂低聚物与交联单体混合，制备不饱和聚酯树脂。低聚物的制备过程是典型的缩聚反应，聚合机理属于逐步聚合，即先形成二聚体、三聚体、四聚体等低聚物，随着反应时间的延长低聚物之间相互缩聚，分子量逐渐增加直至达到设计值。随后与交联单体混合后在加热、光照或高能辐射等引发作用下共聚形成三维交联网络结构的体型聚合物。其中，原料（即二元酸和二元醇）的结构和性质是不饱和聚酯低聚物分子设计的重要依据之一，其分子结构、性质和投料比决定了不饱和低聚物的性能，最终影响不饱和聚酯树脂固化物的性能。

1.1.3.2 不饱和聚酯树脂的固化[39]

一般不饱和聚酯树脂低聚物要与交联剂共混，共聚之后才能具有优异的性能和较高的生产效率。交联剂是指能与含有不饱和双键的聚酯低聚物发生共聚固化的单体。它既具有交联低聚物的作用，还可以用来降低不饱和聚酯树脂低聚物的黏度。常用的交联剂有苯乙烯、乙烯基甲苯、丙烯酸及其丁酯等。对应的交联固化反应属于自由基共聚反应，聚合反应可以通过引发剂、光、高能辐射引发产生初级自由基。初级自由基与不饱和聚酯树脂低聚物或交联单体能形成单体自由基，然后进行链增长反应，使树脂最终固化形成不溶不熔的三维交联网络结构。其主要特征就是自由基聚合反应的主要特征，即慢引发、快增长和速终止。其中，引发步骤是整个反应的控制步骤。同时，也正是由于自由基聚合反应的特点，使得不饱和聚酯树脂的固化过程极为复杂，固化交联网链的混乱度高，难以用单一的化学式表达。

1.1.3.3 不饱和聚酯树脂的性能特点

结构决定性能。不饱和聚酯树脂的性能也是由其分子结构所决定的，如不饱和聚酯树脂中的不饱和双键是交联固化的基础、苯环赋予了不饱和聚酯树脂好的耐热性和力学性能。因此，其结构与性能的对应关系非常明显。此外，不饱和聚酯树脂分子结构具有优异的设计性，可以通过调整分子结构中酯键密度、端基多少满足多种多样的使用需求。其耐腐蚀性、阻燃性、耐热性等性能优异，而其固化收缩大（6%～10%）、固化物质脆等问题是限制其进一步广泛应用的主要障碍。

1.1.3.4 不饱和聚酯树脂的应用

不饱和聚酯树脂是常用的树脂之一[40~42]，最初主要作为涂料使用，直到 20 世纪才开始应用于浇铸、纤维增强用基体树脂等。其自身优异的力学性能和出色的加工性能是其得到广泛应用的重要基础。不饱和聚酯树脂的应用主要分为未增强型和增强型两类。当不饱和聚酯树脂用作未增强型时，主要作为表面涂层、浇铸、浸渍等。作为涂层时，其表面涂层具有十分优异的特性，如耐水、耐油、耐候、光泽好、强度高，因此广泛应用于收音机外壳、电视机外壳等。进行浇铸时，不饱和聚酯固化后强度大、硬度高、颜色淡，利于着色，且可以常温固化，因此可以用于人造大理石制造、家居装饰品等。进行浸渍时，不饱和聚酯树脂可以作为无溶剂漆使用，且具有优异的电绝缘性能，因此可以用于各种电容器和线圈的真空浸渍。当不饱和聚酯树脂用作增强型时，最常用的就是玻璃纤维增强不饱和聚酯树脂，也叫聚酯玻璃钢。聚酯玻璃钢主要应用于造船业，其次是运输器材和建材等。

1.1.4 聚氨酯树脂

聚氨酯是指分子中含有氨基甲酸酯基（—NHCOO—）结构的一类大分子聚合物[43, 44]。根据其组成不同，可制成呈线型分子的热塑性聚氨酯，也可制成呈体型分子的热固性聚氨酯。前者主要用于弹性体、涂料、胶黏剂、合成革等，后者主要用于制造各种软质、半硬质及硬质的泡沫塑料。聚氨酯的主要原料之一是异氰酸酯，是 1894 年德国化学家 Wurtz 用硫酸烷基酯与氰酸钾进行复分解反应制得的。1937 年，德国的 Bayer 教授及其同事首先对二异氰酸酯的加聚反应进行了研究，他采用六亚甲基二异氰酸酯和 1,4-丁二醇反应制得了被命名为 Igamid-U 的聚氨酯纤维，并采用甲苯二异氰酸酯和多元醇制备了聚氨酯弹性体。在第二次世界大战中，拜耳公司开发了基于萘-1,5-二异氰酸酯和聚酯树脂的聚氨酯泡沫，用于提高军用飞机机翼的强度和性能。在 20 世纪 50 年代，随着甲苯二异氰酸酯和聚醚多元醇的发明，聚氨酯工业散发出蓬勃的生机[43]。

1.1.4.1 聚氨酯树脂的合成原料

合成聚氨酯的基本原料为异氰酸酯、多元醇、催化剂及扩链剂等[45]。异氰酸酯一般含有两个或两个以上的异氰酸基团，其反应活性高，可以与醇、胺、羧酸、水等发生反应。目前，聚氨酯产品中主要使用的异氰酸酯为甲苯二异氰酸酯、二苯基二异氰酸酯和多亚甲基对苯基多异氰酸酯。多元醇是羟基封端的大分子，分子量 250～8000。多元醇的化学结构也是决定聚氨酯性能的关键因素。多元醇可分为两大类：羟基封端聚酯多元醇和羟基封端聚醚多元醇。其中，聚酯多元醇包括：聚己内酯和脂肪族聚碳酸酯，而聚醚多元醇是以低分子量多元醇、多元胺或含氢的化合物为起始剂，与氧化烯烃在催化剂作用下经开环聚合制备而成的。扩链剂一般为低分子量的醇羟基或者氨基封端的组分，用于增加硬段的长度，提高氢键的密度和聚氨酯的分子量。它们与异氰酸酯反应构成聚氨酯中的硬段，很大程度上决定了聚氨酯的物理性能。常用的扩链剂有乙二醇、1,6-己二醇、二苯基甲烷二胺、二氯二苯基甲烷二胺等。

1.1.4.2 聚氨酯的合成

异氰酸酯化合物含有高度不饱和键（NCO），因而化学性质非常活泼[46~48]。由于氧和氮原子上电子云密度较大，其电负性较大，NCO 基团中氧原子电负性最大，是亲核中心；碳原子电子云密度最低，呈较强的正电性，为亲电中心。同时具备亲电和亲核的特性使异氰酸酯可以与含活性氢的组分进行反应，也可以发生自加成反应。与羟基组分反应生成氨基甲酸酯，与胺反应生成脲。对于二异氰酸酯单体，由于要考虑到位阻效应和取代效应，化学反应活性会显得更为复杂。异氰酸酯的化学反应严重影响着聚氨酯产品的性能。异氰酸酯单体的结构、反应单体的计量比、进料方式、反应程度、温度、时间和催化剂的含量等都是控制化学反应的关键因素。

聚氨酯通常采用逐步聚合的方法制备而成，包括一步合成法和两步合成法[43]。一步合成法是将所有的反应物（异氰酸酯、醇羟基封端的低聚物和扩链剂）混合在一起反应制备得到聚氨酯产品。该方法操作简单，重复性好，易于工业化。但是，在反应前期产生的大量热无法迅速移除，会导致反应温度升高，副反应程度加深，且该方法制备的聚合物分子量分布较宽。两步法是首先将醇羟基封端的低聚物与过量的异氰酸酯反应形成异氰酸酯封端的预聚物，再将该预聚物与二元醇或者二元胺扩链剂反应制备高分子量聚氨酯或者聚氨酯脲。根据 Carothers 方程［式（1-1)］，通常将醇羟基组分滴入过量的异氰酸酯进行反应，如果采取相反的加料方式，预聚物可能会首先达到等摩尔比条件，造成高分子量产物的分布非常宽。

$$\bar{X}_n = \frac{1+r}{1+r-2rp} \tag{1-1}$$

式中，$\bar{X}_n$ 为平均聚合度；p 为转化率；r 为较少量单体和较多量单体的基团比，故 $r<1$。可见，对于恒定的 p，增大异氰酸酯与醇羟基组分的比值，能够有效控制平均聚合度 $\bar{X}_n$，从而实现控制分子量。此外，当采用二元胺为扩链剂时，制备的线型嵌段共聚物称为聚氨酯脲。当扩链剂和羟基封端的低聚物全部用氨基封端组分替代时，制备的共聚物称为聚脲。

1.1.4.3 聚氨酯树脂的性能特点

聚氨酯作为热固性树脂使用时，主要用于泡沫材料[49]。根据所用的原料不同和配方的变化，可制成软质、半硬质和硬质聚氨酯泡沫塑料。聚氨酯硬泡具有独特的不透水性和优良的保温、绝热性能，是一种集防水与保温隔热等多种功能于一身的新型材料。

1.1.4.4 聚氨酯树脂的应用[43]

聚氨酯凭借以上的优异性能，已广泛应用于机电、船舶、航空、车辆、土木建筑等领域。产品主要有泡沫塑料、涂料、黏结剂、合成纤维等。聚氨酯泡沫塑料是聚氨酯合成材料的主要品种之一，其主要特征是具有多孔性、密度小、比强度高，且其软硬可根据原料不同和配方变化进行调节。主要应用于防撬门、建筑、供热管道、液化气容器等。聚氨酯弹性体是其另一个主要品种，具有高耐磨、高强度、富有弹性等特点，广泛应用于选煤、矿山、冶金等行业，还可以应用于聚氨酯轮胎、交通运输业以及机械配件。此外，“聚氨酯”弹性体还具有加工性能好、缓冲性能好、质轻、耐磨、防滑等特点，被广泛应用于鞋底材料、涂料、黏结剂、灌浆料等领域。

1.1.5 聚酰亚胺树脂

1.1.5.1 聚酰亚胺树脂的结构特点及性能

聚酰亚胺是分子主链上含有酰亚胺环结构的一类聚合物[50,51]，其结构单元如图 1.10 所示。芳香族聚酰亚胺由于其所具有的多样化的结构，优异的综合性能，多种的合成方法和加工手段，广泛应用于国防军工等领域。聚酰亚胺最早在 1908 年就有报道，然而当时因为对聚合物的本质并没有认识，所以没有受到重视。直到 20 世纪 60 年代，美国杜邦公司实现了聚均苯四甲酸酰亚胺 Kapton 和 Vespel 薄膜的商业化，并于 1965 年公开报道了该聚合物薄膜和塑料。近年来，随着航空航天技术的发展，对耐高温、高强度、高模量、高介电性能、耐辐射的高分子材料的需求，使得芳香族聚酰亚胺得到迅速发展，成为了一种不可替代的特种工程塑料[51~53]。

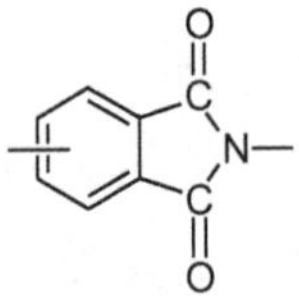

图 1.10 聚酰亚胺结构单元

聚酰亚胺可以分为热塑性聚酰亚胺和热固性聚酰亚胺。热塑性聚酰亚胺是指可熔的具有线型大分子结构的聚酰亚胺。热固性聚酰亚胺通常由带可交联端基的低分子量、低黏度单体或其预聚物为初始原料。通过加成反应实现其固化过程。热固性聚酰亚胺可以在 300℃下长期连续使用，具有非常稳定的性能。热固性聚酰亚胺根据固化端基的不同主要分为四类：NA（5-降冰片烯-2,3-二羧酸单甲酯）封端型、乙炔基封端型、苯并环丁烯封端型和双马来酰亚胺（BMI，后续章节会详细介绍）。

值得注意的是，很多线型聚酰亚胺由于分子结构过于刚性等特点即使加热到分解也没有流动性能，甚至不会出现明显的软化，也被归为热固性聚酰亚胺树脂体系[50]。

聚酰亚胺分子链中含有十分稳定的芳杂环结构单元，具有其他聚合物无法比拟的优异性能[50, 54]。主要表现在以下几个方面：①高耐热、耐低温性。如全芳香族聚酰亚胺，其热分解温度为 500℃，而对于由联苯二酐和对苯二胺合成的聚酰亚胺，其热分解温度达到 600℃，是目前聚合物中热稳定性最高的材料之一。聚酰亚胺的耐低温性能也很好，在−269℃的液态氦中仍不会断裂。②优异的力学性能。聚酰亚胺具有优良的力学性能，拉伸强度、弯曲强度以及压缩强度都比较高，而且还具有突出的抗蠕变性、尺寸稳定性，因此非常适于制作高温下尺寸精度要求高的制品。③低热胀系数。聚酰亚胺材料的热胀系数通常为 2×10^{-5}～3×10^{-5}℃$^{-1}$，其中联苯型聚酰亚胺可达 10^{-6}℃$^{-1}$，与金属的热胀系数在一个水平级上。④优异的介电性能。通常其介电常数为 3.4 左右，如果在分子结构中引入大侧基等可使介电常数降低到 2.5 左右，介电损耗因子为 10^{-3}，介电强度为 100～300kV/mm，体积电阻为 $10^{17}\Omega\cdot$cm。⑤其他优异性能。聚酰亚胺具有很高的耐辐射性能，其在电子辐射后的强度仍能保持较高；此外，其还具有自熄性，燃烧时的发烟率低，使用安全；聚酰亚胺无毒，与生物相容性好，可以用于餐具和医疗器械。

1.1.5.2 聚酰亚胺树脂的应用[50,51]

聚酰亚胺有着广泛的应用领域，且多数属于比较高端的领域，主要产品包括薄膜、涂料、分离膜、先进复合材料、模塑料、纤维等。这里就其中一些产品作简要介绍。聚酰亚胺薄膜产品中，知名的已经商品化的有杜邦的 Kapton、日本的 Apical 和 Upilex 等。相比其他聚合物薄膜，聚酰亚胺薄膜有着优异的耐热性、良好的力学性能和电性能、出色的耐辐射和耐溶剂性能等。聚酰亚胺作为基体用于先进复合材料制备领域时，可以在 380℃高温下持续使用数百小时，短期使用温度达到 500℃，被广泛应用于航空航天、军工等领域。值得注意的是，聚酰亚胺也可以作为纤维的原料使用，由其制备的纤维是高强度、高模量纤维的代表。知名的产品有杜邦公司的 Nomex，具有非常优异的高热稳定性。此外，聚酰亚胺还可用于胶黏剂、光刻胶、光电材料、质子传输膜和医用材料等。

1.1.6 双马来酰亚胺树脂

双马来酰亚胺（bismaleimide，简称 BMI）是以马来酰亚胺环为活性端基的双官能团化合物，其结构通式如图 1.11 所示[55~58]。BMI 树脂是一种高性能热固性树脂。1948 年，美国人 Searle 等获得了 BMI 单体合成专利。1964 年，法国的

Rhone-Poulence 公司获得了 BMI 树脂的专利。随后，BMI 相关的一系列专利被申请，且很快成功实现了商业化并被用于生产印刷电路板和模塑制品。Ciba-Geigy 公司推出的牌号为 XU292 以及 Narmco 公司推出的 X5245C 和 X5250 双马来酰亚胺树脂具有优异的加工性能，其固化物耐热等级高、韧性优异，与碳纤维复合制备的连续纤维增强复合材料广泛应用于航空航天等领域[59,60]。

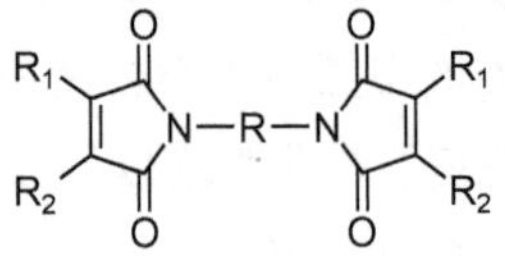

图 1.11　双马来酰亚胺结构式

1.1.6.1　双马来酰亚胺树脂的合成

双马来酰亚胺单体的合成主要分两步：①2mol 的马来酸酐和 1mol 二元胺反应生成马来酰亚胺酸；②马来酰亚胺酸脱水环化生成 BMI。选用不同结构的二元胺和马来酸酐并采用合适的反应条件、工艺配方、提纯及分离方法等，可以获得不同结构与性能的 BMI 单体，反应流程如图 1.12 所示。

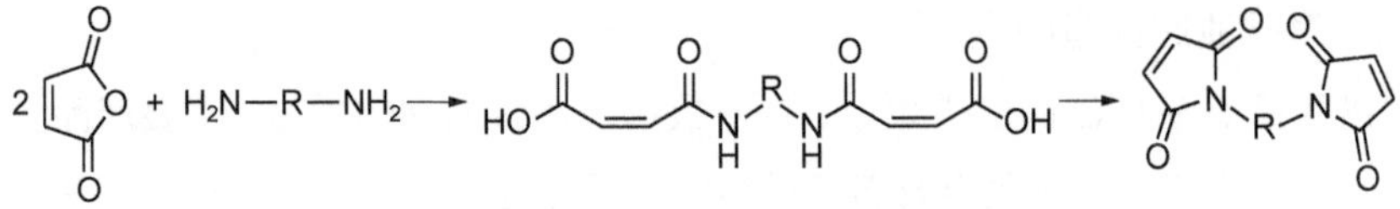

图 1.12　BMI 的合成过程

笔者在前期的工作中合成了单环的 BMI 单体，并对特种结构的 BMI 的固化性能进行了研究，其研究成果在第 4 章中将详细介绍。在合成过程中，第一步成酸反应是放热反应。如果二元胺活性太高，需要在低温下反应。第二步酰亚胺环脱水反应，根据闭环条件的不同，包含乙酸脱水环化法、热脱水环化法、共沸脱水环化法以及其他脱水环化法[58]。陈平等合成了一系列新型的双马来酰亚胺树脂，如含酞 Cardo 环结构链延长型双马来酰亚胺[61]、含芴 Cardo 环结构链延长型双马来酰亚胺[62,63]、含 1,3,4-噁二唑芳杂环不对称结构双马来酰亚胺[64]，并对这些特殊结构的双马来酰亚胺树脂的固化和性能进行了系统的研究，丰富了双马来酰亚胺的种类。

1.1.6.2　双马来酰亚胺树脂的固化

BMI 的固化反应依据其固化条件的不同，可以分为热固化、微波辐射固化、电子束辐射固化和光固化四种[58]。

热固化是 BMI 固化常用的一种方法，可以在催化剂存在的条件下固化，也可以单独加热固化。对于热固化而言，目前固化机理还存在一定的争议。Brown 等利用电子自旋共振研究 BMI 本体聚合反应时指出，BMI 聚合过程中双键在热能作用下发生均裂，进而产生自由基，引发 BMI 聚合。而 Hopewell[65~67]认为 BMI 环稳定，两个酰亚胺环通过形成电子给-受体配合物产生两个独立的自由基然后引发双键聚合，其中酰亚胺环中的羰基为电子给体、缺电子的双键为电子受体。由于 BMI 的本体热聚合是通过自由基引发的，所以自由基引发剂能加速反应。但是，常规的自由基引发剂，如过氧化苯甲酰由于分解温度太低而不适合 BMI 本体聚合。此外，BMI 也可以用叔胺、咪唑等为引发剂进行阴离子聚合[68,69]。

BMI 的微波辐射固化是利用了微波的热效应。微波效应的基本原理是材料在外加磁场的作用下内部介质偶极子极化而产生的极化强度矢量落后于外电场一个角度，从而导致与电场方向相同的电流产生，构成了材料内部的功率损耗，将微波能转化为热能。相比传统的加热方式而言，微波加热可以使分子受热更加均匀，具有速率快、周期短、易控制、高效节能以及设备投资少等特点。相比传统热固化，微波加热避免了热传导过程，不易产生较大应力，制品性能更加优越[70]。Zainol 等[71]采用两种加热方式固化二苯甲烷二胺型双马来酰亚胺，对固化机理进行研究，发现两种加热方式对反应机理没有影响。

电子束固化是以电子加速器产生的高能（150～300keV）电子束为辐射源诱导特定的树脂体系聚合和交联反应，从而使树脂由液态变为固态的技术，是一种不用加热、加压的新型固化技术。该技术环境污染小、固化速度快、反应完全、能耗低、固化产品性能优越，是“面向二十一世纪绿色工业的新技术”。电子束辐射固化反应可以分为自由基和离子型反应两大类。BMI 的电子束辐射交联反应是按照自由基加聚机理进行的，操作过程中应该在惰性气氛保护下进行，否则，氧的抑制作用将非常明显[72,73]。缪培凯等[74]研究了电子束辐照对二苯甲烷二胺型双马来酰亚胺的固化反应。研究结果表明，电子束辐照不仅引发了 BMI 双键的交联，还使得主链中的亚甲基电离激发产生自由基交联。

紫外线（UV）固化是利用紫外线引发自身聚合、交联和接枝等反应，将低分子物质迅速转变为高分子产物的化学过程。UV 固化技术是指在适当波长和光强的紫外线照射下，光固化树脂体系中的光引发剂吸收辐射能后形成活性基团，进而引发体系中含有不饱和双键或含有环氧基团的物质的化学反应，形成交联的立体网络结构的高分子聚合物。与传统的热固化相比，其具有高效、节能、无污染、物理性能好等优点[75]。BMI 树脂参与的紫外固化反应是按照自由基机理进行的。已有研究者对 BMI/4-羟基丁基乙烯基醚体系的 UV 固化反应性进行了研究[76]。研究结果显示，在适当的引发体系下，共混体系能够进行 UV 固化，其机理是光引发剂在吸收 UV 光能量后能够产生大量的活性自由基，这些自由基能够引发体系中的双键断裂，加速固化反应的进行。

1.1.6.3 双马来酰亚胺树脂的性能特点及应用[58]

双马来酰亚胺树脂有望成为耐热性、韧性与工艺性三者兼顾的高性能树脂，因而在许多前沿领域具有巨大的应用潜力。BMI 在较宽的温度范围内其介电常数及介电损耗低、介电性能稳定、体积电阻大，故常用于制作高性能多层印制电路板及电子封装。此外，BMI 结构规整性好、分子链刚性大、交联密度高，因此其力学性能、耐热性、热稳定性等优异。然而，其固化物本身也存在易开裂、脆性大、后处理温度高等缺陷。

1.1.7 氰酸酯树脂

氰酸酯是双酚或多酚与氢氰酸形成的酯，含有反应性的成环官能团氰酸酯基（—OCN），是一类非常重要的热固性树脂单体[77~79]。氰酸酯树脂是指氰酸酯的预聚物或固化产物，通常是含有两个或两个以上的氰酸酯官能团的酚衍生物，其结构如图 1.13 所示。凭借其优异的加工性能、耐高温性能、介电性能和耐燃烧性能，其在高速数字及高频用印刷电路板、高性能透波结构材料和航空航天复合材料方面具有突出的应用价值[57]。

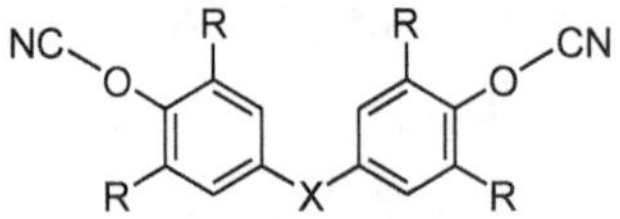

图 1.13　氰酸酯结构式

1.1.7.1 氰酸酯树脂的合成

氰酸酯树脂单体的合成可以通过多种途径实现，然而能够真正实现商业化并能制备出耐高温热固性树脂的方法只有一种，即在碱存在的条件下，卤化氰与酚类化合物反应制备氰酸酯单体，具体反应过程如图 1.14 所示：

$$\mathrm{ArOH + XCN \longrightarrow ArOCN}$$

图 1.14　氰酸酯树脂合成反应过程

其中，X为Cl、Br、I等卤素，通常采用在常温下是固体、稳定性好、反应活性适中和毒性相对较小的溴化氰；ArOH可以是单元酚、多元酚，也可以是脂肪族羟基化合物；反应介质中的碱常采用能接受质子酸的有机碱。反应通常在−30～20℃下的有机溶剂中进行，根据各种酚的结构不同而反应温度各有差异。

1.1.7.2　氰酸酯树脂的固化

双功能基的氰酸酯在催化剂的作用或自催化作用下三聚成环，成为分子量很大的立体网状聚合物，根据其三嗪环的环状结构，此聚合物也称为聚氰脲酸酯。水分、路易斯酸与过渡金属离子等会催化三聚成环反应。该三官能团预聚体继续反应，分子量不断增大，最后生成三维高密度交联网络结构。实验表明氰酸酯基的反应性不随分子增长而变化。此外，氰酸酯基含有两个π键，可以在较温和的条件下与含有活泼H的化合物、酰氯等发生反应[80]。

1.1.7.3　氰酸酯树脂的性能特点[81]

氰酸酯树脂固化后形成的网络分子结构中含有大量的三嗪环及芳香环或刚性脂环。这些结构决定了聚氰酸酯树脂具有高的玻璃化转变温度与高温下的高强度。同时，结构中由于电负性的氧原子和氮原子对称地排布在含正电的中心碳原子周围，以及三嗪环的对称性使其极性很小，避免了偶极极化，因此介电常数（2.5～3.0）与介电损耗（0.001～0.006）很小。此外，氰酸酯树脂固化物中不含有易水解的酯键、酰胺键等，分子链上的醚键在室温下几乎不与水分子作用，即使在高温下，受影响程度也不显著。同时其结构中的环状结构由于有较大的空间位阻，大大增加了水分子扩散的阻力，从而保证了氰酸酯树脂固化物有着与双马来酰亚胺相近的耐湿热性能。力学性能方面，由于固化物中含有大量的苯环和三嗪环，其抗冲击性能相比双马来酰亚胺、环氧树脂要更加优异。如Arocy系列氰酸酯树脂的弯曲应变是环氧和双马树脂的2～3倍，冲击强度和G_{IC}也是2～3倍的关系。即便如此，固化物高的交联密度仍然使其具有增韧改性的需求。

1.1.7.4　氰酸酯树脂的应用[82]

氰酸酯树脂的用途可以归纳为以下三个方面：

（1）高性能印刷电路板基体　氰酸酯树脂的优异性能包括高的T_g、优越的介电性能、小的膨胀系数、小的吸湿率和易加工等特点。这些特点正好与高频用的电路板相符合，因此可以广泛应用于制备电视机、计算机、摄像机、复印机和印刷电路板等。如Dow化学公司生产的牌号为Xu71787的氰酸酯树脂就应用于高性能电路板。

（2）高性能透波结构（如雷达天线罩）材料　其非常优异的介电性能和吸波性能使其成为高性能透波结构材料的首选。

（3）航空航天用高韧性结构复合材料基体　氰酸酯树脂这方面的应用主要是用来制备高频高速宇航通信电子设备的印刷电路板、航空航天结构件、隐身材料、通信卫星等。

此外，氰酸酯树脂还可以用作制备预浸料，与其他材料混合制备泡沫芯材、蜂窝夹层板以及其他高性能复合材料。

1.1.8　有机硅树脂

有机硅树脂是以—Si—O—Si—为主链，硅原子上连接有机基团的交联型半无机高聚物，由多官能度的有机硅烷经水解缩聚制成，在加热或有催化剂存在下可进一步转化为三维结构的不溶不熔的热固性树脂[83,84]。其用量虽然少，但是当其用作H级电机线圈浸渍漆、耐高温绝缘漆、耐高温胶黏剂以及云母板、带胶黏剂等时，具有不可替代的地位。20世纪30年代末，美国康宁玻璃公司的J. F. Hyde成功地合成了第一个有机硅产品——一种用于电气绝缘的硅树脂绝缘漆。同时，通用电气公司的W. J. Patnode及E. C. Rochow等围绕各种硅烷单体的水解缩合反应及制取耐热硅树脂做了大量的基础工作，并取得了长足的进步。第二次世界大战后，有机硅产品在军工生产中的成功应用引起了人们对有机硅的极大兴趣。包括德国的瓦克、拜耳，日本的信越化学、东京芝浦电气及东丽有机硅公司，法国的罗纳-普朗克，英国的帝国化学工业公司等纷纷建立有机硅生产装置，生产各种有机硅产品。而我国有机硅技术起步于1952年，目前国内有机硅产品除了军工、电子、航空航天，已经遍布国民经济的各个部门，是一种不可或缺的重要材料[84]。

1.1.8.1　有机硅树脂的合成

有机硅树脂是具有高度交联结构的热固性聚硅氧烷体系。从树脂的基本组成看，国内外的有机硅树脂品种大多数是以甲基三氯硅烷、二甲基二氯硅烷、苯基三氯硅烷、二苯基二氯硅烷4种基本单体为原料。

早期的产品多由有机氯硅烷出发，经水解缩合及稠化重排，制成室温下稳定的活性硅氧烷预聚物。应用时，将其进一步加热即可缩合交联成坚硬的或弹性较小的固体有机硅树脂。其过程如图1.15所示。

1.1.8.2　有机硅树脂的固化

常用的有机硅树脂有甲基硅树脂和甲基苯基硅树脂，二者分子结构如图1.16和图1.17所示。甲基硅树脂中羟基含量相对较多，且甲基的空间位阻小，因此甲基硅树脂的缩合反应容易进行，150～180℃就可以完全固化。但是甲基硅的耐高温性差，固化过程中体积收缩率大，容易形成材料的内应力。甲基苯基硅树脂，由于

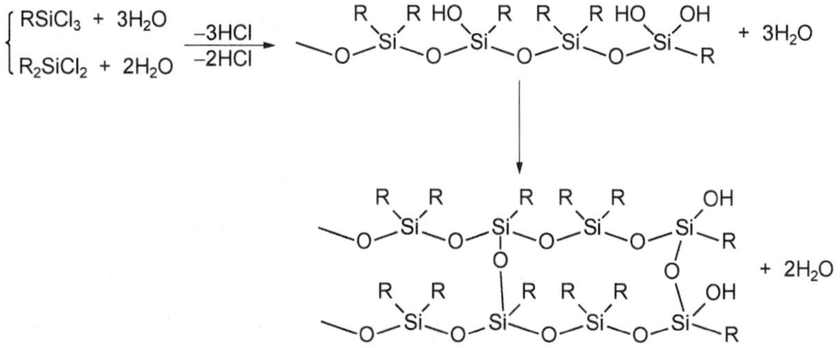

图 1.15　有机硅树脂的合成过程

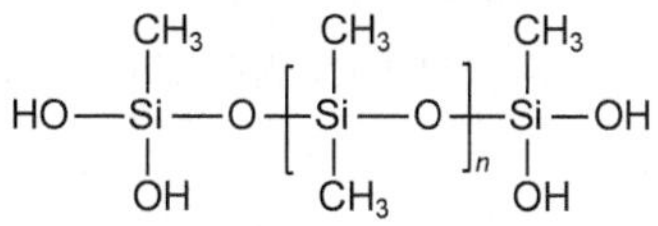

图 1.16　甲基硅树脂结构

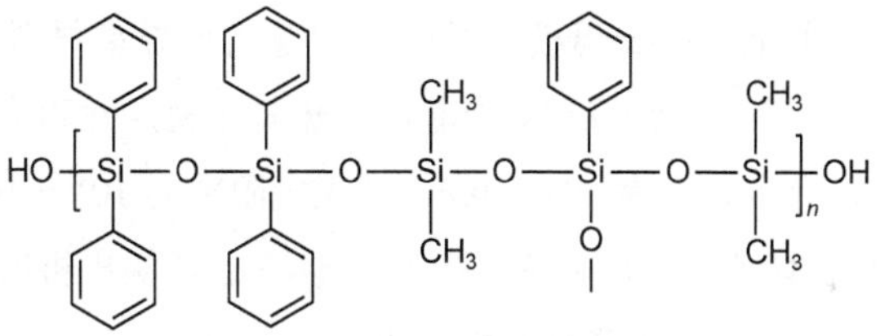

图 1.17　甲基苯基硅树脂结构

在体系中引入了苯环结构，所以树脂的耐热性能和粘接性能得到很大提升，同时由于空间位阻的增大，需要在 250～300℃的高温下才能完全固化。

为了降低有机硅树脂的固化温度，提升其加工工艺性，对有机硅树脂的催化剂、固化剂的研发一直是一个重要的方向。通常有机硅树脂的固化剂有催化型固化剂包括胺类固化剂和二丁基二月桂酸锡类固化剂，反应型固化剂如低聚硅氮烷类。催化型固化剂在共混体系中并不直接与有机硅树脂发生反应，固化完成后会残留在固化体系中形成缺陷，降低硅树脂的耐热性和力学性能。而反应型固化剂主要是硅氮化合物或硅氮低聚物。硅氮键的结合能高，其化合物耐热性好，易与硅树脂的端羟基反应生成胺而形成 Si—O—Si 链，可以满足对材料力学性能和耐热性能要求较高的环境。此外，面对多种多样的应用需求，采用多种固化剂同时使用来改善硅树脂的性能也是固化剂使用的一种有效途径。

1.1.8.3　有机硅树脂的性能特点

有机硅树脂预聚物及其固化物的性能，取决于原料硅烷的种类及配比，水解缩合介质的 pH 值，溶剂的性质及用量，稠化、固化所用催化剂以及工艺条件等。有机硅树脂既有 Si—O—Si 无机组分，又有有机基团的典型半无机高分子的结构特点，因此其性能优异，具有其他材料无法替代的优势。首先，有机硅树脂具有很好的耐高低温性能[85,86]，耐温范围约为−100～400℃，在这个范围内其性能变化很小，可用作耐高低温涂料。其次，有机硅树脂具有优良的电性能[87]，电绝缘性极佳，电击穿强度为 90～98kV/mm，且介电性能优异。再者，由于有机硅分子间作用力小，有效交联密度低，因此硅树脂的机械强度较弱[88]。但作为涂料使用的硅树脂，对其机械性能的要求，着重在硬度、柔韧性和热塑性等方面。硅树脂薄膜的硬度可以通过提高硅树脂的交联度得到提高，柔韧性可以通过在硅原子中引入具有较大空间位阻的取代基而获得。此外，有机硅树脂还具有突出的耐候性[89]、耐化学试剂性[90]、憎水性[91]。

1.1.8.4 有机硅树脂的应用

有机硅树脂被广泛应用于耐高低温绝缘漆（包括清漆、色漆、瓷漆等），如用于浸渍 H 级电机电器线圈，制成电机绝缘套管及电器绝缘绕丝等；粘接云母粉或碎片，制成高压电机主绝缘用云母板以及云母管及云母异型材料等。其主要用途包括：①用作绝缘漆[92]。有机硅绝缘漆具有卓越的热氧化稳定性和绝缘性能，它的使用温度为 180～200℃，介电强度为 50kV/mm，体积电阻率为 10^{11}～10^{15}Ω • cm，介电常数为 3，介质损耗角正切值为 10^{-3} 左右，完全能够满足 H 级电机所需要绝缘材料的要求。②特种涂料[93~95]。有机硅树脂具有优良的耐热、耐寒、耐候、憎水等特性，且固化后无色、黏结性良好、耐磨性优异，故可以用作特种涂料，如防腐涂料、防粘脱模涂料、建筑防水涂料、耐辐照涂料等。③胶黏剂[84]。有机硅胶黏剂可以分为以硅树脂为基料的胶黏剂和以硅橡胶为基体的胶黏剂两大类。硅树脂由以硅-氧键为主链的立体结构组成，高温下会进一步缩合成高度交联的硬而脆的树脂。如中国科学院化学研究所研制的 KH-505 高温胶黏剂就是以聚甲基苯基硅树脂为基料制备的，其突出性能就是耐高温，可以长期在 400℃工作而不被破坏，短期使用温度高达 425℃，可以用作高温下非结构部件的胶黏剂。硅橡胶是一种线型的以硅-氧键为主链的高分子量弹性体，必须在固化剂及催化剂的作用下才能缩合成为有若干交联点的弹性体。如由硅树脂和彼此不相容的硅橡胶生胶组成的有机硅压敏胶黏剂，就广泛应用于汽车和宇航工业以及电气绝缘和设备市场，如电气设备热的外壳上和太阳能收集器中的板上。

1.1.9 呋喃树脂

呋喃树脂是分子结构中含有呋喃环的一类热固性树脂[96]。其原料主要是糠醛或糠醇（结构式如图 1.18 所示），通常从玉米芯、棉籽粒、木屑等可再生资源中获得[97]。

呋喃树脂自问世以来，最主要的用途是用作砂芯黏结剂；自硬呋喃树脂现在已经是一个非常成熟的工业化产品，是铸造行业中使用量最大的一种树脂。呋喃树脂在木材、陶瓷、橡胶等行业，也可用作黏结剂[98~100]。Abdalla 等[101]用植物酚类物质单宁代替苯酚制备了一种单宁呋喃树脂，与传统的用作砂芯黏结剂的酚醛呋喃树脂相比，这种树脂不含游离苯酚，可作为环保型木材胶黏剂。周蔚虹等[102]用呋喃树脂作浸渍剂或黏合剂和竹粉一起制成木材陶瓷，这种木陶瓷由于其原料糠醇、糠醛来源于农副产品，竹粉来源于废竹，符合绿色环保要求。此外，呋喃树脂还具有突出的防腐性能，可以用来制备耐腐蚀玻璃钢、耐腐蚀混凝土、耐腐蚀胶泥等。

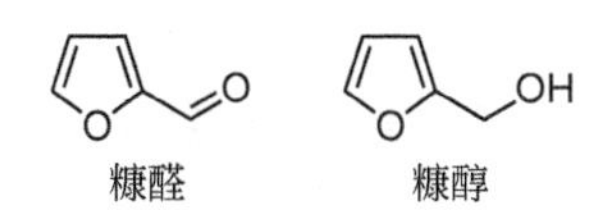

图 1.18　糠醛和糠醇的结构式

1.1.9.1　呋喃树脂的合成

呋喃树脂的合成反应主要是糠醇或糠醛的缩合过程，具体流程如图 1.19 所示。在合成反应开始时会出现突然的升温现象。糠醇在此树脂中的含量越高，其粘接强度越高，但是树脂的黏度也越大，成本也越高。加入一定量的糠醛，可以降低树脂成本，改善树脂性能，从而获得高粘接强度的新型呋喃树脂。合成过程中，糠醇或糠醛含量在 95%以上，属于高糠醇呋喃树脂，不含氮和酚，但由于单纯的高呋喃树脂脆性较大，型砂性能不理想，实际上几乎不单独使用，常加入少量的附加物改善其性能，这类树脂价格昂贵，生产成本高。

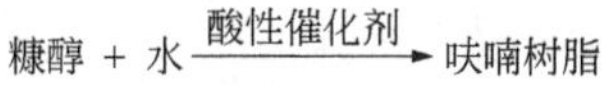

$$\text{糠醇} + \text{水} \xrightarrow{\text{酸性催化剂}} \text{呋喃树脂}$$

图 1.19　呋喃树脂合成过程

1.1.9.2　呋喃树脂的固化反应

呋喃树脂的固化机理复杂，目前还没有一个统一的认识。一般认为呋喃树脂的固化反应分为两个步骤[103]：第一步，线型分子链的增长；第二步，分子链的交联。第一步的反应中涉及两个反应：①呋喃分子上的羟基之间脱水缩合，生成如图 1.20（a）所示结构；②与另一个呋喃环上的活泼氢脱水缩合，生成如图 1.20（b）所示结构。其中图 1.20（a）所示产物中醚键易断裂脱去甲醛，因此图 1.20（b）所示反应产物为主要反应产物。第二步分子链的交联反应主要存在以下三种反应：①活性阳离子链进攻其他链上共轭的活性反应位置，发生亲电取代反应，如图 1.21 所示；

②呋喃环上的双键与其他链上共轭的环发生 Diels-Alder 反应，如图 1.22 所示；③呋喃环破裂后发生双键加成反应，如图 1.23 所示。此外，呋喃树脂的固化受固化剂种类和温度影响较大。当固化剂为强酸时，呋喃树脂在室温下即可固化；当固化剂为弱酸时，呋喃树脂几乎不固化，需要较高的温度（80～200℃）才能发生固化反应，且固化温度越高反应越迅速。

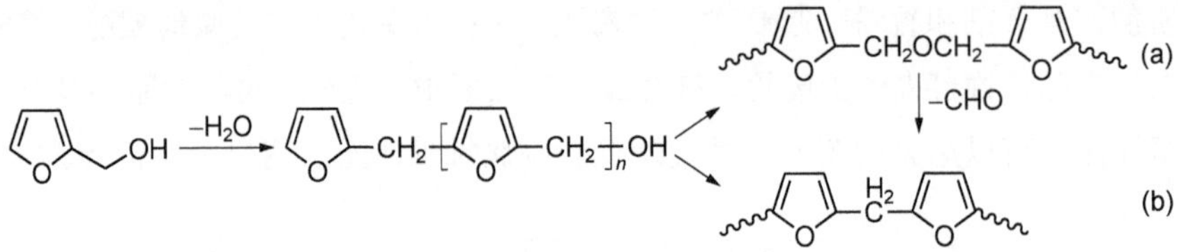

图 1.20 线型分子链的增长

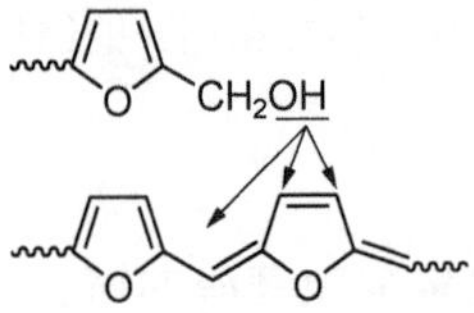

图 1.21 分子链的亲电反应

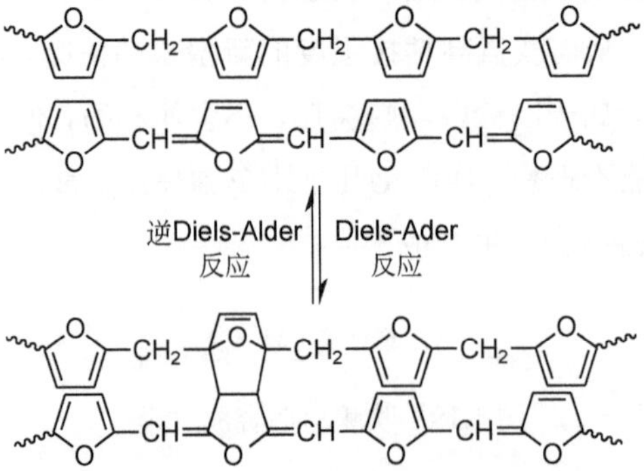

图 1.22 分子链的 Diels-Alder 反应

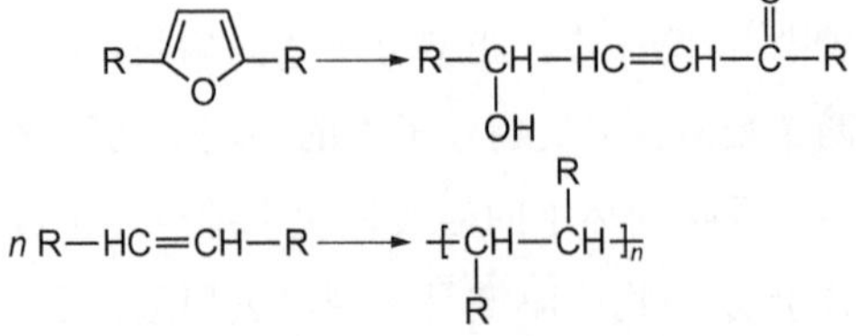

图 1.23 分子链的开环交联反应

1.1.9.3 呋喃树脂的性能特点及改性

呋喃树脂固化前是棕黑色液体，与很多树脂都有很好的混容性能；由于其自身缩聚过程缓慢，所以储存期较长，在常温下可以保存 1～2 年。固化后的呋喃树脂不仅具有良好的耐腐蚀性，而且耐热性较能好，是现有耐蚀树脂中耐热性能最好的树脂之一。但其缺点也特别明显，如固化不完全、固化后收缩大、机械强度低、韧性差、黏结性差等，通过对呋喃树脂进行改性，可使其性能飞跃式提升。鉴于以上问题，笔者在呋喃树脂的改性方面也做了一些工作。

笔者利用环氧树脂易加工成型、性能优异等特点，通过与呋喃树脂共混对呋喃树脂进行改性，分别研究了以酸酐为固化剂和以二元胺为固化剂的不同体系的固化反应机理及性能[104,105]。将其中一个体系应用到了纤维增强树脂基复合材料的制备当中，成功制备了性能优异的复合材料，拓宽了呋喃树脂的应用领域[105]。选用的二胺类固化剂、酸酐、固化剂促进剂、环氧和呋喃具体结构式如图 1.24 所示。对共混体系的固化反应机理、力学性能及结构与性能的关系进行了深入的讨论。下面首先介绍二胺类固化剂的研究情况。

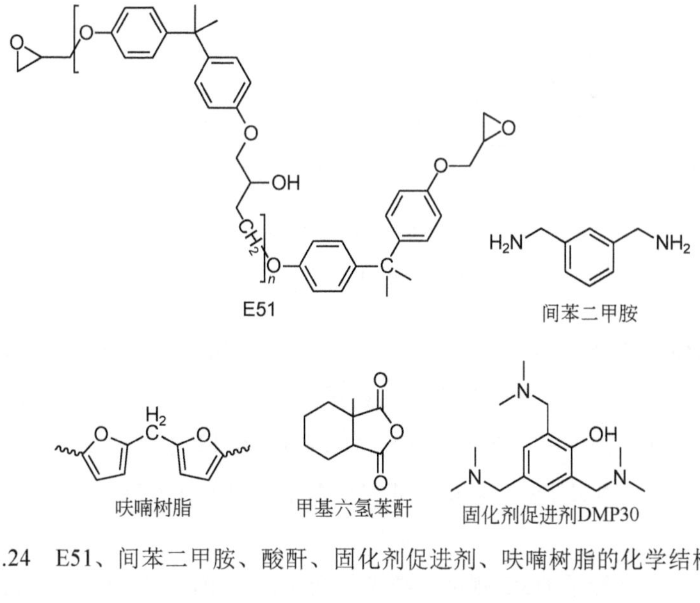

图 1.24　E51、间苯二甲胺、酸酐、固化剂促进剂、呋喃树脂的化学结构式

将呋喃树脂与环氧树脂按照质量比（以 F/E 表示）为 6∶4、5∶5、4∶6 在 100℃进行熔融共混，其中呋喃树脂简写为 F，环氧树脂简写为 E。然后将环氧树脂质量 17%的间苯二甲胺加入到共混体系中进行共混，间苯二甲胺简称为 B。三者共混体系按照共混比例依次命名为 FEB64、FEB55 和 FEB46，具体配方设计如表

1.3 所示。在差示扫描量热议（DSC）测试中 EB 为环氧与间苯二甲胺（17%）共混后的样品。把熔融共混后的透明状液体移入预先叠好的铝盒中，在 80℃真空烘箱抽真空 1h，除去气泡。按照 120℃/2h、140℃/2h、180℃/2h、220℃/2h 的程序进行样品固化。

表 1.3　FEB 树脂体系配方设计表

体系	F	E51	B
FEB64	60	40	6.8
FEB55	50	50	8.5
FEB46	40	60	10.2

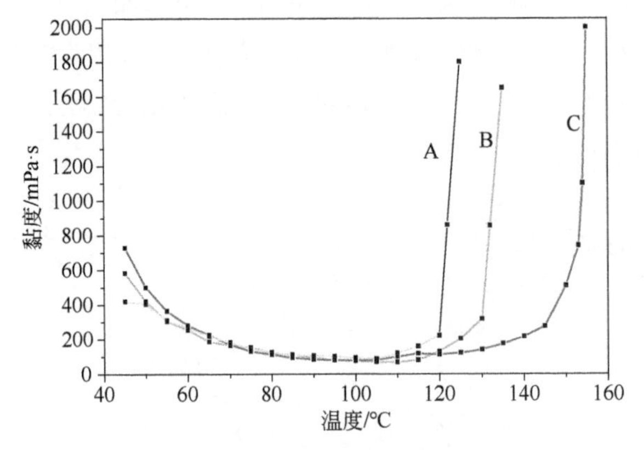

图 1.25　不同体系的黏度-温度曲线

A—FEB64；B—FEB55；C—FEB46

对不同体系的黏度-温度特性进行了表征，结果如图 1.25 所示。可以看到，共混体系的黏度都经历了先降低后升高的过程。随着共混体系中环氧含量的增多，共混体系黏度快速升高的温度在逐渐升高，如 FEB64 在 120℃、FEB55 在 125℃、FEB46 在 140℃时黏度开始快速升高。说明共混体系中环氧的加入推后了共混体系的固化反应。

对共混体系进行了 DSC 测试，结果如图 1.26 和图 1.27 所示。从图 1.26 中的曲线 A 可以看出环氧/间苯二甲胺体系从 60℃以下就开始发生放热反应，在 97℃时达到峰值温度。而不同于环氧体系的固化反应，呋喃树脂在 80～180℃呈现一个吸热峰。这主要是因为呋喃树脂在固化反应过程中要产生水，所以呈现出吸热峰。从图 1.27 共混体系的 DSC 曲线可以看出，共混体系呈现两个固化反应峰。分别在 180℃

和 280℃。其中 180℃对应的固化反应峰随着共混体系中环氧树脂的含量增加，呈现向高温方向移动的趋势，而 280℃对应的固化反应峰峰位置变化不大。此外，对 180℃对应的峰进行积分，得到 FEB64 的热焓为 34.49J/g，FEB55 的热焓为 41.17J/g，FEB46 的热焓为 50.11J/g。由此，可以推测出，180℃固化反应峰对应的是共混体系中呋喃树脂的固化反应和间苯二甲胺催化部分环氧发生的反应；280℃对应的是剩余环氧的固化反应。对比纯呋喃树脂和环氧/间苯二甲胺的 DSC 曲线，共混体系的固化反应温度均有明显的升高，这主要是由共混体系中缺乏共聚反应，且两者之间相互稀释，单位体积内单体碰撞概率减小导致的。而在 280℃反应的部分环氧则是由于前期固化反应形成的交联结构限制了部分环氧的运动，所以剩余部分的环氧更加难以固化，需要更高的温度。

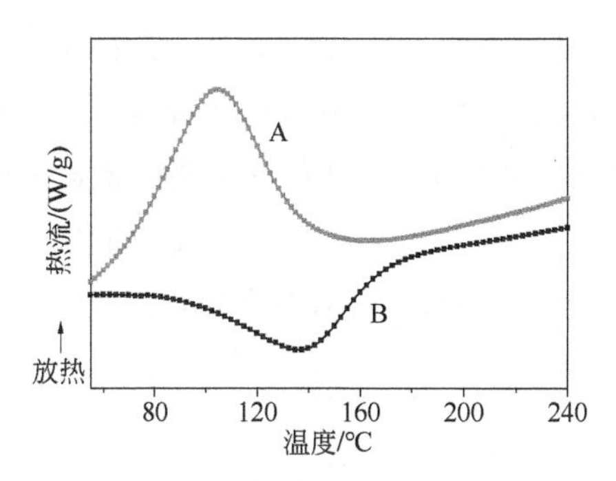

图 1.26　纯 F 树脂和 EB 树脂 DSC 曲线

A—EB 树脂；B—F 树脂

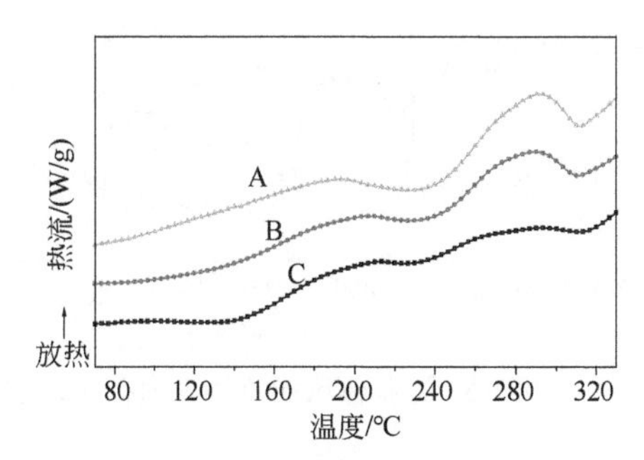

图 1.27　不同体系的 DSC 曲线

A—FEB64；B—FEB55；C—FEB46

其具体的固化反应过程如图 1.28 所示，其中在 180℃附近发生呋喃的开环反应和间苯二甲胺催化部分环氧的反应。随着温度的升高（280℃），剩余未反应的环氧发生固化反应。

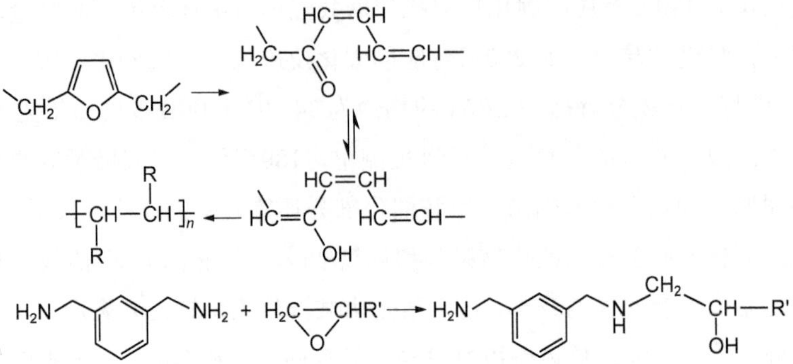

图 1.28　共混体系的固化反应机理

为了进一步验证共混体系的固化反应机理，对共混体系 FEB55 不同阶段的固化物进行分阶段取样，然后进行红外测试表征，结果如图 1.29 所示。可以看到 1677cm^{-1}代表着呋喃环的特征吸收峰，峰强度随着固化反应的进行逐渐减小，当达到 180℃以上时基本消失。而 914cm^{-1}处环氧的吸收峰虽然在固化反应过程中也在逐渐减小，但是当固化反应是 220℃后，其特征吸收峰仍然存在，说明共混体系中环氧树脂在整个反应阶段都在进行，且有剩余的环氧树脂在高温条件下反应。

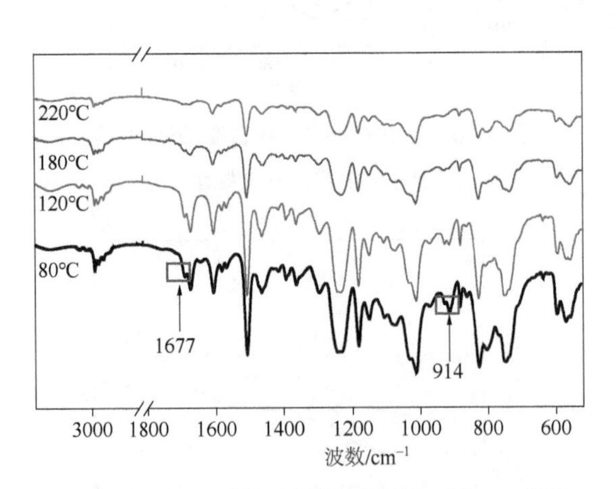

图 1.29　FEB55 树脂体系梯度固化时的 IR 曲线

对共混体系浇铸体进行了弯曲性能和冲击性能的表征，结果如图 1.30 和图 1.31 所示，具体数据列于表 1.4。从图 1.30 和图 1.31 可以看出，共混体系弯曲性能和冲击性能的变化趋势是一样的，即随着共混体系中环氧树脂含量的增多，共混体系的性能逐渐增大，且均大于单一组分的固化体系。其中 FEB46 的力学性能达到最优，弯曲强度达到 113.21MPa，弯曲模量达到 3548MPa，冲击强度达到 19.02kJ/m^2。

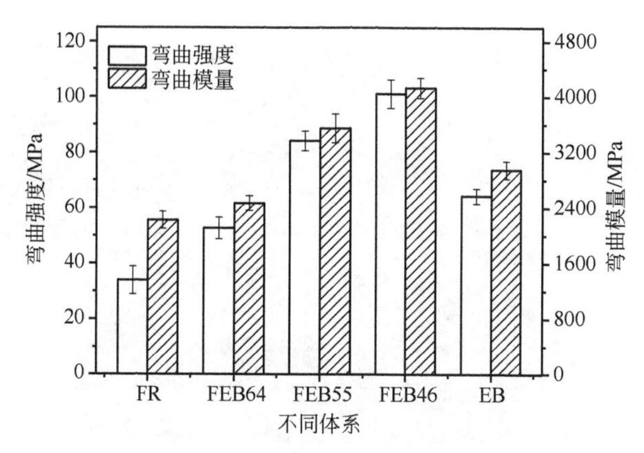

图 1.30　不同体系的弯曲强度和弯曲模量

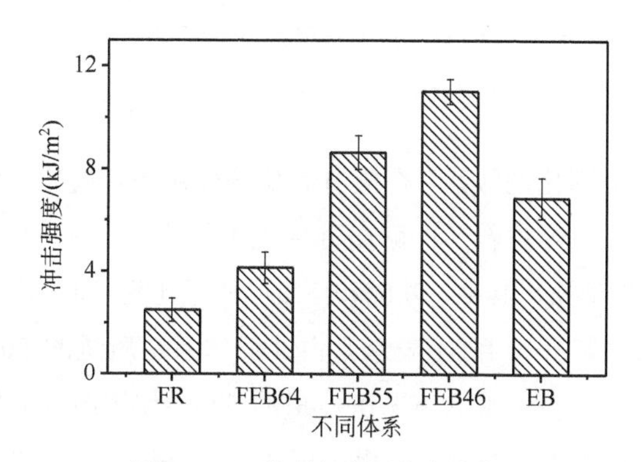

图 1.31　不同体系的冲击强度

表 1.4　FEB 树脂浇铸体不同环氧呋喃配比时的力学性能

浇铸体系	弯曲强度/MPa	误差/%	弯曲模量/MPa	误差/%	冲击强度/(kJ/m²)	误差/%
FR	38.05	5.59	2221	5.44	2.5	0.45
FEB64	58.95	4.36	2466	4.38	8.15	0.61
FEB55	94.37	3.93	3548	5.83	12.65	0.65
FEB46	113.21	5.76	4129	3.49	19.02	0.48
EB	72.02	3.01	2950	4.20	11.86	0.79

从前面的研究结果可以看出，共混体系具有优异的力学性能，其中冲击性能尤为突出，相比其他热固性树脂改性体系具有明显的优势。为了进一步探索其冲击强度提升的原因，对浇铸体冲击断面进行了 SEM 表征，结果如图 1.32 所示。可以看到，单组分体系［图 1.32（a）和图 1.32（e）］表面光滑，而随着共混体系中环氧组分的增加，断面出现了明显的分相［图 1.32（d)］，这一结构对其韧性的提升具

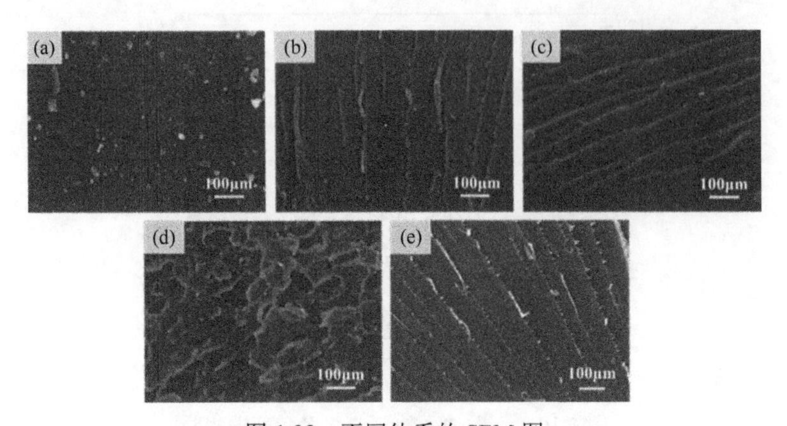

图 1.32 不同体系的 SEM 图

（a）FR；（b）FEB64；（c）FEB55；（d）FEB46；（e）EB

有明显的帮助。

而不同于二胺类固化剂体系，在酸酐固化剂作用下，呋喃与环氧树脂共混体系的力学性能及制备成复合材料后的耐腐蚀性能更加优异，具体研究内容如下。制备过程如二胺类固化剂体系，其中，呋喃和环氧的质量比为 10∶0、6∶4、5∶5、4∶6 和 0∶10，甲基六氢苯酐（用 M 表示）占共混体系总质量的 50%，固化剂促进剂 DMP-30（用 D 表示）占甲基六氢苯酐质量的 2%。使用改性后的共混体系作为基体树脂，玄武岩纤维为增强材料，利用层压成型方法制备了复合材料板材，并对其性能进行了测试表征。复合材料中基体树脂含量按照式（1-2）计算：

$$\text{基体树脂含量}=\frac{W_{\text{复合材料}}-W_{\text{玄武岩纤维}}}{W_{\text{复合材料}}}\times 100\% \qquad (1\text{-}2)$$

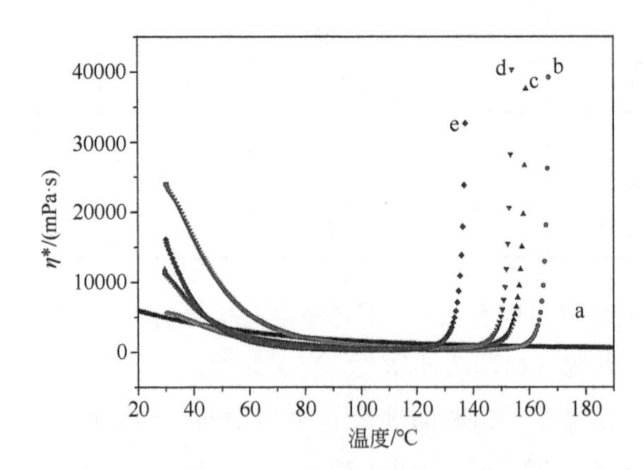

图 1.33 FEMD 共混体系的黏度曲线

a—FMD；b—FEMD-64；c—FEMD-55；d—FEMD-46；e—EMD

对共混体系的黏度进行表征，结果如图 1.33 所示。未添加呋喃树脂的环氧树脂及固化剂体系［图 1.33（e）］当固化温度升到 130℃后，黏度急剧增大。形成鲜明对比的是未添加环氧树脂的呋喃树脂体系［图 1.33（a)]，其黏度直到固化温度升至 180℃以上时还未开始增长。在共混体系中随着呋喃树脂含量的增加，黏度开始快速增长时对应的温度逐渐升高，说明呋喃树脂可以推后共混体系的固化反应。另一方面，从图 1.33 中可看出，共混体系的黏度在一个比较宽的温度范围内长期保持在 1.0×10^4mPa • s 以下，非常适合于复合材料的制备。

对共混体系浇铸体进行了冲击、弯曲测试，具体结果如图 1.34 和图 1.35 所示，数据列于表 1.5。可以看到，单独的呋喃树脂体系固化物的冲击强度和弯曲强度都比较低。共混体系固化物的冲击强度和弯曲强度随着环氧树脂含量的增加有先增大后减小的趋势。当环氧树脂含量为 50%时，固化物的冲击强度达到最大为 15.43kJ/m^2，弯曲强度达到 102.81MPa，弯曲模量达到 3209.40MPa，分别是呋喃固化体系的 6.2 倍、2.7 倍和 1.4 倍。这可能归因于共混体系具有高的交联密度和更均一的交联网络。

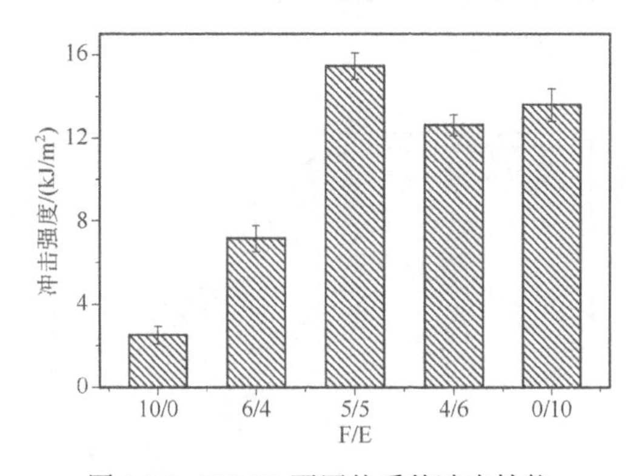

图 1.34 FEMD 不同体系的冲击性能

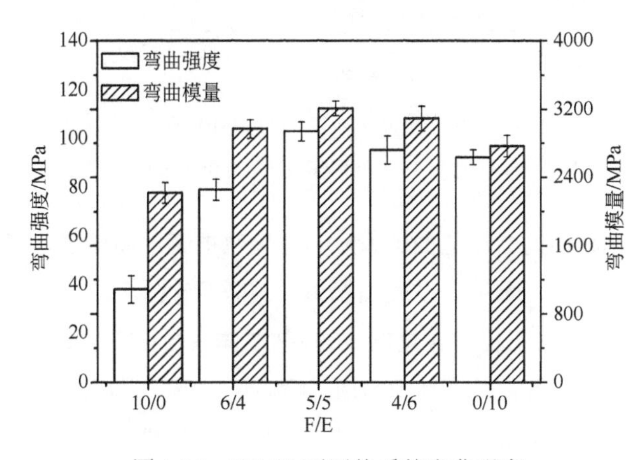

图 1.35 FEMD 不同体系的弯曲强度

表 1.5 FEMD 不同体系的力学性能

F/E①	弯曲强度/MPa	误差	弯曲模量/MPa	误差	冲击强度/(kJ/m^2)	误差
10/0	38.05	5.59	2221.76	121.87	2.50	0.45
6/4	78.95	4.36	2966.99	108.25	7.15	0.61
5/5	102.81	3.93	3209.40	87.03	15.43	0.65
4/6	95.21	5.76	3089.05	144.26	12.60	0.48
0/10	92.17	3.01	2767.44	124.54	13.60	0.79

① F/E 代表呋喃树脂与环氧树脂的质量比。

对共混体系固化的热性能采用动态热机械分析（DMA）进行了表征，结果如图 1.36 所示。可以看到，共混体系固化物均呈现单一的 tanδ 峰，说明固化物是均相体系。随着环氧树脂含量的增多，固化物的 T_g 呈现逐渐上升的趋势。固化物在室温时（40℃）的储能模量随着环氧树脂含量的增加呈现先增大后减小的趋势。这一结果与前面的力学性能结果相近。

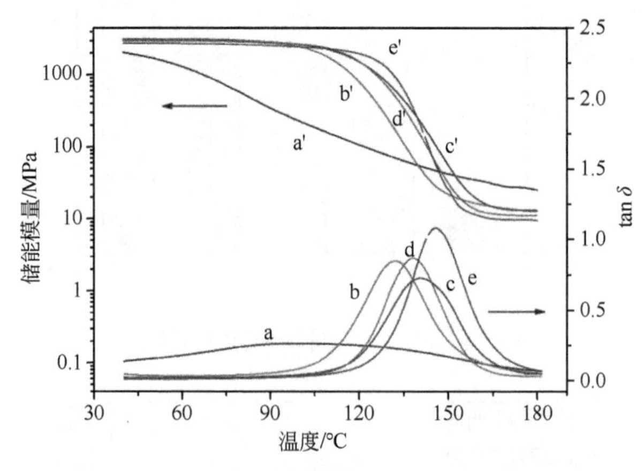

图 1.36 FEMD 固化物的 DMA 曲线

a—FMD；b—FEMD-64；c—FEMD-55；d—FEMD-46；e—EMD

为了建立固化物结构与性能的关系，对固化物的弯曲断面进行了 SEM 测试，结果如图 1.37 所示。可以看到，呋喃树脂体系的断面［图 1.37（a）］光滑，显示出明显的脆性断裂。随着环氧树脂含量的增加，共混体系固化物的断面逐渐变得粗糙，呈现河流状断纹，当环氧含量达到 50%时，断面还出现了很深的沟壑。这些结构的出现及变化趋势很好地对应了固化物的冲击强度变化趋势。

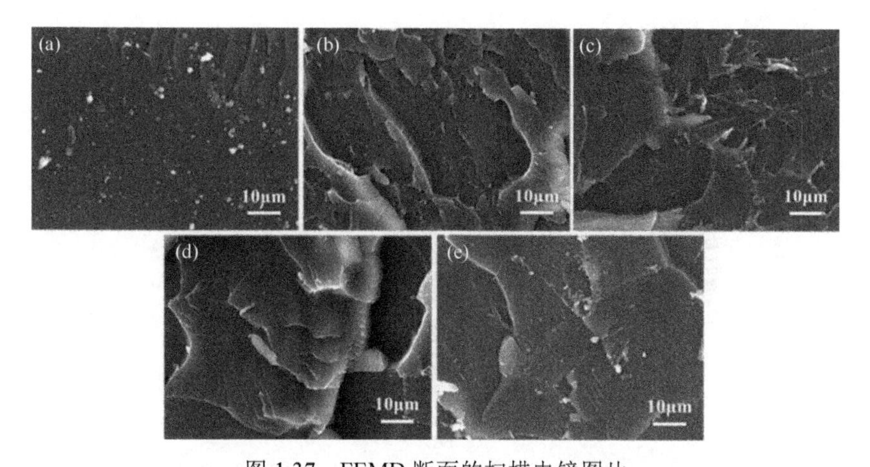

图 1.37　FEMD 断面的扫描电镜图片

（a）FMD；（b）FEMD-64；（c）FEMD-55；（d）FEMD-46；（e）EMD

采用玄武岩纤维（BF）增强改性后的基体树脂，研究了复合材料的力学性能，如图 1.38 和图 1.39 所示。可以看到，复合材料的冲击性能与弯曲性能变化趋势与改性后的基体树脂性能变化趋势相近。随着环氧树脂含量增加，力学性能都呈现出先增大后减小的趋势。即当环氧树脂含量为 50%时，复合材料的力学性能达到最优，冲击强度、弯曲强度和弯曲模量分别达到 230kJ/m^2、443MPa 和 27GPa。

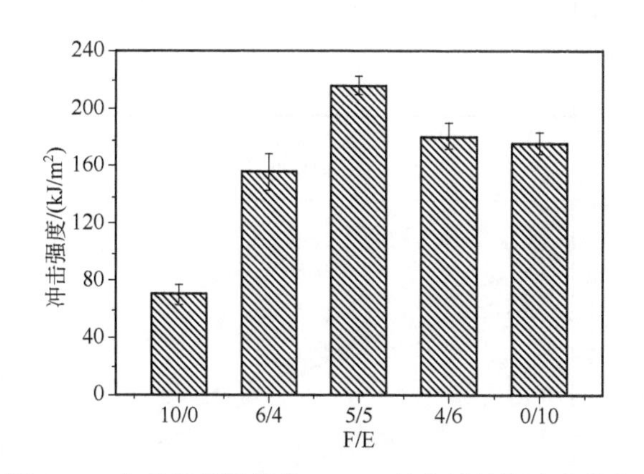

图 1.38　玄武岩纤维增强 FEMD 复合材料的冲击强度

呋喃树脂的一个重要性能是其出色的耐腐蚀性能，因而考察改性后树脂体系的耐腐蚀性能对于其应用具有重要的现实意义。将玄武岩纤维增强的改性树脂体系制备的复合材料分别浸渍在 HCl 和 NaOH 水溶液中，浸渍不同时间段后测试其剩余的弯曲强度，结果如图 1.40 所示。从图 1.40（a）中可以看到，浸渍 HCl 后，在初始的几小时内，共混体系的弯曲强度是有提升的，而环氧树脂体系的强度是下降的。

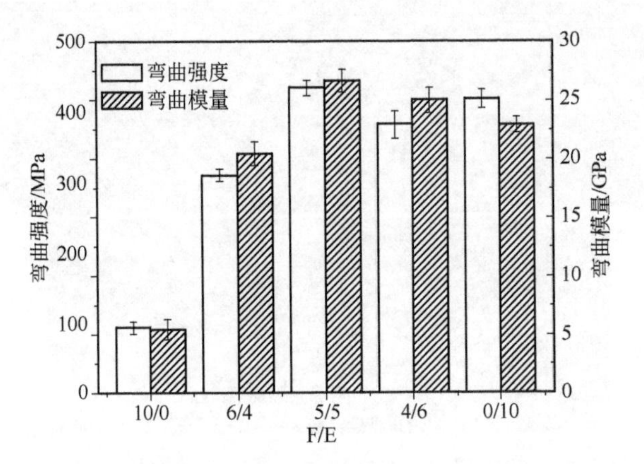

图 1.39　玄武岩纤维增强 FEMD 复合材料的弯曲性能

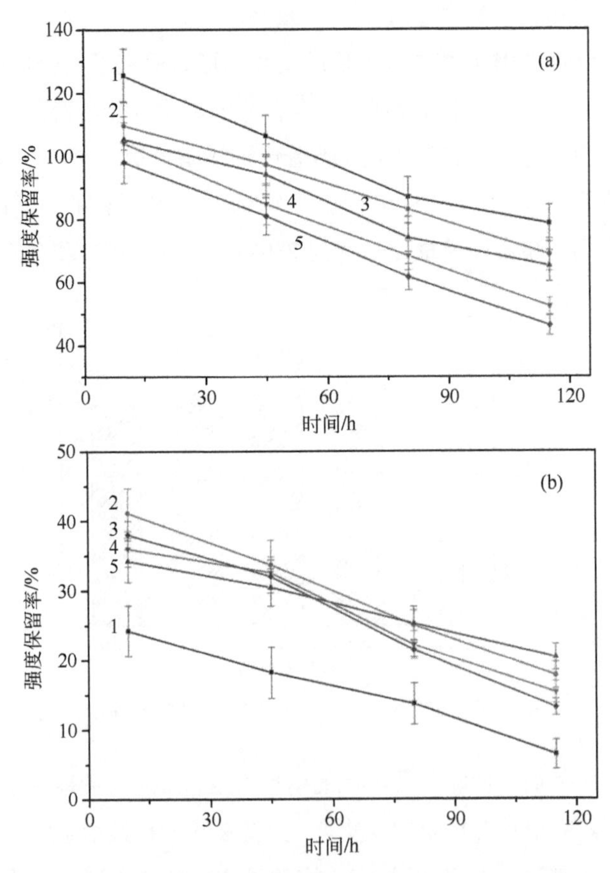

图 1.40　玄武岩纤维增强 FEMD 复合材料在 HCl（a）和 NaOH（b）水溶液浸泡不同时间后的强度保留率

1—FMD；2—FEMD-64；3—FEMD-55；4—FEMD-46；5—EMD

当浸渍时间超过 45h 后，呋喃含量多的共混体系（FMD、FEMD-64、FEMD-55）其弯曲强度仍比未腐蚀的状态要高。随着在 HCl 溶液中浸渍的时间进一步延长，弯曲强度保留率逐渐减小。这主要是与呋喃树脂的固化机理有关。呋喃树脂可以在酸的催化下发生固化反应，浸渍在 HCl 体系中后，刚开始 HCl 进入到树脂体系中，促进了呋喃树脂的进一步固化，提高了树脂体系的交联密度和强度保留率。随着时间的延长，HCl 可以进一步分解固化物造成复合材料强度保留率的下降。

不同于复合材料在 HCl 中的表现，复合材料在 NaOH 中的强度保留率如图 1.40（b）所示。随着在 NaOH 水溶液中浸泡时间的延长，所有复合材料的强度保留率都呈现逐渐减小的趋势。这一现象与呋喃树脂在酸性条件下固化的特点有关。从以上的实验结果可以看出，呋喃树脂/环氧树脂共混体系固化物具有优异的耐酸性，但是不能很好地耐碱。

1.1.9.4 呋喃树脂的应用

呋喃树脂被广泛地用作胶黏剂，尤其在铸造工艺中作芯砂粘接剂。呋喃树脂可耐 180～200℃高温，是现有耐蚀树脂中耐热性能最好的树脂之一，具有良好的阻燃性能，且燃烧时发烟少。其特点是砂芯精度好、强度高、气味小、抗吸湿、溃散性好及砂可回收再用等。此外，防腐树脂具有优异的防腐性能，可以广泛应用于制作玻璃钢槽、管和管子等防腐制品内衬。笔者在前述部分将其应用于复合材料领域，制备了综合性能优异的纤维增强呋喃/环氧树脂复合材料。但是，目前，呋喃总体上还存在着固化反应生成水使得树脂收缩率大、容易产生孔洞、固化物脆性大等问题。

1.2 热固性树脂基本术语[106]

1.2.1 固化

热固性树脂的固化过程本质上是官能团的化学反应过程。对热固性树脂固化反应机理和固化反应动力学过程的深入研究，对于热固性树脂的成型控制具有重要意义。固化反应程度（α），可以采用多种方法进行测量，常用的有 DSC、红外、核磁等方法。下面就以 DSC 方法为例进行详细的介绍。

固化反应程度[107]可以由式（1-3）得到：

$$\frac{\mathrm{d}\alpha}{\mathrm{d}t}=\frac{1}{H_0}\times\frac{\mathrm{d}H}{\mathrm{d}t} \tag{1-3}$$

式中，H_0 是树脂固化过程中的总热焓，可以通过对树脂 DSC 曲线的积分得到；

H 是树脂从开始到固化时间 t 时，体系释放出的热焓。如果测试的树脂固化反应过程只涉及一个反应历程，则反应程度为官能团的消耗程度。然而，如果测试的树脂固化反应可能涉及多个反应历程，则反应程度反映的是多种反应的平均反应程度。

此外，利用 DSC 测试，很多学者建立了热固性树脂的固化反应的模型[108~110]。如 Kamal 等[111]建立的唯象模型经常用来分析树脂的恒温动力学。通常 n 级反应的公式[112]如下所示：

$$\frac{\mathrm{d}\alpha}{\mathrm{d}t} = K_1(1-\alpha)^n \tag{1-4}$$

式中，K_1 是反应速率常数；n 为固化反应级数。而当热固性树脂具有自催化效果时，如苯并嘌嗪、环氧等，可以采用如下公式：

$$\frac{\mathrm{d}\alpha}{\mathrm{d}t} = (K_1 + K_2\alpha^m)(1-\alpha)^n \tag{1-5}$$

式中，K_2 是自加速固化反应的速率常数；m 和 n 是反应的级数。当 K_2=0 时，式（1-5）和式（1-4）相同，表示普通的没有催化的固化反应。通过恒温 DSC 测试可以进一步确定固化反应程度与固化反应速率。当转化率为 0 时，可以得到 K_1 值。

1.2.2 凝胶

在热固性树脂固化过程中，首先发生的是凝胶现象。凝胶点是热固性树脂固化过程中开始形成三维网络结构（开始出现凝胶瞬间）时的反应程度。对应的从固化反应开始到凝胶点的时间称为凝胶化时间。凝胶点及凝胶化时间的确定及控制，对热固性树脂的加工过程具有非常重要的意义，可以采用平板小刀法、凝胶化时间测试仪等对某一特定树脂体系的凝胶化时间进行测定，也可以由理论计算得到，具体的计算及理论参照《高分子化学》等相关书籍。

1.2.3 交联密度

交联密度是一个非常重要的概念，其定义为在每个单位体积内含有的交联点的数目（X_c）或者在两交联点之间分子量的大小（M_c）。交联密度对于调整热固性树脂固化物的性能具有重要的意义。当交联密度增大时，固化物的硬度、模量、机械强度和抗化学腐蚀的性能会增强，但是同时断裂伸长率、冲击强度等性能会减小。如，当橡胶的交联密度较低时，交联后的橡胶呈现高弹态。而当橡胶高度交联时，交联后的橡胶则呈现脆性。那么交联密度是如何测定的呢？

交联密度可以利用 Flory-Rehner 理论[113]从溶胀平衡的角度来确定。交联的热固性树脂并不能同热塑性树脂一样溶解在一定的溶剂中，其与溶剂之间只能发生溶胀。随着聚合物网络中吸附的溶剂越来越多，交联网络的膨胀也会越来越严重。因此，在共混体系中存在溶剂渗入到交联网络的压力和溶剂被交联网络挤出的弹性收缩力。当这两种力达到平衡时，体系的吉布斯自由能为零。利用 Flory-Huggins 理论可以得到交联聚合物的交联密度公式，即：

$$\ln(1-v_{\mathrm{p}})+v_{\mathrm{p}}+\chi v_{\mathrm{p}}^{2}+V_{\mathrm{s}}X_{\mathrm{c}}\left[v_{\mathrm{p}}^{1/3}-\frac{v_{\mathrm{p}}}{2}\right]=0 \tag{1-6}$$

所以，

$$X_{\mathrm{c}}=\frac{\ln(1-v_{\mathrm{p}})+v_{\mathrm{p}}+\chi v_{\mathrm{p}}^{2}}{V_{\mathrm{S}}\left[v_{\mathrm{p}}^{1/3}-\frac{v_{\mathrm{p}}}{2}\right]} \tag{1-7}$$

$$\overline{M_{\mathrm{c}}}=\frac{d_{\mathrm{p}}V_{\mathrm{S}}\left[v_{\mathrm{p}}^{1/3}-\frac{v_{\mathrm{p}}}{2}\right]}{\ln(1-v_{\mathrm{p}})+v_{\mathrm{p}}+\chi v_{\mathrm{p}}^{2}} \tag{1-8}$$

$$\chi=k+\frac{V_{\mathrm{s}}}{RT}(\delta_{\mathrm{s}}+\delta_{\mathrm{p}})^{2} \tag{1-9}$$

式中，d_{p}为固化物的密度；V_{s}为溶剂的摩尔体积；v_{p}为聚合物在溶胀网络中的体积分数；X_{c}为交联密度；$\overline{M_{\mathrm{c}}}$为两个交联点之间的分子量；$\chi$为 Flory-Huggins 相互作用参数；$\delta_{\mathrm{s}}$为溶剂的溶解度参数；$\delta_{\mathrm{p}}$为树脂的溶解度参数；$R$ 为气体常数；T 为热力学温度（295K）；k 为溶剂的特征常数。

热固性树脂固化物的交联密度也可以从固化物在橡胶平台区的储能模量进行估算。原则上，热固性树脂固化物的交联密度可以利用橡胶的弹性理论来计算。交联橡胶的剪切模量（G）公式[114]如下：

$$G=\frac{r_{1}^{2}}{r_{f}^{2}}\times\frac{dRT}{M_{\mathrm{c}}}\left(1-\frac{2M_{\mathrm{c}}}{M_{n}}\right) \tag{1-10}$$

式中，d 为密度；R 为气体常数；T 为热力学温度；M_{c}是交联点之间的分子量；M_n是主链的分子量；$\frac{r_{1}^{2}}{r_{f}^{2}}$是聚合物链的均方末端距与同样量的自由旋转链之间的比值，这一值通常假设为 1。对于高度交联的体系，$\frac{M_{\mathrm{c}}}{M_{n}}$是可以忽略不计的，因此，上式可以写为：

$$M_{\mathrm{c}}=\frac{dRT}{G}=\frac{3dRT}{E'} \tag{1-11}$$

因此，M_c 可以通过在玻璃化转变温度（T_g）以上 30℃的动态储能模量来计算。此外从测试方法上讲，主要包含平衡溶胀法、应力-应变法、动态机械热分析法、流变法、核磁共振法、小角中子散射法、原子力显微镜法和气相色谱法等[115]。这里以核磁共振法为例进行说明[116]。

核磁共振氢谱弛豫是由分子间和分子内质子间的磁化偶极相互作用引起的。当温度高于聚合物的玻璃化转变温度后，聚合物网络结构中的氢原子在网络主链内的热运动加剧，会部分地抵消这种磁化偶极作用。抵消掉的磁化偶极与聚合物局部动力学及碳氢主链形成的交联结构对其运动的限制作用有关。而剩余的磁化偶极相互作用就可以用来测量交联密度，并可以同时将交联网络链段的运动动力学关联起来。

这种方法相比传统的方法具有明显的优势，主要表现在核磁共振法能够区分出由于大分子间相互缠绕产生的物理交联和由于化学反应产生的化学交联，可以提供聚合物结构更全面的信息[117]，而且具有测试时间短、误差小、结果重现性好的优点，但是其测试仪器昂贵，测试成本高。

1.2.4 玻璃化转变温度（T_g）

1.2.4.1 玻璃化转变温度与转化率之间的关系

从热力学的角度讲，玻璃化转变是无定形聚合物发生的准二级相变。发生玻璃化转变所对应的温度称为玻璃化转变温度（T_g）。玻璃化转变过程并不像熔融过程是在很短的时间内完成的，因此准确的玻璃化转变温度应该是一个范围。在玻璃化转变温度以下，聚合物呈现玻璃态；在玻璃化转变温度以上，材料变软且其形状会随之发生变化。在玻璃化转变发生的过程中，材料的模量会大幅度下降。因此，T_g 对于热固性树脂是非常重要的参数，对其实际使用具有重要的指导意义。然而，T_g 与热固性树脂的固化反应程度息息相关，如何从理论上成功预测 T_g 对于热固性树脂的设计与选择具有重要的意义。

随着固化反应的进行，固化物的 T_g 逐渐升高。已经有一些模型成功地预测了固化反应程度（α）与 T_g 之间的关系。比较著名的有 Dibenedetto 方程[118]，如下所示：

$$\frac{T_g - T_{g0}}{T_{g\infty} - T_{g0}} = \frac{\lambda\alpha}{1-(1-\lambda)\alpha} \tag{1-12}$$

式中，T_{g0} 是树脂在固化前的玻璃化转变温度；$T_{g\infty}$ 是树脂达到最大固化度时对应的玻璃化转变温度；λ是调节系数。Pascault 和 Williams[119]利用 Couchman[120]分析建立了类似的方程，如下所示：

$$T_g = \frac{\alpha \Delta c_{p\infty} T_{g\infty} + (1-\alpha)\Delta c_{p0} T_{g0}}{\alpha \Delta c_{p\infty} + (1-\alpha)\Delta c_{p0}} \tag{1-13}$$

式中，Δc_{p0}和$\Delta c_{p\infty}$分别为树脂固化前和树脂达到最大固化度时对应的比热容。对比式（1-12），可知，

$$\lambda = \frac{\Delta c_{p\infty}}{\Delta c_{p0}} \tag{1-14}$$

随着固化反应的进行，比热容会逐渐减小。Montserrat[121]建立了$\Delta c_p(T_g)$和 T_g之间的函数关系，如下所示：

$$\Delta c_p(T_g) = x + \frac{b}{T_g} \tag{1-15}$$

如果忽略x，我们可以得到：

$$\lambda = \frac{\Delta c_{p\infty}}{\Delta c_{p0}} = \frac{T_{g0}}{T_{g\infty}} \tag{1-16}$$

结合式（1-15）和式（1-16），我们可以得到：

$$\frac{1}{T_g} = \frac{1-\alpha}{T_{g0}} + \frac{\alpha}{T_{g\infty}} \tag{1-17}$$

这个公式与著名的FOX方程形式上非常相似，被广泛用来预测共聚体系中组成变化与T_g的关系。

1.2.4.2 玻璃化转变温度的测量

常用的测量玻璃化转变温度的方法有动态力学测试、差示扫描量热仪和介电谱仪等。

测试材料的动态力学性能的方法有很多种，如扭摆、振簧等，然而现在常用的是采用动态力学分析仪（DMA）。可以在对样品施加恒定升温速率的同时，对样品施加小振幅的应力，测定材料的模量和损耗角正切。两组分共混时，如果发生部分相容，能使低温峰向高温方向移动，高温峰向低温方向移动。当两相之间趋向于完全互容时，它们的损耗峰就合二为一。此外，动态力学分析也可以用于部分的定量分析，即共混体系中的低温损耗峰面积会随着该组分含量的增加而增大。值得注意的是，该面积的变化与聚集态和组成有关。

介电损耗测量与力学损耗的研究相近。两相聚合物的松弛行为目前有如下结论：通过测量相对介电常数和介电损耗角正切可以得到某一温度范围内频率的函

数，进而确定共混体系是否发生分相。

差示扫描量热仪（DSC）主要是测量试样的热焓随温度的变化。因为共混体系的比热容 c_p 在玻璃化转变区内会陡然增大，所以可以利用这一原理来测量共混体系的 T_g。

以上几种方法中，DMA 和 DSC 经常在实验中采用，而介电损耗的测量常为这些测量提供相关的证据。DMA 和 DSC 可检测同一温度下的同一转变，但是 DMA 测试数据相对较高。具体应用过程中，应综合多种测试方法。

1.3 热固性树脂的成型方法

1.3.1 浇铸成型

浇铸成型是热固性树脂成型的一种常见的简单方法。按照成型产品的状态可以分为两类：①模具浇铸；②旋转浇铸。模具浇铸主要成型块状样品。将液体树脂体系与固化剂和其他添加剂混合均匀，然后置于真空烘箱中进行除泡处理，最后倒入预先加热好的模具中。通常情况下，倒入模具后，还需要继续在真空烘箱中进行一段时间的除泡处理。使用的模具材质可以是铝、不锈钢、玻璃或者四氟乙烯。除泡处理后，在烘箱中特定的温度下，固化一段时间后，待树脂完全固化后，让模具自然冷却，然后将样品移出。通常情况下，树脂会有一定程度的收缩，这样是有利于脱模步骤的，但是，如果树脂体系收缩过大，会导致树脂在模具中发生损毁，这时要在较高的温度下将样品取出。如果使用的模具是铝箔，成型过程中样品收缩会使模具一起收缩，样品一般不会因为固化收缩而损毁。具体过程如图 1.41 所示。

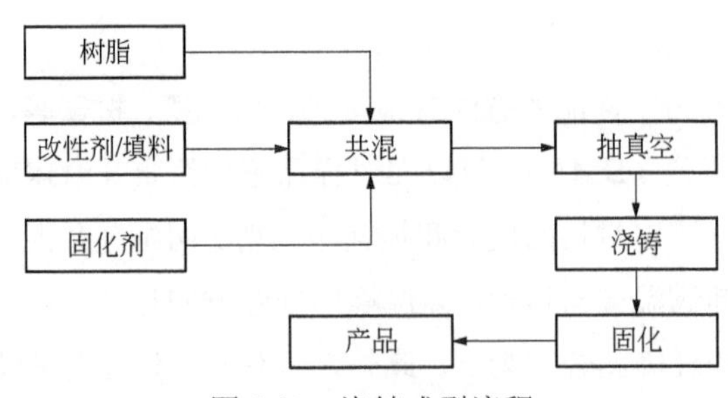

图 1.41　浇铸成型流程

旋转浇铸主要成型的是中空样品，比如球类等。树脂和固化剂、添加剂混合均匀后置于一个可以加热的旋转的空心球体内。随着温度的升高、固化时间的延长，树脂逐渐固化，然后冷却模具，脱模后即可得到中空的热固性树脂固化物。

1.3.2 模压成型

模压成型通常用来成型热固性浇铸样品和热固性复合材料。一种典型的模压成型的模具如图 1.42 所示。可以看到，模具由两部分组成：上面的部分叫作阳模，下面的部分叫作阴模。阳模和阴模可以贴合在一起，其中的空隙是样品成型后的形态。热固性树脂或树脂基复合材料放入模具后，对模具进行加压加热，一般加热温度可以达到 300℃，而压力可以达到 80kg/cm^2 以上。实际操作过程中，依据成型材料自身的特性（黏度、固化反应特性），可以调节加热温度、加压大小。待模具内样品固化完全后，将模具冷却后即可脱模得到样品。

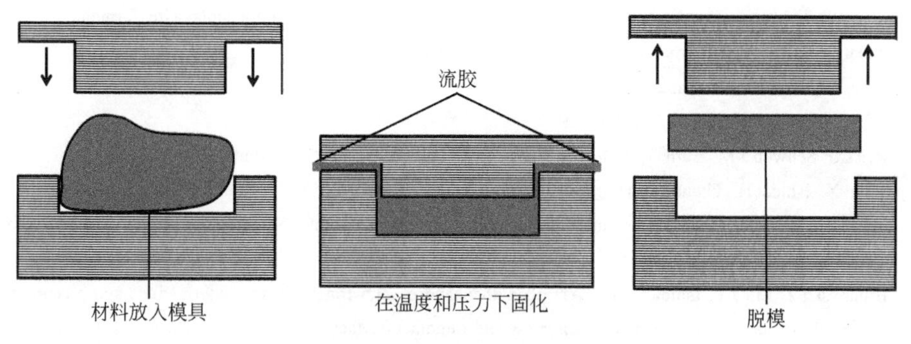

图 1.42 典型的模压成型

1.3.3 反应注射成型

反应注射成型是两种或两种以上高活性液体原料，在高压冲击瞬间混合的同时注入模具，而在模腔中迅速反应，材料分子量急剧增大，以极快的速度完成聚合、交联、固化、成型的工艺。可以实现液体输送、计量、混合、快速反应和成型一步完成，是一种全新的加工工艺。

反应注射成型的成型工艺主要由配料、计量、混合、注射充模、固化和后处理等工序组成。原料液一般由 A、B 两组分组成，经过计量、高压（20～30MPa）碰撞混合后注入密闭的模具中，在模腔内混合物料同时发生扩链与交联反应，固化、脱模后可以经过适当修整获得最终制品。不同于传统的成型方式，材料需要加热才能固化，反应注射成型过程中材料的固化是从高压冲击混合开始的，因此固化温度通常情况下都比较低（约 40℃）。反应注射成型主要的优点在于其可以在低温度和低压力情况下成型低黏度树脂体系（0.1～1.0Pa）。这就为使用低成本的模具带来了可能，节省了样品的制备成本。

参考文献

[1] 杜善义. 先进复合材料与航空航天. 复合材料学报, 2007, (01): 1-12.

[2] 姜丽萍. C919的制造技术热点及最新研制进展. 航空制造技术, 2013, (22): 26-31.

[3] 黄发荣. 万里强. 酚醛树脂及其应用. 北京: 化学工业出版社, 2011.

[4] 殷荣忠. 酚醛树脂及其应用. 北京: 化学工业出版社, 1990.

[5] 唐路林, 李乃宁. 高性能酚醛树脂及其应用技术, 北京: 化学工业出版社, 2009.

[6] Holly F W, Cope A C. Condensation products of aldehydes and ketones with o-aminobenzyl alcohol and o-hydroxybenzylamine. Journal of the American Chemical Society, 1944, (66): 1875-1879.

[7] Burke W J. 3,4-Dihydro-1,3,2H-benzoxazines, reaction of *p*-substituted phenols with *N*,*N*-dimethylolamines. Journal of the American Chemical Society, 1949, (71): 609-612.

[8] Burke W J, Mortenson Glennie E L, Weatherbee C. Condensation of halophenols with formaldehyde and primary amines1. The Journal of Organic Chemistry, 1964, 29(4): 909-912.

[9] Schreiber H. German offen: 2255504, 1973.

[10] Schreiber H. German offen: 2323936, 1973.

[11] Reiss G, Schwob J M, Guth G, et al// Culbertson B M. Advances in polymer synthesis. McGrath JE Eds, 1985.

[12] Ning X, Ishida H. Phenolic materials via ring-opening polymerization: Synthesis and characterization of bisphenol-A based benzoxazines and their polymers. Journal of Polymer Science Part A: Polymer Chemistry, 1994, (32): 1121-1129.

[13] Brunovska Z, Liu J P, Ishida H. 1,3,5-Triphenylhexahydro-1,3,5-triazine-active intermediate and precursor in the novel synthesis of benzoxazine monomers and oligomers. Macromolecular Chemistry and Physics, 1999, (200): 1745-1752.

[14] Ishida H. Process for preparation of benzoxazine compounds in solventless systems: V. S. Patent. 5543516, 1996-8-6.

[15] 顾宜, 裴顶峰, 等. 粒状多苯并噁嗪中间体及制备方法. 中国: ZL95111413.1, 1995.

[16] 刘欣. 苯并噁嗪开环聚合机理及体积膨胀效应的研究. 成都: 四川大学, 2000.

[17] Burke W J, Bishop J L, Mortensen Glennie E L, Bauer W N. A new aminoalkylation reaction, condensation of phenols with dihydro-1,3-aroxazines1. The Journal of Organic Chemistry, 1965, (10): 3423-3427.

[18] Dunkers J, Ishida H. Reaction of benzoxazine-based phenolic resins with strong and weak carboxylic acids and phenols as catalysts. Journal of Polymer Science Part A: Polymer Chemistry, 1999, (37): 1913-1921.

[19] Wang Y X, Ishida H. Synthesis and properties of new thermoplastic polymers from substituted 3,4-dihydro-2H-1,3-benzoxazines. Macromolecules, 2000, (33): 2839-2847.

[20] Ishida H, Rodriguez Y. Curing kinetics of a new benzoxazine-based phenolic resin by differential scanning calorimetry. Polymer, 1995, (36): 3151-3158.

[21] Agag T, Arza C R, Maurer F H J, Ishida H. Primary amine-functional benzoxazine monomers and their use for amide-containing monomeric benzoxazines. Macromolecules, 2010, (43): 2748-2758.

[22] Grishchuk S, Mbhele Z, Schmitt S, Karger-Kocsis J. Structure, thermal and fracture mechanical properties of benzoxazine-modified amine-cured DGEBA epoxy resins. Express Polymer Letters, 2011, (5): 273-282.

[23] Grishchuk S, Schmitt S, Vorster O C, Karger-Kocsis J. Structure and properties of amine-hardened epoxy/benzoxazine hybrids: Effect of epoxy resin functionality. Journal of Applied Polymer Science, 2012, (124): 2824-2837.

[24] Sudo A, Kudoh R, Nakayama H, Arima K, Endo T. Selective formation of poly(*N*,*O*-acetal) by polymerization

of 1,3-benzoxazine and its main chain rearrangement. Macromolecules, 2008, (41): 9030-9034.

[25] Liu X, Gu Y. Effects of molecular structure parameters on ring-opening reaction of benzoxazines. Science in China Series B: Chemistry, 2001, (5): 552-560.

[26] Ishida H, Allen D J. Physical and mechanical characterization of near-zero shrinkage polybenzoxazines. Journal of polymer science Part B: Polymer physics, 1996, (6): 1019-1030.

[27] Ghosh N, Kiskan B, Yagci Y. Polybenzoxazines-new high performance thermosetting resins: Synthesis and properties. Progress in polymer Science, 2007, (11): 1344-1391.

[28] Shen S B, Ishida H. Dynamic mechanical and thermal characterization of high-performance polybenzoxazines. Journal of Polymer Science Part B: Polymer Physics, 1999, (37): 3257-3268.

[29] Kim H D, Ishida H. Study on the chemical stability of benzoxazine-based phenolic resins in carboxylic acids. Journal of Applied Polymer Science, 2001, (79): 1207-1219.

[30] Takeichi T, Agag T. High performance polybenzoxazines as novel thermosets. High Performance Polymers, 2006, (5): 777-797.

[31] 陈平，刘胜平，王德中. 环氧树脂及其应用. 北京：化学工业出版社, 2015.

[32] Petrie E M. Epoxy adhesives formulations. New York: McGraw Hill Professional, 2005.

[33] 王德忠. 环氧树脂生产与应用. 北京：化学工业出版社, 2004.

[34] 胡志鹏. 我国环氧树脂市场发展综述. 精细化工原料及中间体, 1008, (1): 16-18.

[35] 任华，孙建中，吴斌杰等. 一种新型含萘环结构高耐热型环氧树脂的合成. 浙江大学学报, 2007, (41): 848-852.

[36] Vyazovkin S, Sbirrazzuoli N. Mechanism and kinetics of epoxy-amine cure studied by differential scanning calorimetry. macromolecules, 1996, (29): 1867-1873.

[37] Mijovic J, Wijaya J. Reaction kinetics of epoxy/amine model systems. The effect of electrophilicity of amine molecule. Macromolecules, 1994, (27): 7589-7600.

[38] Auvergne R, Caillol S, David G, Boutevin B, Pascault J P. Biobased thermosetting epoxy: Present and future. Chemical Reviews, 2014, (114): 1082-1115.

[39] 李玲. 不饱和聚酯树脂及其应用. 北京：化学工业出版社, 2012.

[40] 栢孝达. 我国的不饱和聚酯树脂工业. 热固性树脂, 2001, (16): 9-13.

[41] 黄发荣，焦扬声，郑安呐. 塑料工业手册：不饱和聚酯树脂. 北京：化学工业出版社, 2001.

[42] 吴良义，田呈祥. 1996～1998 年国外不饱和聚酯树脂技术进展. 热固性树脂, 1999, (14): 47-52.

[43] 李绍雄，刘益军. 聚氨酯树脂及其应用. 北京：化学工业出版社, 2002.

[44] 傅明源，孙酣经. 聚氨酯弹性体及其应用. 北京：化学工业出版社, 1998.

[45] 闫福安. 水性聚氨酯合成及改性进展. 聚氨酯行业年会, 2011.

[46] Askari F, Barikani M, Barmar M. Siloxane-based segmented poly (urethane-urea) elastomer: Synthesis and characterization. Journal of Applied Polymer Science, 2013, (130): 1743-1751.

[47] Ge Z, Luo Y. Synthesis and characterization of siloxane-modified two-component waterborne polyurethane. Progress in Organic Coatings, 2013, (76): 1522-1526.

[48] Seeni Meera K M, Murali Sankar R, Jaisankar S N, Mandal A B. Physicochemical studies on polyurethane/siloxane cross-linked films for hydrophobic surfaces by the sol-gel process. The Journal of Physical Chemistry B, 2013, (117): 2682-2694.

[49] Stirna U, Beverte I, Yakushin V, Cabulis U. Mechanical properties of rigid polyurethane foams at room and cryogenic temperatures. Journal of Cellular Plastics, 2011, (47): 337-355.

[50] 丁孟贤. 聚酰亚胺——化学、结构与性能的关系及材料. 北京：科学出版社, 2006.

[51] 丁孟贤，何先白. 聚酰亚胺新型材料. 北京：科学出版社, 1998.

[52] Y. Hongxia, Huang Ying, Ge Qi, Dong Shuili. Development of advanced composite materials PI. New Chemical Materials, 2002, (1): 7-17.
[53] Yan H, Liang G, Ma X, et al. Polyimide-inorganic nanometer hybrid materials. Polymer Bulletin-Beijing, 2003, (6): 28-32.
[54] 范琳, 陈建升, 胡爱军, 杨海霞, 杨士勇. 高性能聚酰亚胺材料的研究进展. 材料工程, 2007, 160-163.
[55] 梁国正, 顾媛娟. 双马来酰亚胺. 北京: 化学工业出版社, 1997.
[56] 王震, 杨慧丽, 盖小苏, 等. 苯炔基封端的联苯型聚酰亚胺复合材料. 复合材料学报, 2006, 23(3): 1-4.
[57] 陈祥宝. 高性能树脂基体. 北京: 化学工业出版社, 1998.
[58] 陈平, 熊需海. 含芳杂环结构双马来酰亚胺. 北京: 化学工业出版社, 2016.
[59] 黄发荣, 周燕等. 先进树脂基复合材料. 北京: 化学工业出版社, 2008.
[60] 陈平, 廖明义. 高分子合成材料学. 北京: 化学工业出版社, 2008.
[61] Xiong X, Chen P, Yu Q, et al. Synthesis and properties of chain - extended bismaleimide resins containing phthalide cardo structure. Polymer International, 2010, (59): 1665-1672.
[62] Zhang L, Chen P, Na L, Gao M, Jin L, Fan S. Synthesis of novel bismaleimide monomers based on fluorene cardo moiety and ester bond: Characterization and thermal properties. Journal of Macromolecular Science: Part A, 2016, (53): 88-95.
[63] Zhang L, Chen P, Gao M, Na L, Xiong X, Fan S. Synthesis, characterization, and curing kinetics of novel bismaleimide monomers containing fluorene cardo group and aryl ether linkage. Designed Monomers and Polymers, 2014, (17): 637-646.
[64] Xia L, Zhai X, Xiong X, Chen P. Synthesis and properties of 1, 3, 4-oxadiazole-containing bismaleimides with asymmetric structure and the copolymerized systems thereof with 4, 4'-bismaleimidodiphenylmethane. RSC Advances, 2014, (4): 4646-4655.
[65] Brown I, Sandreczki T. Cross-linking reactions in maleimide and bis (maleimide) polymers. An ESR study. Macromolecules, 1990, (23): 94-100.
[66] Sandreczki T, Brown I. Characterization of the free-radical homopolymerization of *N*-methylmaleimide. Macromolecules, 1990, (23): 1979-1983.
[67] Hopewell J L, Hill D J, Pomery P J. Electron spin resonance study of the homopolymerization of aromatic bismaleimides. Polymer, 1998, (39): 5601-5607.
[68] Wang X, Chen D, Ma W, Yang X, Lu L. Polymerization of bismaleimide and maleimide catalyzed by nanocrystalline titania. Journal of Applied Polymer Science, 1999, (71): 665-669.
[69] Shibahara S, Enoki T, Yamamoto T, Motoyoshiya J, Hayashi S. Curing reactions of bismaleimide resins catalyzed by triphenylphosphine. High resolution solid-state 13C NMR study. Polymer Journal, 1996, (28): 752-757.
[70] Sinnwell S, Ritter H. Recent advances in microwave-assisted polymer synthesis. Australian Journal of Chemistry, 2007, (60): 729-743.
[71] Zainol I, Day R, Heatley F. Comparison between the thermal and microwave curing of bismaleimide resin. Journal of Applied Polymer Science, 2003, (90): 2764-2774.
[72] 居学成, 哈鸿飞. 电子束固化机理. 涂料工业, 1999, (1): 35-36.
[73] Sui G, Zhong W, Zhang Z. Electron beam curing of advanced composites. Cailiao Kexue Yu Jishu(Journal of Materials Science & Technology)(China)(USA), 2000, (16): 627-630.
[74] 缪培凯, 杨刚, 肖骞澄, 徐国亮. 电子束辐射效应对双马来酰亚胺结构与热性能的研究. 广东化工, 2010, (37): 17-18.
[75] 王海德, 江棂. 紫外线固化材料——理论与应用. 北京: 科学出版社, 2001.

[76] Abadie M, Xiong Y, Boey F. UV photo curing of *N*, *N*′-bismaleimido-4, 4′-diphenylmethane. European Polymer Journal, 2003, (39): 1243-1247.
[77] 江辉. 国外航天结构新材料发展简述. 宇航材料工艺, 1998, (28): 1-8.
[78] 闫福胜, 梁国正. 氰酸酯树脂的研究进展. 高分子材料, 1997, (4): 14-18.
[79] Nair C R, Mathew D, Ninan K. Cyanate ester resins, recent developments. New Polymerization Techniques and Synthetic Methodologies: Springer, 2001: 1-99.
[80] 阎福胜, 王志强. 双酚 A 型氰酸酯树脂的性能. 高分子材料科学与工程, 2000, (16): 170-172.
[81] 杨黎. 双酚 A 型氰酸酯树脂的合成、固化与改性研究. 西安: 西北工业大学, 2001.
[82] 唐玉生, 曾志安, 陈立新, 梁国正, 胡晓兰. 氰酸酯树脂改性及应用概况. 工程塑料应用, 2004, (32): 67-69.
[83] 黄世强, 孙争光, 李盛彪, 等. 新型有机硅高分子材料. 北京: 化学工业出版社, 2004.
[84] 罗运军, 桂红星. 有机硅树脂及其应用. 北京: 化学工业出版社, 2002.
[85] Koo J, Miller M, Weispfenning J, et al. Silicone polymer composites for thermal protection system: fiber reinforcements and microstructures. Journal of Composite Materials, 2011, (45): 1363-1380.
[86] Bischoff R, Cray S. Polysiloxanes in macromolecular architecture. Progress in Polymer Science, 1999, (24): 185-219.
[87] Danikas M, Gubanski M. Vulcanization influence on TSD currents and wettability of room temperature vulcanized silicone rubber HV insulator coatings. International Transactions on Electrical Energy Systems, 1994, (4): 317-319.
[88] Taylor R, Liauw C, Maryan C. The effect of resin/crosslinker ratio on the mechanical properties and fungal deterioration of a maxillofacial silicone elastomer. Journal of Materials Science: Materials in Medicine, 2003, (14): 497-502.
[89] Jo H J, Shim I W, Hahm H S, Park H S. Relationship between weather-resistance and mixing ratio of mill-base and let-down silicone/acrylic resins. Polymer Korea, 2006, (30): 350-356.
[90] Lang R, Rosentritt M, Kolbeck C, et al. In vitro forces for removing high consistency silicone impressions. Journal of Dental Research, 2003//Int amer assoc dental researchi ADR/AADR 1619 duke st, Alexandria, VA 22314-3406 USA, 2003, 551-551.
[91] Aranguren M I, Mora E, Macosko C W, et al. Rheological and mechanical properties of filled rubber: silica-silicone. Rubber Chemistry and Technology, 1994, (67): 820-833.
[92] 韩庆雨, 钟颖, 裴勇兵等. 有机硅浸渍漆研究进展. 杭州师范大学学报: 自然科学版, 2013, (12): 404-408.
[93] 王海侨, 李营, 荀国立, 等. 有机硅耐高温涂料的研究. 北京化工大学学报: 自然科学版, 2006, (33): 59-62.
[94] 熊联明, 向顺成, 舒宽金. 有机硅耐磨涂料改性的研究进展. 化工新型材料, 2013, (41): 22-23.
[95] Wilson D, Beckley D, Koo J H. Development of silicone matrix-based advanced composites for thermal protection. High Performance Polymers, 1994, (6): 165-181.
[96] 王文元, 顾丽莉. 呋喃树脂的研究与应用. 化工中间体, 2007: 4-6.
[97] Gandini A. Furans as offspring of sugars and polysaccharides and progenitors of a family of remarkable polymers: a review of recent progress. Polymer Chemistry, 2010, (1): 245-251.
[98] 任增茂. 铸造用自硬型树脂的合成及性能分析. 粘接, 1994, (15): 11-14.
[99] 郭学阳. 铸造用低黏度呋喃树脂生产技术. 吉林石油化工, 1995, 18-20.
[100] Ding G, Zhang Q, Zhou Y. Strengthening of cold-setting resin sand by the additive method. Journal of Materials Processing Technology, 1997, (72): 239-242.
[101] Abdalla S, Pizzi A, Bahabri F, et al. Furanic copolymers with synthetic and natural phenolic materials for

wood adhesives-a maldi tof study. Maderas Cienciay Tecnología, 2015, (17): 99-104.
[102] Zhou W H, Yu Y S, Xiong X L. Basic properties of woodceramics made from furane resin/bamboo powder composite. Advanced Materials Research, 2011//Trans Tech Publ, 2011, 1569-1574.
[103] 夏宇，蔺向阳，杜震，等. 呋喃树脂固化体系及其固化机理研究进展. 材料导报, 2014, (28): 79-83.
[104] 曹妮，王智，杜瑞奎，等. 呋喃/环氧/胺类固化剂共混体系的固化反应机理及性能研究. 玻璃钢/复合材料, 2017: 94-98.
[105] Wang Z, Cao N, He J, et al. Mechanical and anticorrosion properties of furan/epoxy-based basalt fiber-reinforced composites. Journal of Applied Polymer Science, 2017, (134): 44799-44805.
[106] Ratna D. Handbook of thermoset resins: ISmithers Shawbury. UK, 2009.
[107] Senturia S D, Sheppard N F. Dielectric analysis of thermoset cure. Epoxy Resins and Composites Ⅳ: Springer, 1986: 1-47.
[108] Horie K, Hiura H, Sawada M, et al. Calorimetric investigation of polymerization reactions. Ⅲ. Curing reaction of epoxides with amines. Journal of Polymer Science Part A: Polymer Chemistry, 1970, (8): 1357-1372.
[109] Dušek K, Ilavský M, Luňák S. Curing of epoxy resins: I. Statistics of curing of diepoxides with diamines. Journal of Polymer Science: Polymer Symposia, 1975: 29-44.
[110] Spence A, Crawford R. The effect of processing variables on the formation and removal of bubbles in rotationally molded products. Polymer Engineering & Science, 1996, (36): 993-1009.
[111] Kamal M, Sourour S. Kinetics and thermal characterization of thermoset cure. Polymer Engineering & Science, 1973, (13): 59-64.
[112] Keenan M. Autocatalytic cure kinetics from DSC measurements: zero initial cure rate. Journal of Applied Polymer Science, 1987, (33): 1725-1734.
[113] Flory P J. Principles of polymer chemistry. USA: Cornell University Press, 1953.
[114] Tobolsky A, Carlson D, Indictor N. Rubber elasticity and chain configuration. Journal of Polymer Science Part A: Polymer Chemistry, 1961, (54): 175-192.
[115] 林丽，张红，李远，等. 热固性聚合物的交联密度测试方法研究进展. 热固性树脂, 2012, (27): 60-63.
[116] Garbarczyk M, Grinberg F, Nestle N, et al. A novel approach to the determination of the crosslink density in rubber materials with the dipolar correlation effect in low magnetic fields. Journal of Polymer Science Part B: Polymer Physics, 2001, (39): 2207-2216.
[117] De Gennes P G, Reptation of a polymer chain in the presence of fixed obstacles. The Journal of Chemical Physics, 1971, (55): 572-579.
[118] Nielsen L E. Cross-linking-effect on physical properties of polymers. Journal of Macromolecular Science: Part C, 1969, 3(1): 69-103.
[119] Pascault J, Williams R. Glass transition temperature versus conversion relationships for thermosetting polymers. Journal of Polymer Science Part B: Polymer Physics, 1990, (28): 85-95.
[120] Couchman P. Thermodynamics and the compositional variation of glass transition temperatures. Macromolecules, 1987, (20): 1712-1717.
[121] Montserrat S. Effect of crosslinking density on Δc_p (T_g) in an epoxy network. Polymer, 1995, (36): 435-436.

Chapter 02

第2章 增韧的基础理论与表征方法

热固性树脂凭借其自身突出的加工性能和力学性能，广泛地应用于交通运输、国防军工等领域的结构件材料中，然而，其固化物质脆的缺点限制了其进一步应用。对热固性树脂增韧既是一个传统的课题，又是一个不断发展、不断创新的前沿领域。本章节主要介绍现有的增韧理论和增韧后热固性树脂常用的表征方法。

2.1 橡胶弹性体增韧基础理论

橡胶弹性体增韧热固性树脂的研究历史悠久，机理深入，对其系统的总结有利于寻找更加有效的改性方法，为获得高韧性的热固性树脂具有积极的意义。

2.1.1 微裂纹理论

1956 年，Mertz 等[1]在解释高密度聚乙烯拉伸过程中体积膨胀和应力发白现象时，首先提出了橡胶增韧塑料机理——微裂纹理论（microcrack theory）。该理论认为，当材料受到外力作用发生形变时，材料内部会产生大量微裂纹。微裂纹的产生可以吸收部分能量，而此时体系中含有的橡胶弹性体如果跨越裂纹，裂纹的进一步发展则必须拉伸橡胶弹性体颗粒或者发生转向。这一过程中整个体系可以吸收冲击能量，起到提高材料韧性的目的。然而，该理论忽略了裂纹扩展过程中裂纹周边基体应力变化对拉伸断裂过程的影响。微裂纹的存在，使得体系中应力分布状态发生了变化。在微裂纹附近，应力集中效应明显，会优先发生破坏。进一步的研究结果显示[2]，橡胶弹性体在体系破坏过程中吸收的能量非常有限，大约只有总耗散能量的 10%。这一结果证明，该理论还存在一些不足，并不能完全解释增韧的原因。

考虑到微裂纹的存在导致的体系中应力集中的变化，1960 年，Schmitt 等[3]提出了裂纹核心理论。该理论认为橡胶弹性体的引入给体系带来了大量的新的微裂纹，而不是少量的较大尺度的裂纹。大量的微裂纹相比大尺度的裂纹在吸收能量和阻止裂纹进一步扩展方面更具有优势，更能起到增韧的作用。

2.1.2 多重银纹理论

银纹现象是聚合物在张应力作用下，在材料内部出现应力集中而产生局部的塑性形变和取向，以致在材料表面或内部垂直于应力方向上出现长度为 100μm、宽度为 10μm 左右、厚度为 1μm 的微细凹槽的现象。其区别于裂纹的主要方面有：①银纹平面尺寸远大于厚度尺寸；②银纹是有质量的，不为零；③银纹中填充着高度取向的聚合物纤维束，与基体具有一定的连续性，且取向方向与张应力平行垂直于银纹平面。

1965 年，Bucknall 等[4]基于 Schmitt 提出的裂纹核心理论[3]，进一步考虑到橡胶弹性体与基体树脂之间在热胀系数及泊松比存在的差异，指出材料在拉伸过程中的冷收缩和形变中的横向收缩对树脂基体产生静张力，进而进一步影响了材料内部应力场的变化。应力的不均匀导致粒子周围应力急剧增大，低模量的橡胶弹性体成为应力集中点，且主要在粒子的赤道线附近诱发大量小银纹的产生，这些银纹成核并进一步扩展成多重银纹，并可能进一步发展成裂纹。整个过程中，可以吸收大量的能量，起到增韧的作用。另一方面，橡胶颗粒可以阻止银纹的发展，终止银纹发展成破坏性的裂纹，也可以起到增韧的作用。后期，Kato 和 Matsuo 为此提供了实验数据的支持。整个理论中涉及的银纹，其引发是一个非常复杂的过程，与基体内部空隙等因素有着密切的关系。

2.1.3 剪切屈服理论

Newman 等[2]在观察 ABS 中橡胶弹性体的形变特征时，发现橡胶弹性体可明显降低材料的屈服应力，使材料发生剪切屈服，进而提出橡胶弹性体增韧基体树脂的原因是基体的剪切屈服理论。他们认为橡胶弹性体增韧基体树脂受到外力作用时，其中的分散相粒子为应力集中点，在分散相粒子周围的基体树脂中由于外力产生三维张力，造成分散相粒子的空穴化、与基体界面的脱粘及基体产生银纹等现象，使得基体的玻璃化转变温度降低（会产生大量的自由体积），最终造成基体更容易产生塑性形变，起到增韧的作用。另外，橡胶弹性体周围的基体树脂会发生从平面应变向平面应力的转变，降低了橡胶弹性体粒子间基体的剪切屈服应力。当分散相粒子间的距离变小时，粒子间的应力场会发生相互叠加，造成剪切屈服区的迅速扩大。

随后，Bucknall 等[5]在实验过程中，同时发现剪切带穿过橡胶粒子的状态和大量银纹被剪切带终止的现象，提出橡胶弹性体粒子在增韧树脂体系中的作用有两个：①诱发大量银纹并控制其发展；②作为应力集中点诱发大量银纹及剪切带。大量银纹和剪切带的共同作用是产生增韧的主要原因。

基于以上的认识，Wu 等[6~9]认为基体银纹引发应力与链缠结密度的 1/2 次方成正比，基体的临界屈服应力与无扰链特征比成正比，由此得出银纹与基体剪切屈服共存时的竞争判据为：当基体银纹应力小于基体临界屈服应力时，材料以银纹增韧为主，反之则以剪切屈服增韧为主。

2.1.4 空穴理论

Pearson 等[10]在研究弹性体改性环氧树脂体系中提出，橡胶弹性体粒子与基体界面间的空洞化现象，即空穴，是增韧的主要原因。材料在受到外力作用时，分散相橡胶粒子产生应力集中效应，引起周围基体产生三维张应力，橡胶粒子通过空化及界面脱粘释放其弹性应变能，进而达到增韧的目的。其中，空化现象本身并不起实质的增韧效果，但它却可以导致材料从平面应变向平面应力转化，引发剪切屈服，阻止裂纹的进一步扩展，消耗大量的能量，从而提高材料的韧性。

2.1.5 逾渗理论

1988 年，Wu 等[9,11,12]在实验过程中提出随着材料单位体积内填料粒子数目的增加，粒子间距逐渐减小，粒子间应力集中作用范围相互交叉，在材料中形成了逾渗通道，当局部基体层产生屈服时，损伤区可在整个材料中传播渗透，从而引起了脆韧转变，即共混体系的脆韧转变可对应于逾渗模型中球形粒子的逾渗过程。该理论的重要意义在于，将增韧机理的研究从定性的图像观察提高到了半定量的数值表征，具有里程碑式的价值。

Wu[9]定义两相邻橡胶粒子间的最小距离为基体层厚度 L，当平均基体层厚度（L）小于临界基体层厚度（L_c）时，剪切带迅速增大，很快充满整个剪切屈服区域，共混体系为韧性；当 $L=L_c$ 时，基体层发生平面应变向平面应力的转变，降低了基体的屈服应力，当粒子间剪切应力的叠加超过了基体平面应力状态下的屈服应力时，基体层发生剪切屈服，出现脆韧转变；当 $L>L_c$ 时，分散相粒子间的应力场相互作用小，基体的应力场是这些孤立粒子应力场的简单加和，故基体的塑性变形能力很小，材料表现为脆性。其中，L_c 与分散相体积分数及粒径无关，是基体的一个特征参数。随后，漆宗能等[13]将此判据推广应用到非极性半晶聚合物聚丙烯及三元乙丙橡胶体系的脆韧转变过程，证实了这一判据的普适性。Irwin 等[14]则从断裂力学的角度对 L_c 判据进行了解释，指出张开型裂纹在平面应变状态下，L_c 由塑性区尺寸确定，且近似等于塑性区半径的 2 倍，这一结论证实了在特定的温度及速率下，橡胶改性聚合物的脆韧转变与基体力学特性的近似关系。

Wu[12]假设橡胶粒子为尺寸相同的球形，并以简立方规则分布于基体中，在此基础上给出了 L_c 的定量表达式：

$$L_c = d_c[(\pi / 6V_f)^{1/3} - 1] \tag{2-1}$$

式中，L_c 为脆韧转变时分散相粒子表面间的距离，μm；d_c 为脆韧转变时分散相粒子的直径，μm；V_f 为分散相的体积分数，%。

由上式可以看出，橡胶粒子间基体层厚度是弹性体含量和粒径的函数。当粒径一定时，材料出现较高韧性，存在一个临界弹性体含量。因此不能用一味增加弹性体含量的办法来提高抗冲强度。此外，增加弹性体含量会带来材料加工性能、力学性能等恶化。而从粒径大小而言，从式（2-1）可以看出，橡胶粒子间基体层厚度随着分散相粒径减小而减小。在一定粒径范围内，小粒径的橡胶弹性体粒子比大粒径的橡胶弹性体粒子更容易引发银纹或剪切屈服，但是并不是粒径越小越好。因为当粒径小于裂纹前缘的裂纹宽度时，橡胶弹性体粒子的存在就不能有效地阻止裂纹的扩展，起不到有效的增韧作用。此外，Ishikawa 从微观力学方面[15]研究表明，当粒径距离达到临界值时，粒子周围应力场随之变化而发生重叠，直接提高了银纹引发剂剪切屈服的效率，超小橡胶粒径的存在会使周围应力场变小而不利于剪切带的形成。因此，对于特定的体系而言，一定存在一个最佳的粒径尺寸与粒子含量。

除了橡胶弹性体的粒子尺寸、含量，分散相的粒径分布对增韧的影响也是大家讨论的热点之一。有学者认为，不同粒径大小的橡胶粒子间存在着一定的协同效应，与橡胶增韧脆性聚合物的银纹化机理是呼应的。在一定的粒径范围内，粒径小的易于引发银纹，粒径大的易于终止银纹。多尺度粒径同时存在时，往往一部分易于引发银纹，另一部分易于引起基体发生剪切屈服，而形成的剪切带既可以进一步促进银纹的引发，又能终止银纹扩展成裂纹。

Wu 等[12]认为共混体系中弹性体的粒径分布符合对数正态分布，当分散相的平均粒径及体积分数均相同时，多分散体系与单分散体系的平均基体层厚度（L）间有如下关系：

$$L(\sigma) = L(1)\exp(\ln^2 \sigma) \tag{2-2}$$

式中，σ为分散度，对于单分散体系而言，$\sigma=1$；多分散体系，$\sigma>1$。由式（2-2）可知，随着σ增大，平均基体层厚度增加，所以，均匀粒径分布的增韧效果比多分散分布好。

此外，漆宗能[16]在分散相粒子分散很好时，推导了橡胶弹性体粒径、分布、体积分数与 L 之间的关系式：

$$L = D\left[\left(\frac{\pi V_{\mathrm{f}}^{-1}}{\sigma}\right)^{\frac{1}{3}} \exp(1.5\ln^2\sigma) - \exp(0.5\ln^2\sigma)\right] \tag{2-3}$$

可以看到，减小粒径（D）及其分布（σ）和增大体积分数（V_{f}）均有利于得到韧性提高的材料体系。而吴选征等[17]在研究 PP/EPDM 体系时，发现分散相粒径分布对脆韧转变并没有影响，不同粒径分布所得到的临界基体层厚度与冲击强度的关系几乎是同一条曲线。

2.2 橡胶弹性体增韧影响因素

在介绍逾渗理论的过程中，讨论了橡胶弹性体尺寸、含量、分布等因素对增韧效果的影响，除此外，基体本身特性、分散相自身特性、基体与分散相之间的界面及其相容性也在一定程度上影响了最终的增韧效果。

2.2.1 基体本身特性

基体的分子特征参数、凝胶态结构等对韧性具有重要的影响。随着基体树脂分子量的增大，材料的冲击强度提高，脆韧转变温度降低。低分子量组分会大幅降低材料的冲击强度。Wu[18]认为只有在基体的分子量 M_n 至少 7 倍于缠结分子量 M_{e} 时，材料才会发生超韧行为。根据 Wu 的公式：

$$\lg L_{\mathrm{c}} = 0.74 - 0.22C_{\infty} \tag{2-4}$$

C 值较小，即分子链柔性较大的基体，共混物发生脆韧转变时的临界基体层厚度较大，容易被增韧。Kanai 等[19]在研究 POM 脆韧转变中，指出了材料冲击强度与基体树脂之间的关系，即材料存在一个临界分子量。

2.2.2 分散相自身特性

除分散相尺寸、含量、分布外，分散相模量、交联程度、形态结构对增韧也有着重要的影响。分散相模量增大，不利于增韧。这是因为模量大的分散相会影响共混物的临界基体层厚度。当分散相由弹性体向基体层过渡时，大模量的分散相塑性区由赤道区向极区方向转移，增大了分散相的塑性区之间的距离，减弱了它们的相互作用。Jiang 等[20]研究显示，当分散相的模量与基体的模量比值小于或等于 1∶10 时，材料具有较好的增韧效果。

提高分散相的交联程度可以提高其强度，避免在材料受到冲击时分散相粒子发生破裂而降低共混物的冲击强度。但交联程度存在最优值，过高的交联会使得其在基体树脂中的分散困难，降低增韧效果。此外，弹性体粒子的形态结构也会影响最终的增韧效果。Donald 等[21]发现采用包藏型的蜂窝结构的橡胶弹性体粒子，在外力作用时，橡胶局部会发生微纤化，由于被聚苯乙烯（PS）隔开，所以不会产生大的空隙，材料的韧性提高幅度较大。而无包藏结构的粒子会在外力作用下拉长，整体发生形变，导致在基体银纹与粒子间产生橡胶“系带”而使材料破坏。

2.2.3 界面相互作用及相容性

基体与橡胶弹性体之间界面的相互作用及相容性是增韧过程中一个重要的研究方向。对于不完全相容的聚合物体系而言，界面相互作用及相容性直接影响界面的粘接强度，此外，还对分散相的粒子尺寸及分布、粒子的空间分布有较大影响。通常认为，界面粘接强度存在一个最优范围。过强的界面粘接强度，受到外力作用时，不利于应力的传递、空洞化过程受阻，不利于诱导剪切屈服损伤的产生，因而不利于增韧。而弱的界面粘接强度（即界面相容性太差），导致分散相粒径及分散度增大，且也不利于应力的传递，因而不利于增韧。不同材料体系，界面粘接强度的最佳范围不同。寻找合适的界面相互作用一直备受关注。其中一个有效的方法是通过添加相容剂来实现，一个比较极端的情况是核壳粒子增韧聚合物（下一节会详细介绍）。有研究显示，相容性及界面相互作用改变后，材料的增韧机理也会对应地发生变化。

2.3 粒子增韧基础理论

从基体与橡胶弹性体粒子之间界面的相互作用着手，人们的研究兴趣先后扩展到核壳粒子和无机粒子增韧，现就相关机理进行介绍。

2.3.1 核壳粒子增韧理论

核壳结构的聚合物是指由两种或两种以上的单体通过分步的乳液聚合得到的共聚物。它是一种具有核壳结构的聚合物，核壳之间存在着微相分离。核壳共聚物又分为软核-硬壳型和硬核-软壳型。通常软核-硬壳型的用来增韧聚合物。常用的软核-硬壳就是在橡胶核外包覆硬塑料。其中，核的成分主要是橡胶类，如聚丙烯酸丁酯。壳的成分主要是热塑性树脂类，如聚甲基丙烯酸甲酯。目前常见的核-壳结构聚合物有：甲基丙烯酸甲酯-丙烯腈共聚物为壳、丁二烯-苯乙烯共聚物为核，聚丙烯酸丁酯共聚物为核、丙烯腈-苯乙烯共聚物为壳。

大量的研究显示，核-壳结构聚合物增韧改性的机理是橡胶粒子空穴化诱发基体银纹或剪切带的大量产生和银纹与剪切带的相互作用。Schneider[22]、Paul[23]和Schirrer 等[24]不同课题组采用不同体系，不同测试方法观察到了增韧过程中材料体系中产生的空穴化和基体的银纹-剪切屈服带，证实了这一增韧机理。

2.3.2 刚性粒子增韧理论

刚性粒子增韧的出现，主要是为了解决橡胶弹性体粒子增韧“韧而不强”、“韧而不刚”的问题。采用橡胶弹性体粒子增韧聚合物确实可以大幅度提高材料的韧性，但是强度、刚性和耐热性能往往会大幅度下降。采用含有刚性分散相粒子的聚合物或无机物作为改性体系，材料的冲击韧性在一定范围内高于原有基体，同时还可以提高材料体系的强度和刚性，是一种兼具高强度和高韧性的手段。从这个角度看，刚性粒子增韧技术不仅具有重要的理论研究价值，而且具有广阔的应用前景。

刚性粒子包含刚性有机聚合物和刚性无机粒子两类。就刚性有机聚合物而言，从刚性有机聚合物与基体相容性的差异，对应的机理又有所区别。相容性较好的体系，当材料受到外力作用时，由于分散相粒子和基体的模量和泊松比之间的差别而在分散相赤道上产生较高的静压力。当这种静压力大于刚性粒子塑性变形所需的临界静压力时，刚性的分散相粒子会发生脆-韧转变，或引发分散相粒子周围基体的屈服，并在形变过程中吸收大量的能量，提高材料的韧性。这就是所谓的“冷拉机理”。相容性较差的体系，当材料受到外力作用时，刚性有机粒子与基体之间的脱粘，造成空洞化损伤，可以有效地释放裂纹剪切前沿区域的三维张力，使基体产生屈服应变，增韧材料。这就是所谓的“空穴化增韧机理”。

刚性无机粒子增韧聚合物的研究起步较晚，相关机理还不成熟。刚性无机粒子的加入，使基体的应力场和应力集中情况发生了改变。在应力场中，形变初始阶段，单个粒子的两极为拉应力，而赤道位置为压应力，由于力的相互作用，粒子赤道面附近基体也受压应力作用。这时，界面赤道面处基体受到的压应力为本体区域内应力的 3 倍，而在两极基体又受拉应力。当材料既受拉应力又受压应力时易于屈服。粒子附近的局部基体屈服，转变为韧性破坏使材料韧性提高。Wu 等[7,18]认为刚性无机粒子增韧高分子的过程本质上也是一个逾渗过程，分散相之间基体屈服并连通是脆-韧转变的原因，在考虑界面相互作用、分散相形态等因素后，很好地符合临界粒间距 L_c 单参数判据，半定量地提出刚性无机粒子临界粒间距 L_c、临界应力体积球分数 V_{fc} 等判据。

自 20 世纪 80 年代发展起来的纳米材料已经成为材料科学研究的热点。纳米复合材料是指分散相尺度至少有一维小于 100nm 量级的复合材料。纳米粒子分散相的小尺寸效应和巨大的比表面积会产生界面效应、量子效应和宏观量子隧道效应等特殊的效应[25]。将无机纳米粒子与高分子材料进行共混改性研究，诞生了“聚合物基纳米复合材料”。无机纳米粒子对聚合物的作用主要体现在三个方面：首先，无机纳米粒子的存在产生应力集中效应，诱发粒子周围基体产生银纹和剪切屈服；其次，无机纳米粒子的加入可以有效地钝化裂纹，阻止裂纹的扩展；再次，纳米粒子大的比表面积造成表面具有大量的化学或物理缺陷，易于与基体形成有效的化学或物理键接作用，使其与基体之间界面相互作用增强，不易脱粘。此外，粒子间应力场的相互作用，会产生更多的银纹和塑性变形区，吸收大量的能量。这三方面的作用导致无机纳米粒子可以实现有效的传递应力，大量地诱发基体银纹及剪切屈服，消耗大量的能量，起到同时增韧增强的作用。比如聚合物/纳米 SiO_2 类复合材料，相比常规的复合材料，SiO_2 填料用量不足 5%时，就可以得到力学性能优异、耐热性能好、尺寸稳定性改善的材料体系[26]。

2.3.3 沙袋理论

在聚合物中同时添加弹性体和无机粒子，形成聚合物/弹性体/无机粒子三相复合体系，可以得到兼具高强度和高韧性的复合材料，这方面的研究取得了相当的进展。例如，众所周知，硬质 PVC 的配方中往往要加入填料和增韧剂，以增加刚性、降低成本和平衡韧性。国外，意大利菲亚特公司采用无机填料，三元乙丙橡胶来改性聚丙烯。三元复合材料的理论研究相对滞后，其相形态也复杂多变。从三元体系的分散状态看，共混体系分散情况可以分为四类：①填料、橡胶各自分散于基体相之中；②橡胶相分散于基体相之中，填料既进入橡胶相，又进入基体相；③填料分散在两相的界面上；④橡胶包覆填料，然后分散于基体相之中。从文献看，各种分散结构对力学性能的影响并不统一。有的研究学者认为，形成包覆结构有利于增韧。但也有研究表明，多种形态结构具有相似的冲击韧性或具有分离结构者表现出更高的冲击强度。在以上四种分散状态之外，四川大学黄锐教授[27~29]首次提出了“沙袋化粒子增韧聚合物机理”。该理论的核心内容是分散在聚合物中的纳米无机粒子既存在单个原生粒子也存在一些原生粒子团聚体。在材料受到外力作用时，团聚体内纳米团聚体粒子会发生相互滑移变形，进而可以消耗能量，提高材料的韧性。若分散在聚合物中的纳米颗粒团聚体未形成沙袋化结构，则粒子团聚体会成为材料强度的弱点，降低材料的韧性。这种无机物形成的沙袋结构与弹性体对材料的增韧具有明显的协同效应。该理论的特点在于突破了纳米粒子必须达到纳米尺度分散才会有较好增韧效果的传统观念，降低了熔融法制备聚合物基无机纳米粒子复合材料中对剪切分散的要求，为降低制备成本和提高制备方法的可操作性提供了理论指导。如王旭、黄锐等[27]用纳米碳酸钙、乙丙橡胶共混后改性聚丙烯的韧性时发现，在纳米碳酸钙及其团聚体形成沙袋结构后，碳酸钙含量为20%（质量分数）时复合材料的冲击强度达到最大值，其缺口冲击强度接近60kJ/m^2，而聚丙烯/弹性体体系的缺口冲击强度为 20kJ/m^2，聚丙烯/纳米碳酸钙二元体系的缺口冲击强度的最大值为15kJ/m^2。由此可见，沙袋结构可以产生协同效应。弹性体和无机刚性粒子形成沙袋结构，进而实现协同增韧的报道多集中在热塑性树脂领域，对热固性树脂的增韧还罕有报道。如何将这一理论推广至更广泛的范围内，如热固性树脂增韧的领域，是需要科研工作者进一步努力的。

2.4 热塑性树脂增韧基础理论

2.4.1 反应诱导相分离基本概念及理论

反应诱导相分离（reaction induced phase separation）的概念是由 Inoue 等[30]在20 世纪 80 年代末提出。其定义为：在固化反应开始之前或反应初期，改性剂和低分子量的热固性树脂单体或预聚物混合均匀后，体系处于均相状态。随着固化反应的进行，热固性树脂的分子量逐渐增大，与改性剂之间的相容性逐渐变差，体系在热力学上不再相容，相分离开始发生，相结构逐步演化并粗大化。一般认为反应诱导相分离过程经历以下阶段：诱导期，开始分相，凝胶化，相尺寸的固定，相分离的终止和玻璃化[31]。

反应诱导相分离的影响因素可以归纳为两类：一是热力学因素，例如两组分的相对含量及它们之间的相容性；二是动力学因素，固化反应在相分离过程中既影响体系黏度的变化，也影响两组分各自分子链的扩散速度，体系黏度和模量的逐渐增大将产生不利于相分离的动力学阻碍作用，在体系的凝胶点或者玻璃化点之后，相结构被冻结。因此，反应诱导相分离最终的相结构可归结为相分离的热力学推动力与体系中阻碍相分离的动力学位垒相互竞争的结果。

热力学方面，Flory-Huggins 格子模型常被人们用于研究聚合物共混体系的相容性[32,33]。根据该模型，共混体系的混合自由能（ΔG）可表示为：

$$\frac{\Delta G}{RT}=\frac{\phi_{A}}{N_{A}}\ln\phi_{A}+\frac{\phi_{B}}{N_{B}}\ln\phi_{B}+\chi_{AB}\phi_{A}\phi_{B} \tag{2-5}$$

式中，ϕ_A和ϕ_B分别为聚合物 A 和 B 的体积分数；N_A和N_B分别为聚合物 A 和 B 的平均聚合度；χ_{AB}为聚合物 A 和 B 之间的 Flory-Huggins 相互作用参数。目前热力学方面的研究主要分为四个水平阶段[34]：①只从两组分的溶解度参数判断是否发生分相；②在第一水平阶段上利用 Flory-Huggins 模型考虑温度和组成对发生分相的影响；③在前面的基础上扩展的 Flory-Huggins 模型考虑局部浓度和压力对发生分相的影响；④在前面的基础上利用 Flory-Huggins 模型考虑分子链的密度和链段自身柔顺性对发生分相的影响。目前多数的研究集中在前两个水平阶段，利用 Flory-Huggins 方程对反应诱导相分离的机理进行推测。具体的相分离机理有两种，即成核-增长（NG）机理和旋节线（SD）相分离机理[30]。以具有低临界共融温度（LCST）的共混体系的相图为例进行说明。从图 2.1 可以看到，图中有两条线，分别是由ΔG对组成的一阶导数曲线［双节线（binodal)］和二阶导数曲线［旋节线（spinodal)］得到的，整个图被双节线和旋节线划分为三个区域，分别为稳态区（stable)、介稳态区（metastable）和不稳定区（unstable)，而双节线和旋节线的交点被定义为临界点（critical point)。在稳态区域，共混体系完全相容；在介稳态区域，共混体系对有限涨幅的液滴状局部涨落失稳，遵循 NG 机理；在不稳定区域，共混体系对无限小振幅的浓度涨落失稳，遵循 SD 机理。

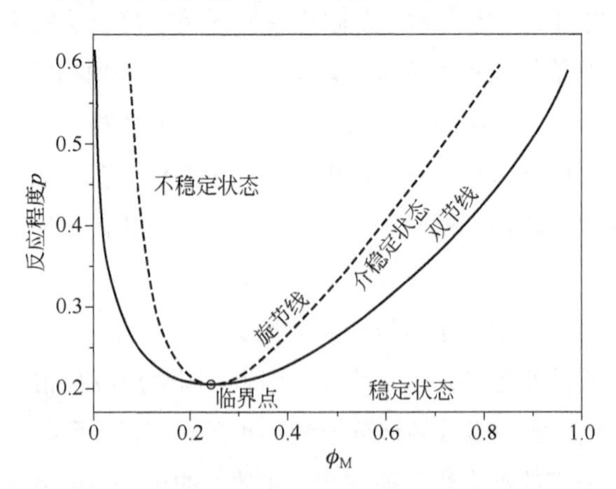

图 2.1　转化率随组成比例变化的双节线和旋节线相图

动力学方面，主要考虑的是共混体系固化反应速度与相分离之间的速度关系，即式（2-6）中的 K 值。

$$K = \frac{相分离速度}{固化反应速度} \tag{2-6}$$

结合图 2.2 可以展示相分离可能的机理。如果 $K \to \infty$，共混体系瞬时达到平衡，体系将按照双节线（轨迹 a）进行相分离。当 $K \to 0$ 时，共混体系将观察不到相分离，直到体系转化率达到旋节线（轨迹 c）才发生相分离，形成双连续结构。轨迹 b 代表着 K 值趋于合适的范围内，共混体系按照 NG 机理进行相分离。

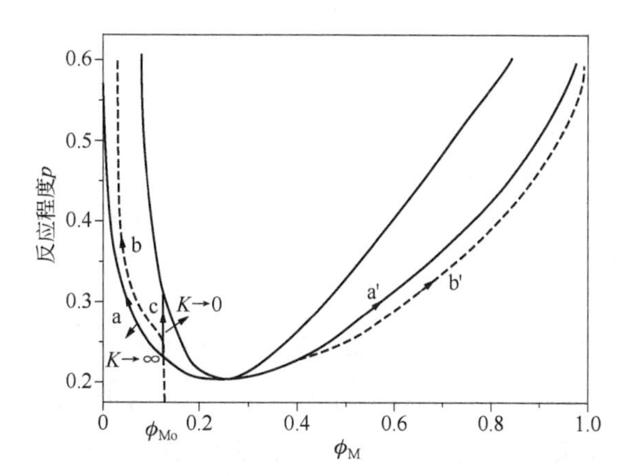

图 2.2　转化率随组分变化处于介稳态时可能的轨迹

a′和 b′——a 和 b 发生相分离后的组成轨迹

a 和 b 的相分离轨迹符合成核增长机理，而 c 的相分离机理符合旋节线相分离机理

从前面反应诱导相分离机理的介绍，可以看到，共混体系的相分离机理具有复杂性，且热力学和动力学两方面共同决定了体系最终固化物的相形态。

Inoue[35]利用小角激光光散射（small angle light scattering, SALS）等手段发现环氧树脂（EP）/热塑性高分子聚醚砜（PES）是一个具有下临界转变温度（LCST）的热力学体系，相图如图 2.3 所示。随着 EP 分子量的增加及交联反应固化，LCST 相线［图 2.3（a）左上方的实线］将向下移动［到达图 2.3（b）中偏下方的实线］；同时，混合体系的玻璃化转变温度 T_g［图 2.3（a）中右下方的虚线］将提升［至图 2.3（b）中偏上方的虚线］。如果假设初始 PES 的体积分数为ϕ，对应的共混体系的固化温度为 T_{cure}，初始状态时，体系处于相同的均相区，但是随着分子量的增大，相线下移，该体系将进入分相区域，体系内部出现由均相向多相的转变。可以清楚地看到，在这个相变过程中会受到 T_g 上移的影响，而 T_g 上移的过程又涉及共混体系的玻璃化转变和凝胶过程，是一个非常复杂的动力学过程。

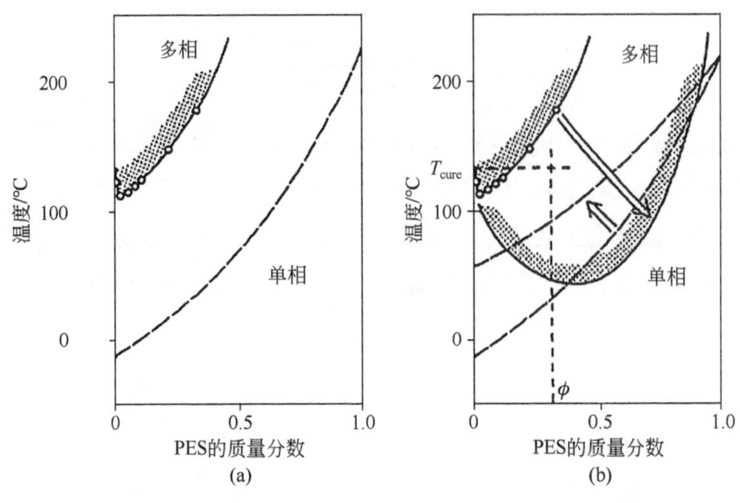

图 2.3 （a）具有下临界转变温度的环氧树脂/聚醚砜相图；
（b）相图与 T_g 随固化反应的进行而改变

基于这样复杂的动力学过程，Inoue 描述了热塑性树脂/热固性树脂共混体系的相分离过程，如图 2.4 所示。初始状态时两组分处于均相状态。由于体系中热固性树脂的相对分子质量随着交联反应的进行不断增大，其与热塑性组分之间的相容性逐渐变差，体系在热力学上不再相容，导致发生相分离。相分离开始后，如果热固性树脂交联反应的速度低于相结构的演变速度，即 $K>1$，随时间及表面张力的增加，相结构将过渡到类液滴的分散形状［图 2.4（b）］。在随后的粗化过程中，颗粒的粒径不断增长，最后这些颗粒相互连续形成双连续结构［图 2.4（c）、（e）］。但如果热固性树脂交联反应的速度大于相结构演变的速度，即 $K<1$，体系中的热固性树脂富集区域在分相初期就已经形成网络结构，导致由双连续结构向类液滴结构的转变

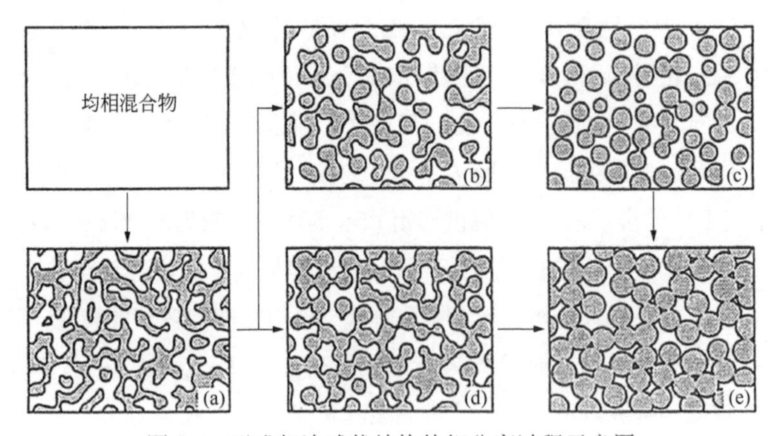

图 2.4 形成相连球状结构的相分离过程示意图

受限，体系将保持其双连续性［图 2.4（d)］。随粗化过程，这些颗粒也最终发展成为双连续结构［图 2.4（e)］。

2.4.2 适用反应诱导相分离的体系

目前应用和研究比较广泛的适用于反应诱导相分离的体系主要是橡胶弹性体/热固性树脂、热塑性树脂/热固性树脂这两类，其中日本的 Inoue、法国的 Pascault 和国内的李善君在这方面做了大量的工作。

Inoue 分别研究了端羧基丁腈橡胶（CTBN）[35]、聚醚砜（PES）[35]等分别与环氧树脂的反应诱导相分离体系，通过调整固化温度、改变固化剂活性等手段调节相分离和固化反应的相对速度，制备了一系列的海岛结构、双连续结构及相反转结构的共混物。研究发现，在 CTBN/环氧/4,4′-二氨基二苯甲烷（DDM）体系中始终只能得到橡胶粒子分散在环氧基质中的分散相结构，主要是因为相分离速率远远高于固化反应速率，故相结构不能固定在旋节线相分离的早期，相结构依然演化成分散相结构。在随后的研究中，Inoue 将 PES 与环氧树脂共混，通过改变体系的固化温度，调节了相分离与固化反应的相对速度，最终可以改变环氧粒子的间距。

Pascault 也分别研究了橡胶/环氧[36,37]、热塑性高分子/环氧体系[38,39]的相分离。他认为在改性体系中相结构的产生对环氧的增韧十分必要，且双连续和相反转的结构增韧效果更加明显。同时，研究还发现，当橡胶分散相体积分数不变时，固化程序和橡胶粒子尺寸对力学性能均没有明显的影响，而在环氧端基的丁腈橡胶（ETBN）/环氧体系[37]中，增韧机理主要是环氧基质的剪切屈服，而橡胶粒子的空洞化效应可以被忽略。

国内李善君等也对环氧[40,41]、双马来酰亚胺[42,43]、氰酸酯[44]等树脂的相分离过程进行了研究。研究结果显示随着热塑性树脂含量的变化分别得到不同的微相结构，而不同的微相结构又对应着不同的力学性能。以 PEI 改性氰酸酯[30]为例，如图 2.5 所示，发现随着 PEI 含量的不断增加，共混体系的相结构从海岛结构［图 2.5（a)］不断转变到双连续结构［图 2.5（b)］，最后形成相反转结构［图 2.5（c)］，并且形成双连续相结构时，共混体系具有最好的韧性。

2.4.3 互穿聚合物网络基本概念及理论

除了传统的适用于反应诱导相分离的体系，还有一些共混体系通过反应诱导相分离形成了互穿网络结构（interpenetrating polymer networks，IPN）或半互穿网络结构（semi-interpenetrating polymer networks，SIPN）。IPN 是由两种或两种以上聚合物通过网络的互相贯穿缠结而形成的一类独特的聚合物共混物或聚合物合金[45~47]。

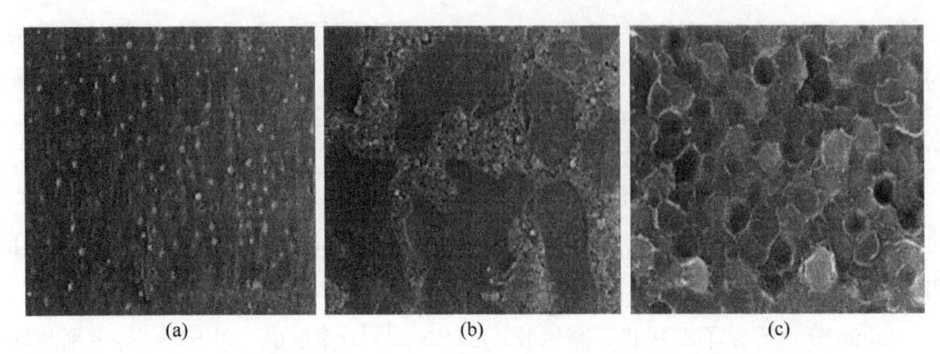

图 2.5 不同 PEI 含量的 PEI/氰酸酯共混体系相分离的 SEM 图比较

共混体系中 PEI 的含量：（a）10%；（b）15%；（c）20%

1960 年 Miller 首次提出“互穿聚合物网络”这一概念，凭借其独特的拓扑结构和协同作用，成为制备交联聚合物合金的重要手段。其特点在于独特的贯穿缠结结构，在改善高分子链相容性、增大网络密度、相结构微相化及增大相间结合力等方面，由于存在动力学强迫互容行为，可以达到均聚物和其他高分子合金难以达到的效果[47~50]。1980 年底，IPN 结构在聚合物增韧方面的应用得到较大发展。其增韧的主要原因也是在体系中引入相结构。但是在 IPN 体系中，由于交联的存在限制相分离，产生的是微相。基本相容的 IPN 的相畴区直径约 5.0nm，呈分子级或接近分子级的混合；部分相容的 IPN 约为 5.0～30nm；不相容的 IPN 约为 30nm 或更大[51]。

IPN 被发现至今，有关微相分离的统计热力学理论，尤其是 IPN 体系真实的反应动力学及其对微相分离影响的定量解析还不是很成熟。实际工作中，许多 IPN 材料表现出不同程度的聚合物相容性和微相分离。微相的大小、形状、界面上的清晰度以及连续性往往有所不同。微相分离的形态结构直接影响到 IPN 的机械性能。此外，在形成 IPN 时，微相分离和化学交联反应同时发生。一方面，交联反应过程中网络的形成和分子量在不断发生变化，热力学的相容性随之改变，相分离也随之发生；另一方面，由于反应的发生导致网络的互相缠绕以及由于分子量增大导致的体系黏度的增大等情况限制着相分离，所以化学交联和网络的生成以及相互缠结使得 IPN 中产生的相分离是微相分离，并且微相分离是不彻底的，表现出一定的分离度和扩散区，即所谓强迫互容。

互穿聚合物网络与传统的反应诱导相分离体系最大的不同有以下几点：①传统的反应诱导相分离中两组分的热力学不对称性差距很大，而形成 IPN 或者 SIPN 结构的两组分初始分子量、黏度和 T_g 等差异小，可近似认为是动力学对称的体系，且两组分均可通过聚合反应实现分子量的增长；②传统的反应诱导相分离最终固化产物具有明显的可辨识的相分离结构，而大多 IPN 和 SIPN 结构缺乏相关的图片证据，相结构不明显，大多数 IPN 或 SIPN 结构如图 2.6（a）、（b）所示结构居多，结构表征通常显示为均相结构，而分相的 IPN 结构［图 2.6（c）］报道极少，目前只有 Chou[52]和 Baidak[53]在研究 IPN 结构形成过程中发现明显的分相 IPN 结构，且报道的这种体系中至少有一种组分反应后属于线型结构；③传统的反应诱导相分离体系中，一般只有一种组分发生反应，而形成 IPN 和 SIPN 结构的两组分都要发生化学反应，且形成 IPN 或 SIPN 结构的两组分在固化反应机理上存在较大的差异[54~56]，不存在共聚反应，因此，两组分中固化反应速度[31]、聚合顺序[57]、化学凝胶[58]、化学结构[59]等因素都将对其产生影响，其中各种影响因素如下。

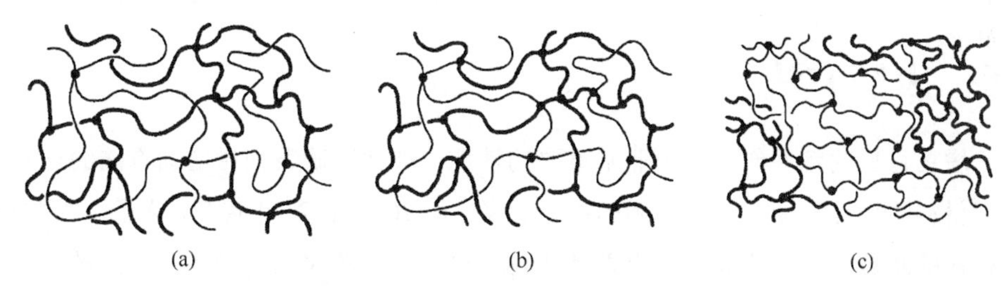

图 2.6 （a）理想的 IPN 结构；（b）接枝的 IPN 结构；（c）相分离的 IPN 结构

化学结构方面：在形成 IPN 或 SIPN 体系的两种组分里，如果两组分的化学结构相近，两组分在热力学上的相容性就会变好，进而影响到两组分的互穿程度和相尺寸的大小。相同条件下，两组分的相容性越好，共混体系最终的相尺寸越小。在聚氨酯/环氧树脂共混体系中[59]，随着聚氨酯柔性链段的增长，链段的运动能力提高，容易形成均相的 IPN 结构。如果聚氨酯的柔性链段特别长，则会增大两组分的相分离程度，出现明显的相分离结构。

聚合反应顺序方面：Udagawa 等[60]和 Decker 等[61]使用络合阳离子盐引发环氧发生光聚合，自由基引发丙烯酸酯光聚合，在这样的共混体系中，丙烯酸酯的聚合速率要快于环氧，体系未发生明显的相分离。Chou 和 Lee 等[62]研究了聚氨酯和不饱和聚酯的固化反应顺序对最终相结构的影响，发现最终的相结构和性能受到固化反应顺序的影响。Dean 等[63]研究了光聚合的二甲基丙烯酸酯和热固化的环氧共混物的固化反应顺序和相结构的关系，发现当二甲基丙烯酸酯先聚合时则共混体系形成两相结构，当环氧先聚合时则生成均相结构。

聚合工艺方面：Butta 等[64]制备了 ATBN/环氧树脂的共混物，发现在低温固化后的固化物具有不均一结构，而高温固化后的固化物不均一结构更加明显。Jansen

等[65]通过调整 PPE/环氧树脂固化温度与初始固化物之间的 T_g 差值，可以有效地调节相形态碰撞融合，进而控制最终固化物相形态及尺寸。

可以看到，相比传统的反应诱导相分离体系，形成 IPN 或 SIPN 结构的共混体系中，两组分都要参与反应，影响相形态的因素更多，相分离过程也更加复杂。

2.4.4 增韧基础理论小结

从目前增韧机理的研究和发展看，从定性的、描述性的研究向半定量、定量分析发展是增韧机理的发展趋势。目前，大多数的增韧机理提出及应用是建立在传统热塑性高分子材料基础上的，而热固性树脂增韧的机理多是借鉴、参考热塑性高分子增韧的现有理论。随着复合材料的迅速发展，热固性树脂的广泛应用，特别是针对高性能热固性树脂增韧机理的进一步探索及完善是极其迫切而有意义的。

2.5 表征方法

增韧材料的韧性作为一项非常重要的性能，如何准确表征对增韧方法的选择、增韧材料的设计和使用具有明确的指导意义。从 20 世纪 70 年代起，人们开始将金属材料的断裂力学理论和方法引入到塑料材料中，试图建立一些标准的测试方法，得到不受测试方法、样品几何形状、尺寸等外部因素影响的材料性能参数，但至今仍不完善。塑料对于测试的温度和环境非常敏感，因此，韧性测试过程中需要强调测试的条件。

2.5.1 韧性的表征方法[66]

2.5.1.1 拉伸测试

拉伸测试是在评价材料性能过程中使用最广泛的一种测试表征方法。抗拉能力是材料忍受外力拔出的能力。其测试标准有国标 GB/T 1040.1—2006 和美标 ASTM D638。依据这些标准，测试样品一般需要制备成哑铃状，尺寸按照材料不同有不同的要求。测试过程一般在拉伸试验机上完成，如图 2.7 所示。测试过程中，装样要求能够很好地加紧两端并保持样品垂直。通常情况下，热固性树脂样品的两端要加上加强片，以防止打滑。依据不同的样品，拉伸过程中的拉伸速度有所不同，通常热固性树脂使用的测试速度范围为 2～5mm/min。当样品进行拉伸试验时，根据虎克定律，材料的应变应正比于应力的变化，即式（2-7）：

$$\sigma = E\varepsilon \tag{2-7}$$

式中，σ 为垂直应力；ε 为对应的应变；E 为杨氏模量。典型的应力-应变曲线如图 2.8 所示。曲线起始的线性部分代表材料的弹性部分，此部分应力和应变成正比。在到达弹性形变的极限位置以前，应变是可以恢复的。此时的形变只是材料内部化学键或分子链的弯曲或拉伸。进一步发生形变，材料的变形超过弹性形变的范畴，永久形变或屈服就会产生。此时的变形对应于材料中分子链的相对位移，并且不能够完全和迅速地回复到原来的状态。此时，永久形变导致的应变在不断增加，而应力几乎保持不变直至材料断裂失效。通常在热固性树脂体系中，由于交联密度比较大，材料在失效时并没有较明显的永久变形发生，我们称之为脆断。这主要是因为热固性树脂高的交联密度抑制了分子链的相对位移。通常在热塑性树脂体系中，材料失效时会伴有比较明显的永久形变发生，这种断裂称之为塑性断裂。测试结果中，包含有材料的拉伸强度、断裂伸长率等值。其中，断裂伸长率是表征材料韧性的一个重要参数。断裂伸长率是试样在拉断时的位移值与原长的比值，以百分比（%）表示。具有较大的断裂伸长率，表示材料的韧性较好。此外，通常也用应力-应变曲线下的积分面积大小来比较材料的韧性。实际在表征过程中，热固性树脂通过断裂伸长率进行韧性表征的还是比较少的，这主要是因为热固性树脂制备哑铃状的无缺陷样品存在一定的困难。

图 2.7　典型的拉伸试验测试图片

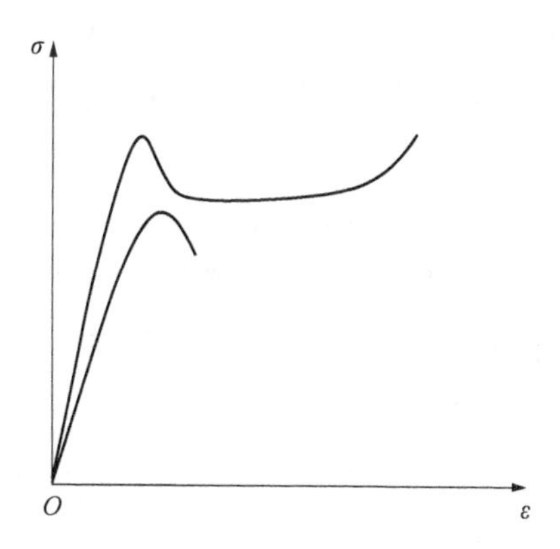

图 2.8　塑料制品的典型拉伸曲线

2.5.1.2　弯曲测试

弯曲测试反映的是材料抵抗弯曲载荷的能力。弯曲测试依据国标 GB/T 9341—2008 或美标 ASTM D790，通常采用三点弯曲的方式进行。测试过程及样品制备相对简单。一个矩形样品放置在两个支架上，然后载荷从两支架中间位置加载，如图 2.9 所示。可以发现，弯曲测试过程中，样品没有受到夹持。这就避免了在拉伸试验过程中较大力夹持样品造成的应力集中效应，更能反映材料自身的性能。通常，弯曲测试结果包含弯曲强度、弯曲模量和挠度。其中，挠度是指弯曲变形时横截面形心沿与轴线垂直方向的线位移。通常采用挠度和弯曲应力-应变曲线下的面积两个参数来反映材料的韧性。这种测试材料韧性的方法，因为样品制备简便，无特殊形状要求，在热固性树脂的增韧表征中较为常用。

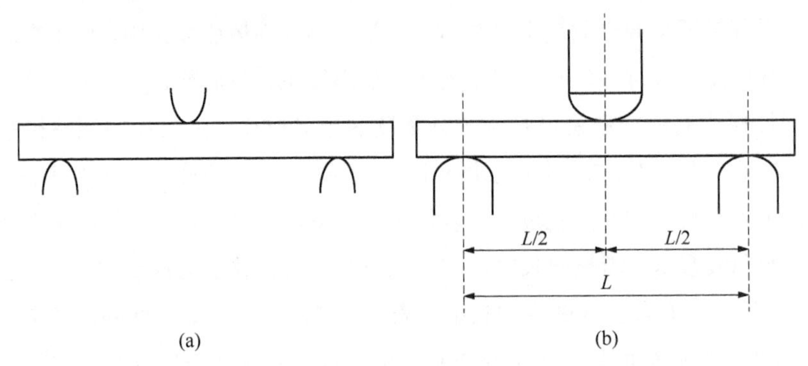

图 2.9　三点弯曲测试示意图

2.5.1.3　冲击测试

实际应用中，冲击测试是表征材料韧性的有效手段。此方法分为两类。

① 摆锤式冲击试验方法：用已知能量的摆锤冲击具有一定尺寸和形状的试样，包括熟知的悬臂梁、简支梁冲击试验。

② 落重冲击试验：使用重球或其他冲击器从一定高度自由下落冲击试样。

每类测试方法又可以分为非仪器测试和仪器测试两类。非仪器测试的结果只显示材料冲断过程中吸收的总能量，并不能提供材料断裂行为、延伸率等其他断裂过程中材料的性能。而仪器测试类会持续监测冲击过程中力的变化。因此，除了可以提供冲击吸收能以外，还能提供整个冲击过程中的应力变化历史，对材料的增韧研究更加有力。

悬臂梁和简支梁冲击试验样品制备简单、数据获取方便快捷，是工业化应用最广泛的测试材料韧性的一种方法。样品在测试时依据 ASTM D256 标准，使用带有缺口的样品。在悬臂梁测试过程中，样品一端被钳住，呈现悬臂状态。而在简支梁测试过程中，样品只是被放置在一个简单的支座上。测试仪器是由一个很重的基座、摆锤和支座（或铁钳）组成的。通过比较摆锤在冲击前后的高度，可以计算出能量从摆锤转化到材料内部的具体数值。通过仪器，可以自动记录或计算出冲击能量和载荷的变化过程。这种测试方法由于缺口的引入，在缺口根部会引起应力集中和加大应变速率。因此，在通常的测试温度和摆锤下落速率下，很多材料发生脆性破坏，这使得高韧性材料的冲击强度测试成为可能。在含有锐利缺口的情况下，如果材料的冲击强度较好，那么该材料对应力集中因素不敏感，通过测量缺口半径不同的一系列样品的冲击强度，可以更好地预测材料的缺口敏感性。

落重冲击试验是测试热固性树脂和复合材料韧性的另一种有效的方法。一般是以试球自由落在试片的中心，根据使试样发生破坏的试球的质量和高度计算试样的冲击强度。在仪器化的落重冲击试验中使用了质量可调整的、带有半球形鼻锥的落锤代替重球，这种灵活的设计使它既可以进行恒速试验，又可以进行变速测试。其中，恒速试验是落锤在高度不变的情况下，改变落锤质量进行的一系列试验，直至破坏刚刚发生，所以这一试验需要大量的样品。而改变落锤的高度就可以系统地测试加载速度对冲击性能的影响。

此外，落重冲击试验中所选的重物和测试材料的材质不同，依据的测试标准是不同的。ASTM D5420 使用的是球状重物，适合较硬和脆的材料；ASTM D1709 使用的是飞镖类的重物，适合薄膜类的材料。而 ASTM S2444 使用的是锤头状的重物，适合热塑性树脂体系。相比摆锤冲击试验，落重冲击试验最大的优势在于落重冲击试验可以模仿真实环境中，材料受到不同冲击方向、冲击材料某一部位或某一部分时的冲击损伤过程。基于这样的优势，经常以落重冲击试验为模型，采用计算机模拟的方法模拟树脂基复合材料受到小球冲击时的损伤过程。笔者在这方面也做了一些工作[67]。笔者采用 Abaqus 有限元分析能够对复合材料纤维和基体材料以及接触界面进行渐进损伤和失效分析。采用实体壳单元技术，蒙皮用八节点线性缩减积分六面体连续壳（SC8R）单元，结合文献[68]分别验证了模型在预测碳纤维/环氧树脂层合板、纤维蒙皮与 PVC 泡沫夹芯结构的低速冲击响应时的可行性。在此基础上分析了两种不同接触方式、冲击区域不同网格数量对冲击力载荷与位移时间历程的影响。研究结果显示，在通用接触和面面接触两种情况下，通用接触在阈值后对最大接触力影响很大，同时曲线的振荡现象严重，不易区分冲击过程中损伤的开始状态，而面面接触得到的接触力载荷历程曲线更光滑，与试验曲线更接近，两种接触方式对整个冲击时间和靠近冲头最近一侧界面的分层面积影响不大。另外，模拟过程中，模拟划分网络尺寸会对材料冲击响应有一定的影响，即最大接触力随着网格尺寸的增大呈现先增大后减小的趋势；当网格尺寸过小时，在冲击中就不能观察到阈值突降点，网格尺寸过大时，对阈值出现也没影响。

落重冲击试验是冲击试验中较好地表征材料韧性的方法，结合计算机模拟以后，从试验到理论对热固性树脂的韧性研究都十分有利。从测试的角度看，其不足之处在于测试时需要大量的样品和较长的时间。但是，从其测试的准确性和可比较性而言，落重试验仍不失为现行最好的材料韧性表征手段之一。

综合以上几种冲击试验，可以发现，冲击试验结果的非材料影响因素非常多，而实际应用过程中所涉及的冲击情况又复杂而广泛，所以任何单一的冲击试验都不能适用于所有的场景。因此，对各种冲击试验的基本原理的掌握、优缺点的了解就至关重要，要根据具体条件选用。此外，冲击试验结果还受到样品制备过程中牵伸比等加工变量的影响，因此，选择与产品相近的模型进行测试也是至关重要的。

2.5.1.4 断裂韧性（K_{IC}，G_{IC}）

K_{IC} 是材料使用过程中最重要的一个性能参数。这一参数反映了材料在实际使用过程中抵抗动态冲击和振动的能力。对应材料的韧性由材料在发生断裂前吸收的能量来决定，用 G_{IC} 表示。断裂韧性表征了材料抵抗从裂纹产生到断裂的能力。在实际应用过程中，材料不可能完美到没有任何裂纹和缺陷，因此，断裂韧性是材料在使用过程中最重要的一个性能。热固性树脂的断裂韧性测试标准按照 ASTM D5045-99 进行。测试使用的是普通的拉力试验机的拉伸模式或弯曲模式。典型的样品形状如图 2.10 所示。可以看到，样品呈现矩形结构且含有一个缺口，缺口尺寸是机器制备的。

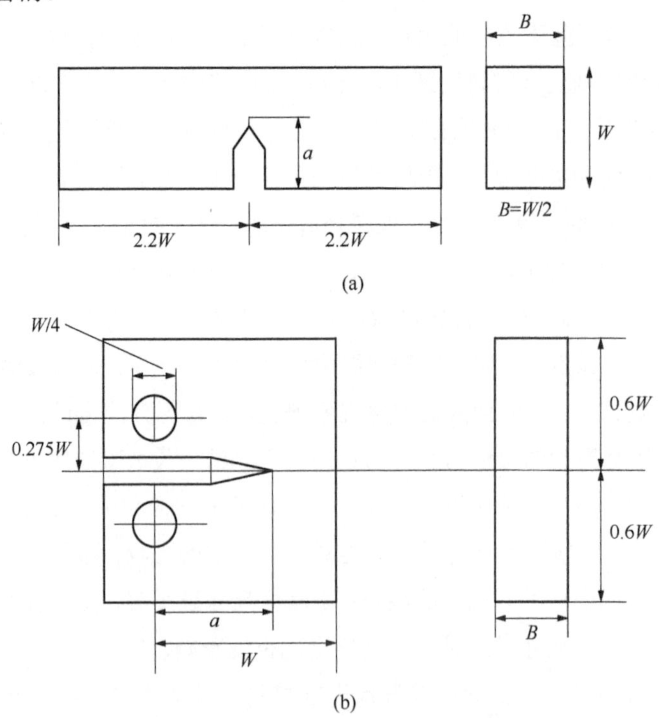

图 2.10 断裂韧性测试典型样品形状及尺寸

（a）三点弯曲样品；（b）拉伸结构样品

K_{IC}和G_{IC}的计算公式如下所示：

$$K_{IC}=\frac{P_Q}{BW^{1/2}}f(x)$$
$$G_{IC}=\frac{1-v^2}{E}K_{IC}^2 \quad (2\text{-}8)$$

式中，P_Q是裂纹扩展的临界应力；B和W是样品的厚和宽；E是材料的弹性模量；$f(x)$是尺寸因子，具体表达式如下：

$$f(x)=6\sqrt{x}\frac{1.9-x(1-x)(2.15-3.93x+2.7x^2)}{(1+2x)(1-x)^{\frac{3}{2}}} \quad (2\text{-}9)$$

对于特定的材料而言，K_{IC}和G_{IC}是测试速度和测试温度的函数，且在循环应力作用下，其值是有区别的。因此，测试条件和环境对于K_{IC}和G_{IC}的大小是有影响的。在使用过程中，相关科研工作者要引起注意。

2.5.2 与韧性有关的其他方面的表征

增韧的过程中，清楚准确地分析是否发生分相以及第二组分在热固性树脂中的分布和分散状态，对于增韧机理的研究至关重要。实践中，对固化物断面进行形貌分析和必要的热分析，可以搞清楚以上问题。

2.5.2.1 形貌表征

扫描电子显微镜（SEM）是一种应用广泛的观察热固性树脂固化物形貌的仪器。SEM可以产生高分辨率的样品表面或断面形貌。通常在测试前，断面表面要经过喷金或喷碳处理。这样处理的目的是使绝缘的树脂表面导电以防止放电。SEM可以看到断面或表面的结构特点（如均相或相分离结构）和材料的断裂模式（韧性断裂还是脆性断裂）。其工作的基本原理是利用二次电子信号成像来观察样品的表面形态，即用狭窄的电子束去扫描样品，通过电子束与样品的相互作用产生各种效应，其中主要是样品的二次电子发射。二次电子能够产生样品表面放大的形貌像，这个像是在样品被扫描时按时序建立起来的，即使用逐点成像的方法获得放大像。此外，值得注意的是，SEM的最大分辨率可以达到1nm。

透射电子显微镜（TEM）也是一种研究相结构的有效方法，特别是针对纳米尺度的分散，尤其是纳米尺度无机粒子在热固性树脂中的分散。现代的TEM的分辨率可以达到0.1nm。TEM图像可以通过聚焦一束电子到薄的样品表面得到。透过的电子束会携带固化物内部的结构信息。因此，样品厚度要小于80nm以保证电子的透过。使用TEM表征高分子聚合物时主要存在以下三个问题：①制备如此薄的样品非常困难，对特别柔软或坚硬的样品更是困难；②热固性树脂由于电子与样品相互作用弱，所以成像的图片对比度不高，很难辨别；③长时间的电子束照射会导致热固性树脂的降解。

原子力显微镜（AFM）是另一种可以用来表征改性热固性树脂形貌特征的手段。这种技术可以在纳米尺度上建立表面形貌的三维结构。相比 SEM 和 TEM，AFM 不需要高的真空度、导电涂层等复杂的制备和测试过程。此外，原子力显微镜使用的探针与样品表面相互作用力为 8～10N 以下，不会损伤样品，也不存在扫描电子显微镜的电子束损伤问题。按照其探针与样品的接触方式，可以分为接触式、非接触式和轻敲式。其中，接触式是利用探针与待测物表面原子的力交互作用进行测试，测试过程中探针一定要与样品表面接触。非接触式是为了避免接触式会损坏表面的缺点发展起来的，主要利用原子间的长距离吸引力来运作。但是此力非常小，必须使用调变技术来增加信号与噪声比。轻敲式是对非接触式 AFM 的改良，这种方法拉近了探针和样品表面的距离，增大了振幅，利用探针振荡至波谷时与样品接触，结合样品表面的形貌高低起伏，改变探针振幅，利用接触式的回馈控制方式，获得表面形貌图像。

2.5.2.2 热分析

动态机械热分析仪（DMA）可以提供重要的聚合物黏弹行为的信息及热转变相关的信息[69]。在测试过程中，对试样施加一个正弦交变应力，同时测量样品的应力变化。通过 DMA 试验可以获得材料的储能模量（E'）、损耗模量（E''）和损耗因子（$\tan\delta$）随温度的变化规律。其中，E'是指材料在形变过程中由于弹性形变而储存的能量，表征了材料的刚性；E''是指材料在形变过程中由于黏性形变而以热的形式损耗的能量，表征了材料的阻尼；$\tan\delta$ 是材料形变过程中损耗的能量和对应的储能模量的比值，即 E''/E'。DMA 除可以用来表征材料的 T_g 外，还可以用来侧面地反映共混体系是否发生了分相。共混物的动态力学性能主要由参与共混的聚合物的相容性所决定。如果完全相容，则在 $\tan\delta$ 曲线上出现单一对称的峰值；如果不相容，则共混物将形成多相，这时动态模量-温度曲线上将出现多个台阶，$\tan\delta$ 曲线上也会出现多个损耗峰，每个峰均对应其中一种组分的玻璃化转变温度。这种方法在判断分相方面的应用，将会在后面的章节中作具体的介绍。

参 考 文 献

[1] Mertz E H, Claver G C, Baer M. Studies on heterogeneous polymeric systems. Journal of Polymer Science Part A: Polymer Chemistry, 1956, 22(101): 325-341.

[2] Newman S, Strella S. Stress-strain behavior of rubber - reinforced glassy polymers. Journal of Applied Polymer Science, 1965, (9): 2297-2310.

[3] Schmitt J, Keskkula H. Short-time stress relaxation and toughness of rubber - modified polystyrene. Journal of Applied Polymer Science, 1960, (3): 132-142.
[4] Bucknall C, Smith R. Stress-whitening in high-impact polystyrenes. Polymer, 1965, (6): 437-446.
[5] Bucknall C, Clayton D, Keast W E. Rubber-toughening of plastics. Journal of Materials Science, 1972, (7): 1443-1453.
[6] Wu S, Chain structure and entanglement, Journal of Polymer Science Part B: Polymer Physics, 1989, (27): 723-741.
[7] Wu S, Beckerbauer R. Chain entanglement in homopolymers, copolymers and terpolymers of methyl methacrylate, styrene and N-phenylmaleimide. Polymer, 1992, (33): 509-515.
[8] Wu S. Chain structure, phase morphology, and toughness relationships in polymers and blends. Polymer Engineering & Science, 1990, (30): 753-761.
[9] Wu S. Phase structure and adhesion in polymer blends: a criterion for rubber toughening. Polymer, 1985, (26): 1855-1863.
[10] Yee A F, Pearson R A. Toughening mechanisms in elastomer-modified epoxies. Journal of Materials Science, 1986, (21): 2462-2474.
[11] Margolina A, Wu S. Percolation model for brittle-tough transition in nylon/rubber blends. Polymer, 1988, (29): 2170-2173.
[12] Wu S. A generalized criterion for rubber toughening: the critical matrix ligament thickness. Journal of Applied Polymer Science, 1988, (35): 549-561.
[13] 朱晓光，邓小华，洪萱，等. 填充增韧聚丙烯复合材料的断裂韧性及增韧机理. 高分子学报，1996, (1): 195-201.
[14] Tada H, Paris P C, Irwin G R. The stress analysis of cracks, Handbook. Del Research Corporation, 1973.
[15] Ishikawa T, Matsushima M, Hayashi Y. Geometrical and material nonlinear properties of two-dimensional fabric composites. AIAA Journal, 1987, (25): 107-113.
[16] 李东明，漆宗能. 非弹性体增韧——聚合物增韧的新途径. 高分子通报, 1989, (3): 32-38.
[17] Wu X, Zhu X, Qi Z. The 8th international conference on deformation, yield and fracture of polymers. London: The Plastics and Rubber Institute, 1991, 78(1): 8-11.
[18] Wu S. Control of intrinsic brittleness and toughness of polymers and blends by chemical structure: A review. Polymer International, 1992, (29): 229-247.
[19] Kanai H, Sullivan V, Auerbach A. Impact modification of engineering thermoplastics. Journal of Applied Polymer Science, 1994, (53): 527-541.
[20] Jiang W,An L, Jiang B. Brittle-tough transition in elastomer toughening thermoplastics: effects of the elastomer stiffness. Polymer, 2001, (42): 4777-4780.
[21] Donald A M, Kramer E J. Internal structure of rubber particles and craze break-down in high-impact polystyrene (HIPS). Journal of Materials Science, 1982, (17): 2351-2358.
[22] Schneider M, Pith T, Lambla M. Toughening of polystyrene by natural rubber-based composite particles: Part I Impact reinforcement by PMMA and PS grafted core-shell particles. journal of Materials Science, 1997, (32): 6331-6342.
[23] Kayano Y, Keskkula H, Paul D. Fracture behaviour of polycarbonate blends with a core-shell impact modifier, Polymer. 1998, (39): 821-834.
[24] Géhant S, Schirrer R. Multiple light scattering and cavitation in two phase tough polymers. Journal of Polymer Science Part B: Polymer Physics, 1999, (37): 113-126.
[25] 李强，林薇薇. 聚合物基纳米复合材料的合成、性质及应用前景. 材料科学与工程, 2002, (20): 107-110.

[26] 李小兵, 刘竞超. 超声波在制备 nm SiO_2/环氧树脂复合材料中的应用. 热固性树脂, 1999, (14): 19-22.

[27] 王旭, 黄锐. PP/弹性体/纳米 $CaCO_3$ 复合材料的研究. 中国塑料, 2000, (14): 34-38.

[28] 郑明嘉, 黄锐, 宋波, 魏刚. 高抗冲高刚性 EPDM 改性聚丙烯的研究. 中国塑料, 2003, (17): 43-45.

[29] 黄锐, 徐伟平. 纳米级无机粒子对聚乙烯的增强与增韧. 塑料工业, 1997, (25): 106-108.

[30] Yamanaka K, Takagi Y, Inoue T. Reaction-induced phase separation in rubber-modified epoxy resins. Polymer, 1989, (30): 1839-1844.

[31] Williams R J, Rozenberg B A, Pascault J P. Reaction-induced phase separation in modified thermosetting polymers. Polymer Analysis Polymer Physics, 1997: 95-156.

[32] Flory P J. Principles of polymer chemistry. USA: Cornell University Press, 1953.

[33] 江明. 高分子合金的物理化学. 成都: 四川教育出版社, 1990.

[34] Kleintjens L, Koningsveld R. Thermodynamics of polymer solutions and blends. Macromolecular Symposia, 1988, 203-219.

[35] Inoue T. Reaction-induced phase decomposition in polymer blends. Progress in Polymer Science, 1995, (20): 119-153.

[36] Verchere D, Sautereau H, Pascault J, et al. Rubber-modified epoxies I Influence of carboxyl-terminated butadiene - acrylonitrile random copolymers (CTBN) on the polymerization and phase separation processes. Journal of Applied Polymer Science, 1990, (41): 467-485.

[37] Verchere D, Pascault J, Sautereau H, et al. Rubber-modified epoxies Ⅱ Influence of the cure schedule and rubber concentration on the generated morphology. Journal of Applied Polymer Science, 1991, (42): 701-716.

[38] Oyanguren P, Frontini P, Williams R, et al. Reaction-induced phase separation in poly (butylene terephthalate)-epoxy systems: 1. Conversion-temperature transformation diagrams. Polymer, 1996, (37): 3079-3085.

[39] Oyanguren P, Frontini P, Williams R, et al. Reaction-induced phase separation in poly (butylene terephthalate)-epoxy systems: 2. Morphologies generated and resulting properties. Polymer, 1996, (37): 3087-3092.

[40] Yu Y, Wang M, Gan W, et al. Polymerization-induced viscoelastic phase separation in polyethersulfone-modified epoxy systems. The Journal of Physical Chemistry B, 2004, (108): 6208-6215.

[41] Gan W, Yu Y, Wang M, et al. Viscoelastic effects on the phase separation in thermoplastics-modified epoxy resin. Macromolecules, 2003, (36): 7746-7751.

[42] Jin J, Cui J, Tang X, et al. On polyetherimide modified bismaleimide resins: 1. Effect of the chemical backbone of polyetherimide. Macromolecular Chemistry and Physics, 1999, (200): 1956-1960.

[43] Jin J, Cui J, Tang X, et al. Polyetherimide - modified bismaleimide resins: Ⅱ. Effect of polyetherimide content. Journal of Applied Polymer Science, 2001, (81): 350-358.

[44] 陶庆胜. 聚醚酰亚胺改性氰酸酯体系的反应诱导相分离研究. 上海: 复旦大学, 2004.

[45] Abbasi F, Mirzadeh H. Properties of poly (dimethylsiloxane)/hydrogel multicomponent systems. Journal of Polymer Science Part B: Polymer Physics, 2003, (41): 2145-2156.

[46] Abbasi F, Mirzadeh H, Katbab A. Comparison of viscoelastic properties of polydimethylsiloxane/poly (2 -hydroxyethyl methacrylate) IPNs with their physical blends. Journal of Applied Polymer Science, 2002, (86): 3480-3485.

[47] Turner J, Cheng Y L. Preparation of PDMS-PMAA interpenetrating polymer network membranes using the monomer immersion method. Macromolecules, 2000, (33): 3714-3718.

[48] Song M, Hourston D, Schafer F U. Correlation between mechanical damping and interphase content in interpenetrating polymer networks. Journal of Applied Polymer Science, 2001, (81): 2439-2442.

[49] Jansen B, Rastogi S, Meijer H, et al. Rubber-modified glassy amorphous polymers prepared via chemically induced phase separation. 4. comparison of properties of semi-and full-IPNs, and copolymers of acrylate–

aliphatic epoxy systems. Macromolecules, 1999, (32): 6290-6297.
[50] Allcock H R, Visscher K B, Kim Y B. New polyphosphazenes with unsaturated side groups: use as reaction intermediates, cross-linkable polymers, and components of interpenetrating polymer networks. Macromolecules, 1996, (29): 2721-2728.
[51] 贾丽亚. 聚二甲基硅氧烷/二氧化硅复合网络及环氧树脂/聚二甲基硅氧烷互穿网络的研究. 北京: 北京化工大学, 2007.
[52] Chou Y, Lee L. Mechanical properties of polyurethane - unsaturated polyester interpenetrating polymer networks. Polymer Engineering & Science, 1995, (35): 976-988.
[53] Baidak A, Liegeois J, Sperling L. Simultaneous interpenetrating polymer networks based on epoxy-acrylate combinations. Journal of Polymer Science Part B: Polymer Physics, 1997, (35): 1973-1984.
[54] Dean K, Cook W D. Effect of curing sequence on the photopolymerization and thermal curing kinetics of dimethacrylate/epoxy interpenetrating polymer networks. Macromolecules, 2002, (35): 7942-7954.
[55] Widmaier J M. Microphase separation during the concurrent formation of two polymer networks. Macromolecular Symposia, 1995: 179-186.
[56] Kiguchi T, Aota H, Matsumoto A. Approach to ideal simultaneous interpenetrating network formation via topological cross-links between polyurethane and polymethacrylate network polymer precursors. Macromolecules, 2004, (37): 8249-8255.
[57] Yang J, Winnik M A, Ylitalo D, Devoe R J. Polyurethane-Polyacrylate Interpenetrating Networks: 1. Preparation and Morphology. Macromolecules, 1996, (29): 7047-7054.
[58] Zhou P, Xu Q, Frisch H. Kinetics of simultaneous interpenetrating polymer networks of poly (dimethylsiloxane-urethane)/poly (methyl methacrylate) formation and studies of their phase morphology. Macromolecules, 1994, (27): 938-946.
[59] 朱永群, 胡巧玲. 同步互穿和顺序互穿对 PU/EP IPN 性能及微结构的影响. 高分子材料科学与工程, 1999, (15): 148-150.
[60] Udagawa A, Sakurai F, Takahashi T. In situ study of photopolymerization by fourier transform infrared spectroscopy. Journal of Applied Polymer Science, 1991, (42): 1861-1867.
[61] Decker C, Viet T N T, Decker D, et al. UV-radiation curing of acrylate/epoxide systems. Polymer, 2001, (42): 5531-5541.
[62] Chou Y, Lee L. Reaction - induced phase separation during the formation of a polyurethane - unsaturated polyester interpenetrating polymer network. Polymer Engineering & Science, 1994, (34): 1239-1249.
[63] Dean K M, Cook W D. Azo initiator selection to control the curing order in dimethacrylate/epoxy interpenetrating polymer networks. Polymer International, 2004, (53): 1305-1313.
[64] Butta E, Levita G, Marchetti A, et al. Morphology and mechanical properties of amine-terminated butadiene-acrylonitrile/epoxy blends. Polymer Engineering & Science, 1986, (26): 63-73.
[65] Jansen B, Meijer H, Lemstra P. Processing of (in) tractable polymers using reactive solvents: Part 5: Morphology control during phase separation. Polymer, 1999, (40): 2917-2927.
[66] Ratna D. Handbook of thermoset resins. Shawbury: ISmithers, 2009.
[67] 陈博, 张彦飞, 王智, 等. PVC 泡沫夹芯板低速冲击响应数值模拟. 玻璃钢/复合材料, 2016: 29-34.
[68] Feng D, Aymerich F. Damage prediction in composite sandwich panels subjected to low-velocity impact. Composites Part A: Applied Science and Manufacturing, 2013, (52): 12-22.
[69] 邓友娥, 章文贡. 动态机械热分析技术在高聚物性能研究中的应用. 实验室研究与探索, 2002, (21): 38-39.

Chapter 03

第3章 传统增韧方法

传统增韧热固性树脂的方法包括化学方法和物理方法。化学方法是通过分子结构设计改变分子结构，进而改变热固性树脂的固化交联结构，起到对固化物增韧的效果。物理方法是通过在热固性树脂体系中添加第二或第三组分，利用第二或第三组分自身的韧性或其与热固性树脂固化过程中形成的分相结构，在受到冲击载荷时，通过自身变形等机理（第 2 章已述及）吸收冲击能量，达到增韧的目的。本章以环氧树脂、双马来酰亚胺树脂、酚醛树脂为典型例子，就目前增韧热固性树脂的研究进展作一简要介绍。

3.1 化学改性

通过设计分子结构进而改变固化物交联结构达到增韧是一种常用且有效的方法。这种方法的优点是避免了共混改性带来的需要均匀分布和分散的问题，进而可以解决树脂在加工成型过程中的很多不便。然而其缺点也非常明显，主要是合成过程复杂、周期长、结构难以控制。

3.1.1 环氧树脂的化学改性增韧

环氧树脂的化学改性增韧，主要有两种途径，一是在环氧主链结构中引入柔性链段[1]，二是在环氧使用的固化剂中引入柔性链[2]。分子结构决定了化合物最终的性能，因此使用不同的原料来合成具有新型分子结构的环氧单体，可以得到韧性改善的环氧树脂体系。在催化剂作用下，使用低平均相对分子质量聚硅氧烷中的烷氧基、羟基、氨基、羧基等官能团与环氧树脂单体中的羟基及环氧基反应，将硅氧烷链引入到环氧树脂主链中，既充分利用了有机硅树脂优异的耐水性、韧性、耐候性等特点，又避免了由于两者简单共混相容性差，不易共混的缺点。两者相关的反应类型包括以下几种：

（1）聚硅氧烷基中的烷氧基与环氧树脂中的羟基反应

$$-\overset{|}{\underset{|}{Si}}-OR' + HO-R\begin{matrix}\diagup HC-CH_2 \ (\text{O}) \\ \diagdown HC-CH_2 \ (\text{O})\end{matrix} \longrightarrow -\overset{|}{\underset{|}{Si}}-O-R\begin{matrix}\diagup HC-CH_2 \ (\text{O}) \\ \diagdown HC-CH_2 \ (\text{O})\end{matrix} + R'OH$$

（2）聚硅氧烷基中的羟基与环氧树脂中的羟基反应

$$-\overset{|}{\underset{|}{Si}}-OH + HO-R\begin{matrix}\diagup HC-CH_2 \ (\text{O}) \\ \diagdown HC-CH_2 \ (\text{O})\end{matrix} \longrightarrow -\overset{|}{\underset{|}{Si}}-O-R\begin{matrix}\diagup HC-CH_2 \ (\text{O}) \\ \diagdown HC-CH_2 \ (\text{O})\end{matrix} + H_2O$$

（3）聚硅氧烷基中的羟基与环氧树脂中的环氧基反应（形成醚键）

$$-\overset{|}{\underset{|}{Si}}-OH + \underbrace{H_2C-CH}_{O}-R-\underbrace{HC-CH_2}_{O} \longrightarrow -\overset{|}{\underset{|}{Si}}-O-CH_2-\underset{\underset{OH}{|}}{CH}-R-\underbrace{HC-CH_2}_{O}$$

（4）聚硅氧烷基中的氨基与环氧树脂中的环氧基反应（加成反应）

$$-\overset{|}{\underset{|}{Si}}-R-NH_2 + \underbrace{H_2C-CH}_{O}-R'-\underbrace{\overset{H}{C}-CH_2}_{O} \longrightarrow$$

$$-\overset{|}{\underset{|}{Si}}-R-NH-CH_2-\underset{\underset{OH}{|}}{CH}-R'-\underbrace{\overset{H}{C}-CH_2}_{O}$$

（5）聚硅氧烷基中的羧基与环氧树脂反应

$$-\overset{|}{\underset{|}{Si}}-R-COOH + \underbrace{H_2C-CH}_{O}-R'-\underbrace{\overset{H}{C}-CH_2}_{O} \longrightarrow$$

$$-\overset{|}{\underset{|}{Si}}-R-COO-CH_2-\underset{\underset{OH}{|}}{CH}-R'-\underbrace{\overset{H}{C}-CH_2}_{O}$$

可以看到，通过有机硅与环氧树脂之间的不同的固化反应，可以在环氧主链中引入有机硅大分子体系。这种大分子柔性链段的引入在增韧的同时使得体系的刚性下降，耐热性下降。

另一种化学方法增韧环氧的策略是合成含有柔性链段的大分子固化剂。其柔性链段可以键合到环氧的交联网络中，并可能产生微观相分离，形成两相网络结构。

这种方法可以提高环氧的韧性，同时简化成型的工艺。张保龙等[3]设计了一种既含有刚性、棒状结构的介晶单元，又含有柔性链段的活性增韧剂 LCEUppg（端脲基活性改性剂），并用其固化环氧树脂。研究结果显示，分子量的变化对环氧的增韧有明显的影响。当分子量为1000～4000时，增韧效果良好，当分子量达到2000时，冲击强度达到最高。进一步的研究结果显示，其增韧的原因是固化体系形成了微相分离的结构，当材料受到外界能量冲击时，微橡胶相可导致应力分散而提高材料的冲击强度。

3.1.2 双马来酰亚胺化学改性增韧

3.1.2.1 烯丙基类化合物增韧改性双马来酰亚胺

另外一个采用化学改性的方法进行增韧改性的典型例子是双马来酰亚胺树脂（BMI）。BMI 在实际的应用过程中存在以下的主要问题：①固化温度高、固化时间长；②固化物质脆；③单体难以溶解在一般的有机溶剂中，且自身熔融温度与固化温度非常接近，固化成型存在难度。针对以上问题，各种改性的方法也是人们研究的重点，在这之中，利用化学的方法对其进行改性应用最为广泛。其中，利用烯丙基类化合物与 BMI 共聚是目前应用比较成功的方法之一，所得预聚物溶解性好、易储存、黏附力好，固化物韧性强、耐湿热性能优异，具有突出的力学性能和电性能。烯丙基类化合物与 BMI 单体共聚生成三维交联网络结构，其固化机理比较复杂。目前，大家公认的固化反应机理包括[4~7]：①烯丙基双键与 BMI 中的马来酰亚胺环上的活性双键按照摩尔比 1∶1 发生“ene”反应，生成线型共轭中间体；②随后生成的共轭二烯中间体在较高的温度下与酰亚胺环发生“Diels-Alder”反应以及芳构化重排，生成三维交联网络结构；③固化过程中阴离子酰亚胺发生低聚反应；④BMI 以及烯丙基在较高温度下的自聚反应等。笔者采用新型的双马来酰亚胺，在研究其反应过程中，也得到了类似的结构，在后面的章节中会详细叙述。

（1）邻二烯丙基双酚 A（DAPBA）改性 BMI　邻二烯丙基双酚 A 常温下为琥珀色黏稠状液体，加热后黏度低，价格低廉，与 BMI 共混后发生聚合反应，是改性 BMI 中应用最广泛的烯丙基类化合物。这一体系的溶解性能优异、配制的胶液储存期长、制备的预浸料黏附性好；固化树脂的强度和韧性优异，耐湿热性能好，经高温后处理后，玻璃化转变温度可以大幅度提高。以邻二烯丙基双酚 A 为基础，研究者们合成了大量的含烯丙基的化合物，如二烯丙基双酚 S、二烯丙基双酚 F 等。

（2）烯丙基酚氧树脂改性 BMI　烯丙基酚氧树脂是利用烯丙基苯酚上的活性酚

—OH 与环氧树脂反应制备的一类结构设计性强的树脂体系，通过调整主链结构及烯丙基含量可以制备一系列满足不同条件的烯丙基酚氧树脂。利用烯丙基酚氧树脂改性 BMI，可以制备预聚物溶解性好、固化物韧性优异的改性体系。此外，烯丙基酚氧树脂体系中大量的—OH 键，可以赋予改性体系更好的黏附性。国内，梁国正[8, 9]在此方面做了大量的工作。其研究显示，烯丙基酚氧树脂改性 BMI 的反应接近一级反应。胡睿等[10]也采用不同的烯丙基酚氧树脂改性了 BMI，制备的树脂体系具有良好的加工性，且固化物韧性和耐热性能优异，冲击强度可达到 22.31kJ/m^2，后处理后的热变形温度可以达到 300℃以上。

（3）以含有烯丙基的醚酮树脂改性 BMI　从改善 BMI 韧性出发，将含有烯丙基的醚酮树脂与 BMI 共混，固化物可以形成两相体系，其中，烯丙基与 BMI 发生共聚反应导致两相界面积提高，进一步提高了固化物的冲击韧性。

3.1.2.2　二元胺扩链增韧双马来酰亚胺

利用二元胺对 BMI 进行扩链反应是 BMI 化学增韧改性的另一个重要内容。BMI 两端马来酰亚胺上的双键受到邻近羰基吸电子作用的影响，具有较高的反应活性，易受到含活泼氢化合物等亲核试剂的进攻发生 Michael 加成反应，实现双马来酰亚胺分子链的增长，进而减小固化物交联密度，达到增韧的目的。二元胺改性 BMI 的反应机理中包含链式聚合和固化交联两个阶段[11~13]，主要包括三个反应：①伯胺与马来酰亚胺环上的双键进行 Michael 加成反应；②生成的仲胺在更高的温度下与马来酰亚胺中的双键进行加成反应；③过量的 BMI 在较高的温度下发生自聚合反应，形成高度交联的网络结构。正是由于前期链式反应延长了 BMI 活性端基间分子链的长度，从而降低了固化物的交联密度，实现了材料的冲击性能提升。Hopewell 等[14,15]采用近红外光谱定量分析了二元胺改性 BMI 树脂熔融过程中各官能团的反应程度，研究了固化反应机理和动力学。研究结果表明，二元胺与 BMI 的加成反应遵循二级反应机理，伯胺与中间体仲胺对聚合反应起到自催化作用，并且伯胺具有更高的反应活性；当反应程度大于 70%时，反应动力学需要考虑扩散控制的影响，且共混体系中马来酰亚胺双键的自聚合非常微量。

3.1.2.3　从分子结构角度合成特殊结构的双马来酰亚胺

BMI 的性能主要取决于桥键—R—的结构，如果 R 结构规整性差，可降低 BMI 的熔点，在普通溶剂中的溶解性也会增加。因此，设计、开发新型 BMI 单体可以从根本上解决 BMI 树脂工艺性与韧性的问题。陈平等人从双马来酰亚胺分子结构设计出发，合成了含有酞 Cardo 环结构链延长型双马来酰亚胺[16]。因为酞侧基的引入破坏了分子结构的对称性，增加分子极性的同时醚键柔性连接链的存在降低了分子链段内旋转的阻力，使其结晶性降低，溶解性能增加。而用其改性烯丙基双酚A/双马来酰亚胺共混体系后，发现固化物的韧性有轻微的提高。此外，还合成了含芴 Cardo 环结构链延长型双马来酰亚胺[17]、含 1,3,4-噁二唑芳杂环[18]不对称结构的双马来酰亚胺，其改性烯丙基双酚 A/双马来酰亚胺共混体系也表现出韧性的提升。

3.1.3 酚醛树脂化学改性增韧

传统的酚醛树脂的化学改性是利用羟基的醚化反应（*O*-烷基化和 *C*-烷基化）。这两种醚化反应可增强树脂的柔韧性，同时改善其与其他聚合物及溶剂的相容性，调节反应活性和工艺性能。常用的烯烃类烷基化试剂有二异丁烯、萜烯等。热固性 A 阶酚醛树脂中羟甲基的醚化可采用甲醇、丁醇和异丁醇等，也可采用其他多羟基物质，如乙二醇、甘油、丙二醇等。树脂中的酚羟基的醚化要采用强亲电性试剂，如烯丙基氯化物、烷基溴化物和环氧化合物在强碱存在下进行[19]。

苯并噁嗪作为一种新型的酚醛树脂，其结构和性能特点已在前面的章节中进行过详细的介绍。由于苯并噁嗪具有灵活的分子设计性的特点，在其分子结构中引入柔性链段或特殊的官能团来改善苯并噁嗪的机械性能也是研究的热点。Antonella 等[20]总结了在苯并噁嗪中引入腰果酚柔性链段的研究进展，发现以腰果酚为酚源合成的苯并噁嗪自身韧性优异，而其作为增韧剂增韧苯并噁嗪的效果也是十分显著的，如表 3.1 所示。可以看到当腰果酚型苯并噁嗪（CA-a）的含量为 10%时，冲击强度提高了一倍以上，但是其弯曲强度下降明显。另外，CA-a 的加入也使得体系的黏度大幅度下降，适用于多种成型工艺，如图 3.1 所示。此外，共混体系的耐热性也损失较少。

表 3.1 聚苯并噁嗪树脂的力学性能

试样	弯曲强度/MPa	弯曲模量/GPa	断裂伸长率/%	冲击强度/(J/m^2)
BA-a	139.0±12.0	5.1±0.2	3.1±0.1	3122.0±288.0
CA-a 10	125.0±14.0	4.4±0.4	3.2±0.3	6300.0±180.0
CA-a 20	105.0±6.1	3.4±0.1	3.5±0.2	7800.0±345.0
CA-a 30	93.0±3.4	2.7±0.2	4.2±0.3	8800.0±412.0

Sawaryn 等[21]合成了一系列新型的热塑性的主链型苯并噁嗪，如图 3.2 所示，这样的柔性链段的引入改变了苯并噁嗪热固性树脂的属性，成为一种热塑性树脂，其 T_g 在 0℃以下，其韧性相比热固性树脂的苯并噁嗪要好很多。将这种树脂作为 BA-a/苯酚苯胺型苯并噁嗪（6∶4）共混体系的增韧剂，通过调整增韧剂中聚四亚

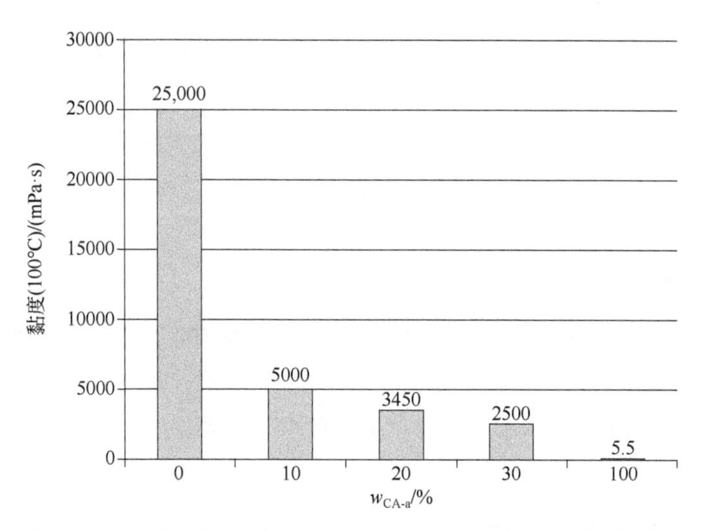

图 3.1 腰果酚型苯并噁嗪（CA-a）与双酚 A 型苯并噁嗪共混后 100℃树脂黏度与 CA-a 含量的关系

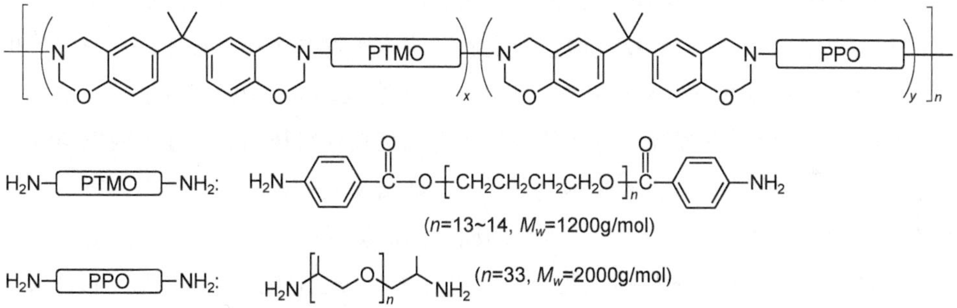

图 3.2 基于双酚 A、氨基封端的聚四亚甲基氧化物（PTMO）和聚环氧丙烷（PPO）的主链型苯并噁嗪的结构式

通过调整 PTMO/PPO 的比例可以控制苯并噁嗪（TBox）的相结构实现增韧

甲基氧化物（PTMO）和聚环氧丙烷（PPO）与苯并噁嗪的相对比例，共混体系形成了不同形态尺寸的相分离结构。Ishida 等[21]也合成了多种主链型苯并噁嗪，其表现出的性质也是以热塑性为主，韧性提高巨大，但是其他方面性能损失严重。

此外，苯并噁嗪结构中 Mannich 桥结构是交联结构中的薄弱环节[22]，因此，在这个结构上引入额外的可反应的官能团是一种稳定 Mannich 桥结构的有效方法。例如引入氰基[23, 24]、乙炔基[25, 26]、丙烯基[27]、烯丙基[28]、马来酰氨基[29]、环氧基[30]等官能团，可以有效地增大聚苯并噁嗪的交联密度，稳定悬挂结构，得到韧性和热性能都得到提升的聚合物体系。

在苯并噁嗪中引入柔性链段（腰果酚、PPO 等）改变了苯并噁嗪自身的属性，使其热性能和机械性能有较大幅度的损失，而在苯并噁嗪中引入可反应的官能团，虽然增加了其固化物的韧性，但是制备新型的单体周期长，工艺过程复杂，不利于工业上大范围使用。因此更多的人将增韧苯并噁嗪的研究放在了物理共混上，因为这种方法简单易行，且增韧效果更加显著。

3.2 橡胶增韧

橡胶增韧热固性树脂的方法已经有比较深入的研究，多种橡胶增韧的方法已经成熟，其优点是增韧效果明显，但是其缺点也非常明显，即橡胶增韧会导致样品的耐热性降低，耐老化性能降低。现就部分橡胶增韧热固性树脂的相关研究作一个简要的介绍。

3.2.1 橡胶增韧环氧树脂

从使用的橡胶能否与环氧树脂发生反应的角度看，橡胶分为非反应性和反应性橡胶。非反应性橡胶粒子物理增韧方法是通过增韧剂和环氧树脂达到物理相容从而使体系实现了增韧；反应性橡胶增韧则是通过液体橡胶中含有的氨基或者是羧基和环氧树脂中的环氧基发生反应提高共混体系的相容性，进而达到增韧的效果。

Sultan 等[31,32]首先发现了分散的橡胶相可以增韧环氧树脂。通过机械搅拌液态橡胶与液态环氧树脂，使两者形成均相体系。随着反应的进行，橡胶作为第二相分散在环氧树脂基体中，实现增韧。少量的橡胶添加量就可以使环氧树脂的韧性达到数量级的提升。反应型的液体橡胶，经常的研究对象是端羧基丁腈橡胶（CTBN）和端氨基丁腈橡胶（ATBN）。利用羧基和氨基与环氧树脂的可反应性，将柔性链结构橡胶引入到环氧树脂的三维交联网络中，从而达到增韧环氧树脂的目的。如 A Maazouz 等[33]考察了不同相对分子质量 CTBN 对环氧树脂增韧的影响，研究结果显示，在 CTBN 用量相同的情况下，CTBN 分子量越小，与环氧树脂的相容性越好，增韧的效果越好。武渊博等[34]利用端环氧基丁腈橡胶（ETBN）增韧环氧，发现随着 ETBN 含量的增多，固化物的冲击强度明显提升，然而其他力学性能损失严重，说明 ETBN 具有一定的增韧效果。

正确控制反应性橡胶在环氧树脂体系中的相分离过程是增韧成功的关键。通过调节橡胶与环氧树脂的溶解度参数，可以控制凝胶化过程中相分离形成的海岛结构。以分散相存在的橡胶粒子终止裂纹、分枝裂纹、诱导剪切变形，从而提高环氧树脂的断裂韧性，具体断面形貌如图 3.3 所示（端羧基液态丁腈橡胶增韧环氧树脂的微观形貌图）[35]。

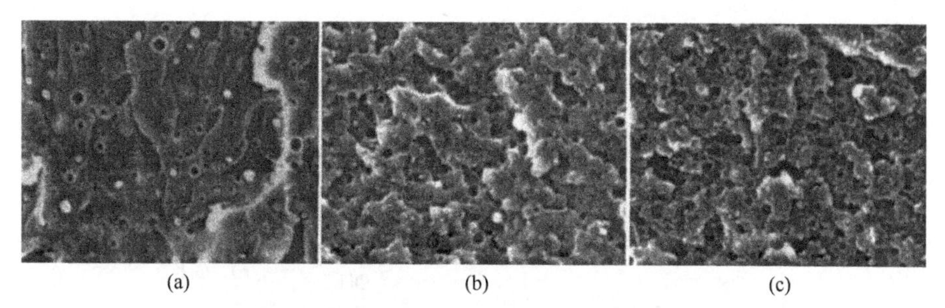

图 3.3　不同 CTBN 含量改性环氧树脂固化物的断面 SEM 图

CTBN 的含量：(a) 5phr；(b) 10phr；(c) 15phr
phr 表示每 100g 树脂中 CTBN 的含量

3.2.2　橡胶增韧双马来酰亚胺树脂

Varma 等[36]报道了以氨基封端的橡胶改性双马来酰亚胺树脂体系，研究结果发现共混体系的层间剪切强度有明显提升。Shaw 等[37]发现 CTBN 的加入能明显改善 BMI 树脂的断裂韧性。在双马来酰亚胺中，液体橡胶增韧热固性树脂是以牺牲材料的其他力学性能、耐热性能为前提的。对于双马来酰亚胺来说，这种方法得到的树脂体系会丧失双马来酰亚胺固化物优异的力学性能和出色的耐热性、耐湿热性能等。

3.2.3　橡胶增韧酚醛树脂

酚醛树脂的溶解度参数为 10.5，与一般的橡胶相比（天然橡胶的溶解度参数为 8.25，丁苯橡胶的溶解度参数为 8.25～8.55），相差较大，不能很好地相容。但是丁腈橡胶的溶解度参数为 9.3～10.2，可以与酚醛树脂很好地相容。因此，利用丁腈橡胶增韧酚醛树脂是研究和应用的一个重要方向。如果让酚醛树脂上的活性官能团直接与丁腈橡胶中的活性官能团（如双键、氰基、羧基）发生反应，生成接枝、嵌段共聚物，达到分子水平上的反应，形成的改性酚醛树脂性能优良，具有明显的增韧效果。羧基丁腈橡胶与酚醛树脂之间的化学反应有以下几种。

① 酚醛树脂中的羟甲基与丁腈橡胶中的氰基在酸性条件下发生如下反应；

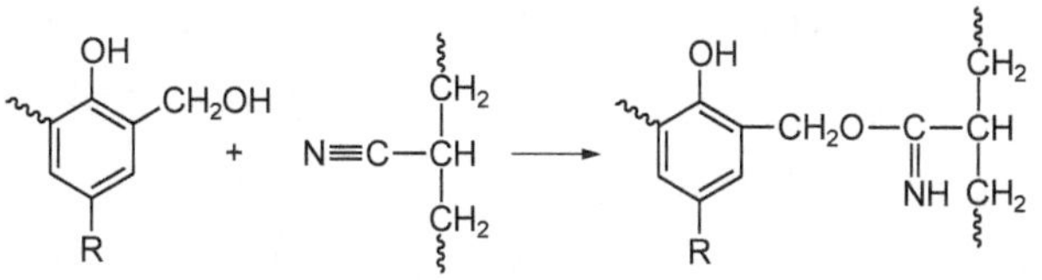

② 酚醛树脂中的羟甲基与丁腈橡胶中的双键在酸的作用下发生如下反应；

OH, CH_2OH, R + $H_2C{=}CH{-}CH$ (H_2C, H_2C) ⟶ OH, R, $CH_2O{-}CH_2{-}CH_2{-}CH$ (CH_2, CH_2)

③ 酚醛树脂中的羟甲基与丁腈橡胶中的羧基反应生成酯的反应：

OH, CH_2OH, R + $HO{-}C(=O){-}CH$ (CH_2, CH_2) ⟶ OH, R, $CH_2O{-}C(=O){-}CH$ (CH_2, CH_2)

在对两组分之间化学反应研究的基础上，很多学者将橡胶加入到酚醛树脂体系中。如王延孝等[38]研究了液体丁腈橡胶增韧酚醛树脂对其性能的影响。研究发现，通过橡胶增韧后，酚醛树脂的冲击强度有明显提高，当丁腈橡胶的质量分数为 8% 时，共混体系的增韧效果最好，而此时的布氏硬度有所下降。Cevdet Kaynak 等[39]研究了粉末丁腈橡胶增韧甲阶酚醛树脂的性能变化，同时比较了在共混体系中加入氨基硅烷偶联剂对橡胶增韧树脂性能的影响。研究结果显示，随着加入到热固性酚醛树脂中橡胶含量的增大，共混体系固化物的弯曲性能逐渐减小，冲击性能先增大后减小。而加入氨基硅烷偶联剂后，在不改变丁腈橡胶与酚醛比例的情况下，随着氨基硅烷偶联剂含量的增多，固化物的弯曲性能逐渐增大，冲击强度先增大后减小。

采用橡胶增韧苯并噁嗪树脂也是一种常用的方法。采用氨基封端的丁腈橡胶（ATBN）、羧基封端的丁腈橡胶（CTBN）、环氧化的羟基封端的聚丁二烯（HTBD）等多种橡胶组分改性苯并噁嗪，得到了很好的效果[40~43]。研究结果显示[40,41]，ATBN 和 CTBN 能使聚苯并噁嗪的韧性大大提高，其应力强度因子 K_{IC} 从 0.6 增大到 1.8MPa • m$^{1/2}$，弯曲强度和弯曲应变皆有提高，T_g 和弯曲模量降低，如图 3.4 所示。两种液体的增韧效果受到橡胶粒子的尺寸和在基体树脂中的分散程度的影响，其中橡胶粒子在树脂基体中的尺寸越小、分散得越好，则增韧效果越好，ATBN 橡胶粒子的直径约为 0.2μm，而 CTBN 橡胶粒子的直径约为 2.5μm，因此 ATBN 的增韧效果优于 CTBN。Ishida 等[42]采用 HTBD 与苯并噁嗪共混，发现共混体系具有明显的相分离结构，如图 3.5 所示。相区尺寸在 1.2μm 左右，具有很好的增韧效果，然而其动态热机械分析显示共混体系的 T_g 和模量有所下降。Agag 等[43]通过在 ATBN 改性的苯并噁嗪共混体系中加入羟基封端的马来酰亚胺树脂，在提高了苯并噁嗪韧性的同时，将苯并噁嗪的固化温度降低了 40～60℃，提高了 ATBN/苯并噁嗪体系的耐热性能。

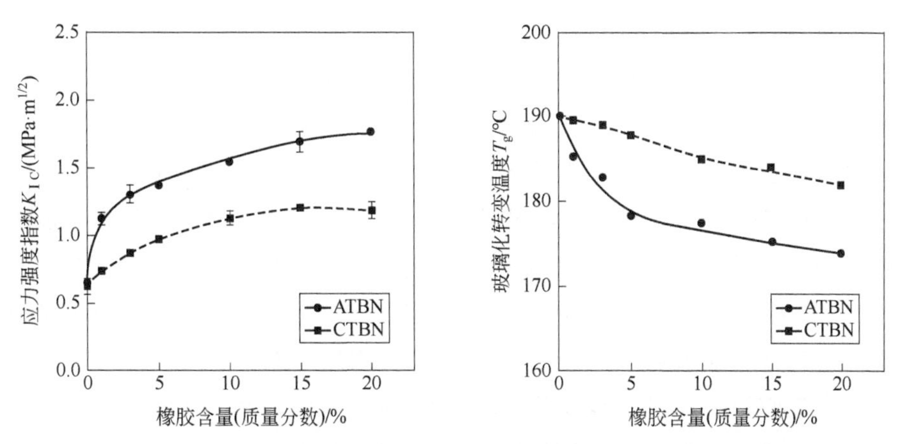

图 3.4　K_{IC}和 T_g随苯并噁嗪/ATBN 和苯并噁嗪/CTBN 组成比例变化而变化的趋势

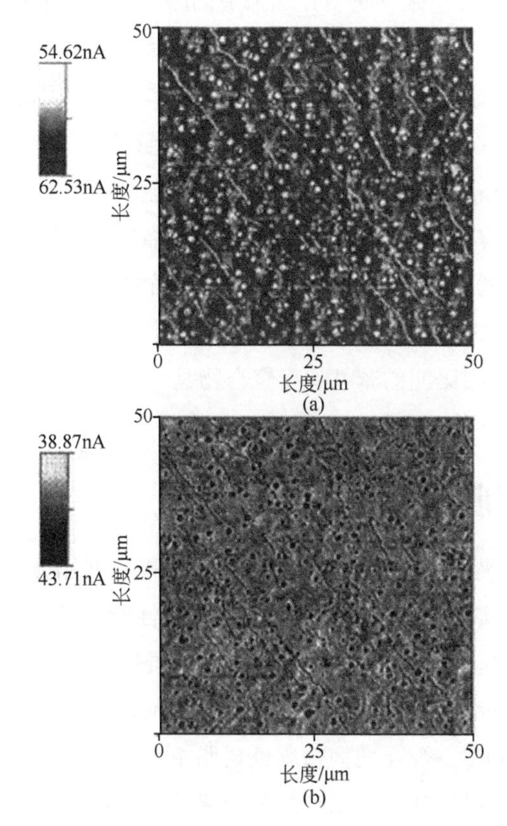

图 3.5　苯并噁嗪与 10%（质量分数）HTBD 固化后的横向显微镜照片

（a）横向显微镜正向图像；（b）反转图像

此外，国内的顾宜、余鼎声等也分别采用 CTBN、硫化橡胶对苯并噁嗪进行了增韧研究。其中，顾宜等[44]研究了 ATBN、CTBN 分别与 MDA 型苯并噁嗪共混后对苯并噁嗪的增韧效果，研究发现当 ATBN 和 CTBN 的含量都为 10%时，综合效果达到最佳，其中当 ATBN 含量为 10%时，树脂浇铸体的拉伸强度达到最高，为 75.1MPa，断裂伸长率也达到最大，为 2.1%，而模量则有所下降，为 3.9GPa。随着 ATBN 含量的进一步提升，断裂伸长率略有增加，而拉伸强度和模量均会大幅度降低；当 CTBN 含量为 10% 时，树脂浇铸体的拉伸强度和断裂伸长率分别达到 68.4MPa 和 2.1%，模量下降到 4.6GPa。进一步提高 CTBN 含量时，虽然断裂伸长率进一步增大，但是其他性能损失严重。两种橡胶中，ATBN 对苯并噁嗪的增韧作用要强于 CTBN，固化物中橡胶粒子分布也更加均匀，且橡胶粒子的粒径更小。余鼎声等[45]将聚硫橡胶与苯并噁嗪共混，发现当聚硫橡胶的含量为 5%（质量分数）时，共混体系的冲击性能可以提高 50%以上，由原来的 6.66kJ/m^2 提高到 10.06kJ/m^2。Takeichi 等[46]利用双酚 A 型苯并噁嗪开环形成的酚羟基及聚氨酯预聚物中的异氰酸酯基之间的原位聚合，制备了只含有一个 T_g 的未发生相分离的共混体系。研究结果发现，当聚合物中苯并噁嗪的含量低于 15% 时，其为弹性体；当苯并噁嗪含量超过 20%后则为塑料，且其耐热性也随着苯并噁嗪含量的增高而提高。在随后的研究中，Takeichi 和 Guo[47]采用同样的方法制备了单官能团的苯并噁嗪和聚氨酯共混物。研究发现，当采用单官能团的苯并噁嗪时，可以制备苯并噁嗪含量为 50%的弹性薄膜，然而其性能比双酚 A 型苯并噁嗪和聚氨酯共混物的性能要差 15%。从以上的关于聚氨酯/苯并噁嗪的共混中可以看到，目前报道的这样的体系中多是以聚氨酯为主体，其 T_g 和模量相比纯的苯并噁嗪聚合物具有较大差距，可以说是以牺牲 T_g 和模量换取了材料韧性的提高。

3.3 热塑性树脂增韧

热塑性树脂是一类具有优异力学性能、耐热性能的树脂体系。利用热塑性树脂增韧热固性树脂可以实现在增韧的同时，其他力学性能不损失、耐热性能损失少或不损失。使用较多的高性能热塑性树脂包括：聚醚酮（polyether ketone，PEK）、聚醚醚酮（polyether ether ketone，PEEK）、聚砜（poly sulfone，PSF）以及聚醚砜（polyether sulfone，PES）等。增韧热固性树脂主要涉及反应诱导相分离机理（前面章节已经述及），可以使共混体系产生相分离结构（热塑性树脂增韧体系，在固化反应过程中可以形成海岛结构、双连续结构、相反转结构）。反应诱导相分离过程中的热力学和动力学过程、热塑性树脂本身的结构和韧性等都会对最终的增韧效果产生影响，因此，如何有效地通过控制固化反应，实现对相分离过程的有效控制一直是亟待解决的问题之一。

3.3.1 热塑性树脂增韧改性环氧树脂

聚砜是一种耐高温、高强度的热塑性塑料，凭借其优良的电气性能、耐热性能、机械性能等，在增韧热固性树脂的研究和应用中经常被使用。聚砜是最早应用于环氧树脂增韧改性中的一类热塑性树脂[48]。它具有与环氧树脂相容性好、固化物韧性提高幅度高等优点。亢雅君等[49]采用聚砜增韧环氧树脂，在改性体系中形成了相反转结构，固化物的韧性有明显的提升。

很多学者研究了其他种类的热塑性树脂增韧环氧树脂的情况。如，税荣森等[50]研究了热塑性树脂聚醚砜对环氧树脂在液氮温度下的断裂韧性、冲击韧性及其他力学性能的影响。研究结果表明，当聚醚砜含量大于 23%（质量分数）时，共混体系形成双连续相结构，能够有效阻止裂纹的扩展。在室温下，固化物冲击强度提高不多，但是在液氮温度下冲击强度提高了 59%。聚碳酸酯的结构与环氧树脂的分子结构很相近，因此可以与环氧树脂很好地共溶。郝冬梅等[51]使用聚碳酸酯改性环氧树脂，研究结果发现，使用胺化碳酸酯能够进一步提升共混体系的相容性，形成较均一的网络结构。固化物断裂韧性和冲击韧性比纯环氧树脂体系分别提高了 50%和 44%。甘文君及 Bucknall 等[52]用聚醚酰亚胺改性了环氧树脂体系。研究结果发现，共混体系增韧效果显著，其断裂韧性随聚醚酰亚胺含量的增加呈直线上升。

此外，环氧基体自身的延展性对其增韧效果有明显的影响。Murakami 等[53]的研究表明，热塑性树脂对于高交联密度的环氧树脂体系有着更好的增韧作用。热塑性树脂的骨架结构、分子量以及活性端基及其与环氧基体之间的相互作用、界面结合等对增韧的效果也有影响。如，孙以实[54]研究了羟基封端的聚砜与环氧树脂之间的增韧效果，并比较了 Cl 封端的聚砜增韧的效果。研究结果发现羟基封端的聚砜增韧效果更优。

3.3.2 热塑性树脂增韧改性双马来酰亚胺树脂

Wilkinson 等[55]分别采用了聚醚砜、聚酰亚胺等热塑性工程塑料增韧改性双马来酰亚胺树脂。研究结果发现，在相同分子量及主链结构的条件下，含有可以与双马来酰亚胺反应的官能团的聚砜比不含同种官能团的聚砜增韧效果好。这主要是因为反应性官能团通过化学交联增大了两界面的黏结力。Liu 等[56]也研究了—OH 封端的聚芳醚砜与双马来酰亚胺共混后的相结构及增韧改性效果。研究结果显示，聚芳醚砜可以在不损失共混体系优异的耐热性和力学性能的同时增大双马来酰亚胺的韧性。Liu 等[57,58]还研究了聚芳醚改性 BMI 树脂体系的相分离影响因素，发现随着共混体系中聚芳醚含量的增加，固化物中的相结构发生了从分散相到双连续相的转变，且随着聚芳醚分子量的增大，出现相转变所需用量将减少。Iijima[59~62]将合成的新型的聚醚酮酮、聚酯、*N*-苯基马来酰亚胺与苯乙烯共聚物等用来增韧双马来酰亚胺树脂。研究结果显示，改性剂的分子量、用量、主链结构等对增韧效果有明显影响。上述分子结构的改性剂使马来酰亚胺树脂的韧性可提高 1～2 倍。复旦大学李善君课题组[63]报道了用聚醚酰亚胺和聚酯酰亚胺来增韧双马来酰亚胺树脂的研究工作，结果表明改性体系的相结构形态与聚酰亚胺的用量密切相关，随着聚酰亚胺用量增加，改性体系的相结构从分散相演变为双连续相和反转相。当聚酰亚胺的含量为 15%（质量分数）时，改性体系呈现相反转结构，断裂能增加约两倍。上官久桓等[64]利用具有优异耐热性能和良好溶解性的含杂萘联苯结构聚芳醚腈酮改性 BMI/DABPA 树脂体系，研究了改性树脂固化行为，实现了固化物性能的明显提升。

在热塑性树脂增韧改性双马来酰亚胺树脂的过程中，两组分之间界面的相容性是非常重要的一个因素。为改善两者之间的相容性，很多研究者将—OH、烯丙基、—NH_2 等基团引入到热塑性树脂中，然后增韧改性双马来酰亚胺树脂。如，Mather 等[65]合成并研究了新型烯丙基官能化的超支化聚酰胺（AT-PAEKI）改性 BMI/DABPA 树脂体系，结果表明超支化聚合物改性双马来酰亚胺树脂体系时表现出优异的相容性及低黏度特性，固化物的耐热性、韧性及机械强度都有不同程度的提升。

上文提到的超支化聚酰胺是超支化聚合物的一类。超支化聚合物是一种具有高度支化三维网络结构的高聚物，其分子结构规整度低、分子链柔顺性好、分子间作用力小且含大量支链与活性官能团，具有黏度低、溶解度好、反应活性高、无明显链缠结等优点。近年来，由于其自身性能优异、合成相对简单，在热固性树脂的增韧方面逐渐引起人们的关注。如 Baek、Qin 等[65,66]就利用超支化聚合物改性了双马来酰亚胺树脂。研究结果显示，超支化聚合物在保持树脂体系模量和 T_g 的同时，有效改善了固化物的韧性和成型工艺性，并且活性端基可参与固化反应，调节各组分之间的性能，从而使材料具有最佳的综合性能。

3.3.3 热塑性树脂增韧改性酚醛树脂

在改性酚醛的研究和应用中，董瑞玲[67]使用聚砜改性酚醛树脂后制备玻纤增强模塑料具有优良的力学性能和突出的冲击强度，且其电学性能也优于未改性酚醛树脂体系。美国联碳公司用双酚 A 型聚砜共混改性酚醛树脂，制品具有优异的耐磨性能，在 200～30℃下的摩擦系数始终稳定在 0.49~0.53，平均磨耗量比未改性的酚醛树脂降低了 24%。

热塑性树脂增韧苯并噁嗪（BOZ）的研究也有很多，包括 BOZ/聚己内酯

（PCL）[68,69]、BOZ/聚碳酸酯（PC）[70]、BOZ/聚氧化乙烯（PEO）[71]、BOZ/聚酰亚胺（PI）或聚酰亚胺硅氧烷（PISi）[72,73]、BOZ/聚醚酰亚胺（PEI）[74]。Huang和Yang[68]研究了双酚A甲基二胺型苯并噁嗪（BA-m）和PCL之间的热行为及动态力学性能。研究发现，共混体系在PCL含量（质量分数）为10%～40%的情况下，共混体系的T_g出现了协同效应，观察到两个T_g，相区尺寸在2～4nm。此外，Ishida和Lee[75]制备了弯曲性能得到提升的苯并噁嗪和PCL共混体系。Zheng[69]等人考察了双酚A型苯并噁嗪和PCL不同组成比例的相行为，发现在反应的过程中会产生反应诱导相分离现象。研究结果显示，当共混体系中PCL的含量为10%（质量分数）时，球状的PCL分散在BOZ的基体中［图3.6（a)］；当PCL的含量超过10%时，依次出现双连续结构［图3.6（b)、(c)］和相反转结构［图3.6（d)］。此外，Chang[76]等人制备了PCL封端的苯并噁嗪，然后将其与其他种类的苯并噁嗪共混，制备了具有相分离结构的固化物，其中相结构与PCL的含量有关。

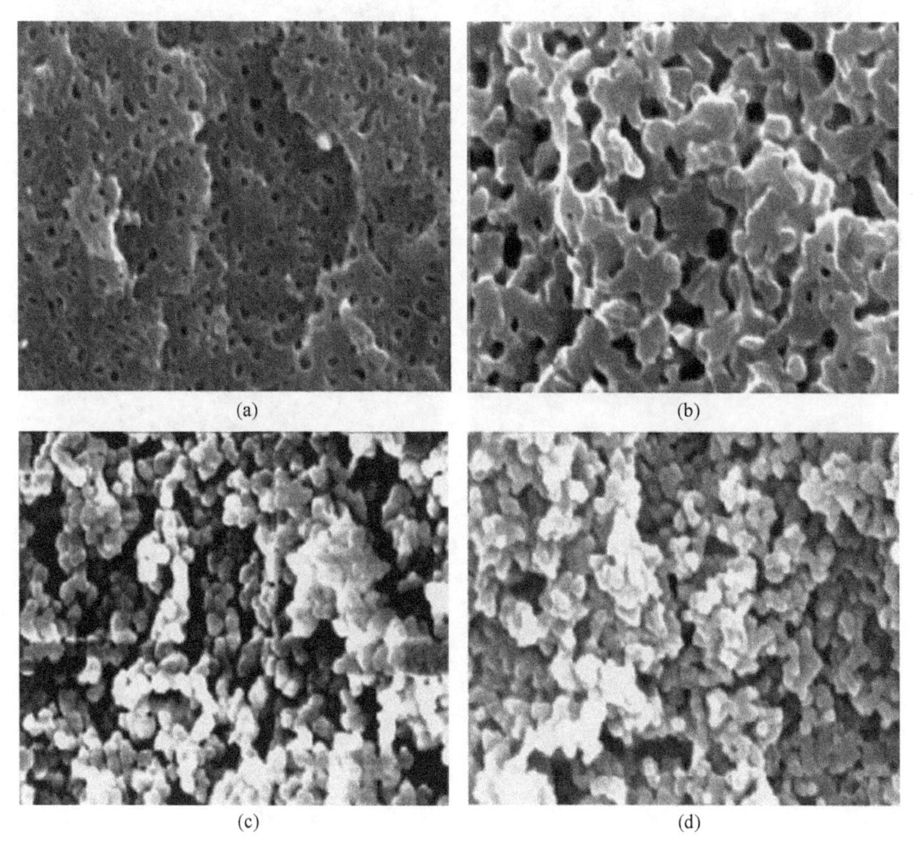

图3.6　聚苯并噁嗪/PCL不同比例共混体系断面的SEM图像

PCL的质量分数：（a）10%；（b）20%；（c）30%；（d）40%

Ishida 和 Lee[70]从改善 BOZ 韧性的角度在 BOZ 体系中引入 PC，希望将 PC 高的韧性应用于 BOZ 的改性当中。研究结果发现，PC 与 BOZ 之间存在的氢键以及酯交换反应等是两组分相容性良好的主要原因，同时 PC 的加入减缓了 BOZ 初期的反应并降低了 BOZ 的交联密度。

Zheng 等[71]将 PEO 与 BOZ 共混，研究了共混体系中氢键的相互作用对相结构的影响。研究结果表明，共混体系初始状态是均相体系，随着固化反应的进行，BOZ 分子量的增长，共混体系达到热力学上的不相容最终发生分相，其相结构如图 3.7 所示。可以看到随着共混体系中 PEO 的增多，相结构出现明显的变化。当

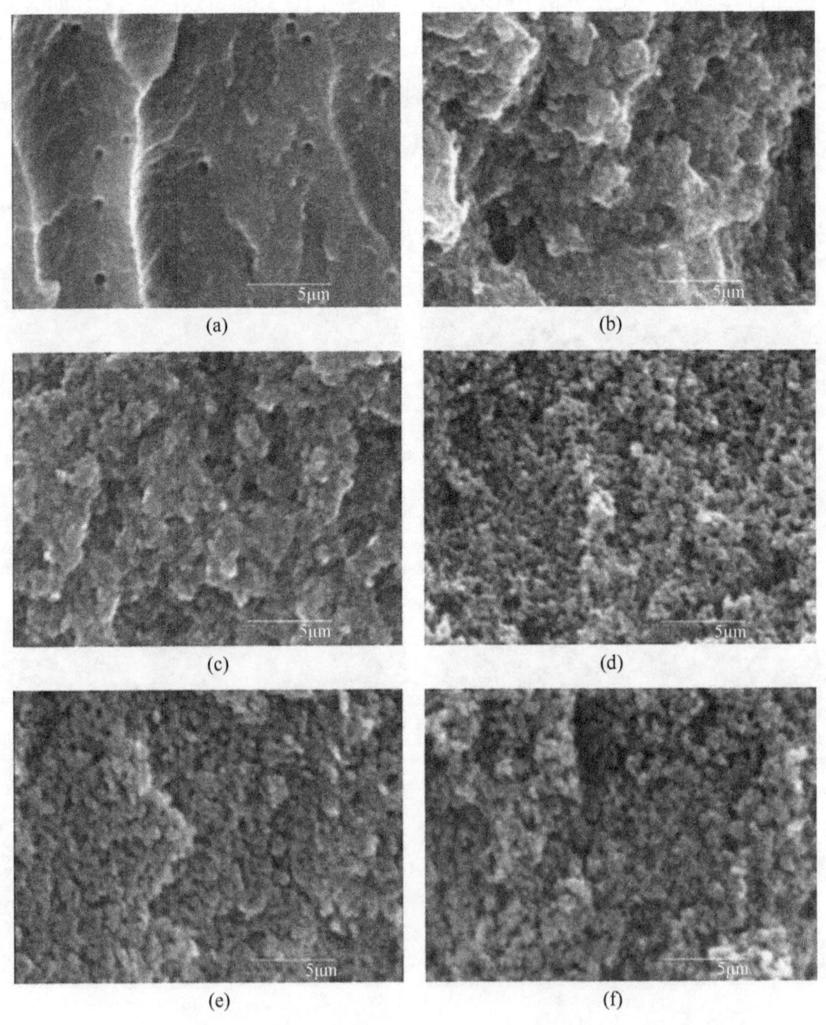

(a) (b) (c) (d) (e) (f)

图 3.7 聚苯并噁嗪/PEO 不同比例共混体系断面的 SEM 图像

PEO 的质量分数：（a）10%；（b）20%；（c）30%；（d）40%；（e）50%；（f）60%

PEO 含量为 10%（质量分数）时［图 3.7（a)]，体系呈现海岛状结构；当 PEO 含量达到 20%（质量分数）时［图 3.7（b)]，体系中的结构出现不规整状态，同时相互连接，出现海岛结构向相反转结构的过渡相形态；当 PEO 含量超过 30%（质量分数）时［图 3.7（c）～（f)]，共混体系出现相反转的结构。共混体系在高温固化过程中，氢键破坏，对相分离过程没有明显的影响。

Takeichi 等[72]将 PI 前驱体聚酰胺酸（PAA）与 BOZ 单体进行共混，然后涂膜热处理，成功制备了韧性得到改善、T_g 和热分解温度得到提高的共混体系。其中，PAA 与 BOZ 共混后使 BOZ 的固化温度降低了 80℃，两种组分最后形成了由线型聚酰亚胺和交联聚苯并噁嗪组成的半互穿网络结构（semi-interpenetrating polymer network）或由聚酰亚胺悬挂的酚羟基和 BOZ 共聚的结构，如图 3.8 所示。研究结果表明，这两种结构都可以在改善苯并噁嗪韧性的同时，提高固化物的 T_g，具有半互穿网络结构的体系提高韧性的效果更加明显，而共聚结构提高 T_g 的效果更加明显。

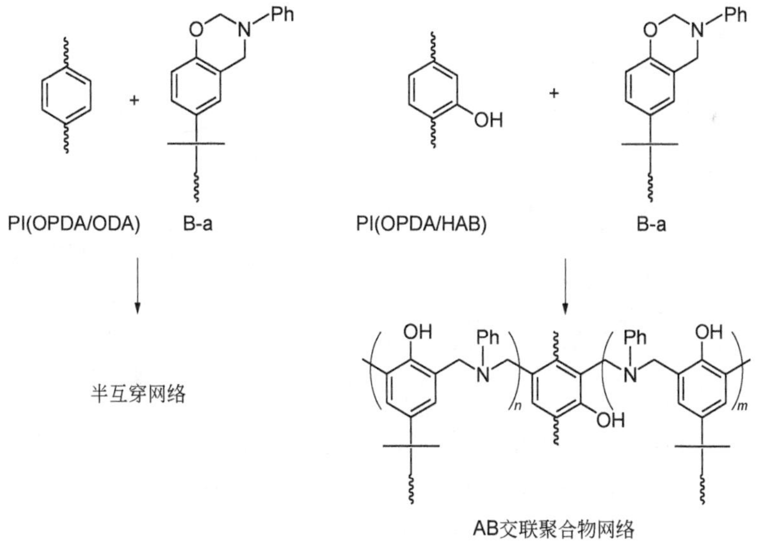

图 3.8　PBOZ/PI 膜的交联网络

Takeichi 等[73]还比较了 BOZ/PI 不同制备方法对最终性能的影响，分别采用了将 PI 和 BOZ 直接共混、将 PI 前驱体 PAA 与 BOZ 共混两种方法。研究结果显示，两种方法最终都形成了半互穿网络结构，且在提高 BOZ 韧性、BOZ 耐热性能等方面都具有显著的效果。其中将 PI 和 BOZ 直接共混韧性提高较多，两者之间缺少共聚反应，而将 PI 前驱体 PAA 与 BOZ 共混因为两者之间有较多的共聚反应，所以韧性提高幅度有限。

前面的研究发现聚酰亚胺可以有效地提高聚苯并噁嗪的韧性，为了进一步提高苯并噁嗪的韧性，Takeichi 等[77]采用不含羟基的 PISi 和含有羟基的 PISi 分别与苯并噁嗪共混，制备了韧性明显改善的共混物。研究结果显示，苯并噁嗪与不含羟基的 PISi 共混产生相分离结构［图 3.9（a）中共混体系固化后的 tanδ 有两个峰，说明具有分相结构］，而与含有羟基的 PISi 共混产生均相结构［图 3.9（b）中共混体系固化后的 tanδ 呈现单峰，说明共混体系固化后为均相结构］；两种组分都可以在提高韧性的同时提高共混体系的机械性能，其中形成相分离结构的体系具有更好的韧性。

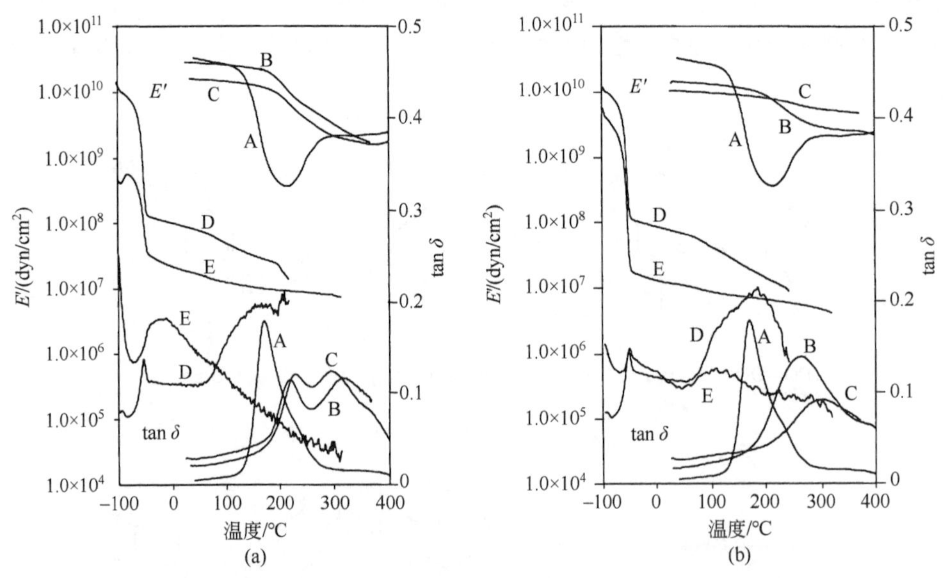

图 3.9 BOZ/PISi（a）和 BOZ/PISi(OH)（b）的 DMA 曲线

BOZ 的含量：A—PBA-a；B—90%；C—80%；D—50%；E—0

（注：1dyn/cm^2=0.1Pa）

赵培等[74]通过调整 PEI 和 MDA 型苯并噁嗪的比例，制备了具有海岛结构、双连续结构和相反转结构的固化物，研究了共混体系相分离的过程，如图 3.10 所示。当 PEI 含量在 5%时，共混体系在 140℃固化 2h 后出现海岛状结构相分离，并随着固化反应温度的升高和固化时间的延长，相结构更加明显。研究结果显示，形成海岛结构和相反转结构的体系 T_g 有明显升高。

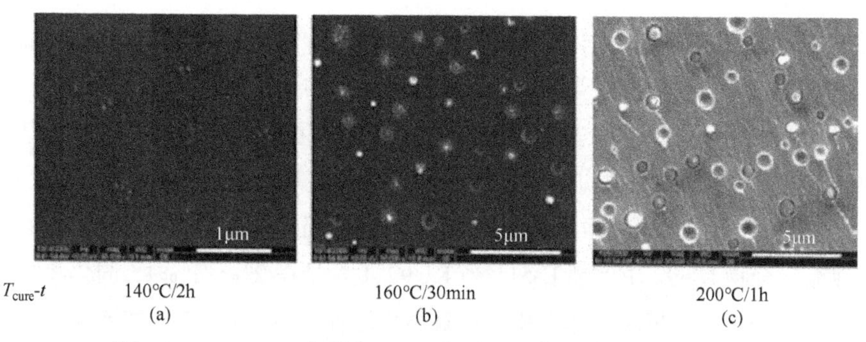

图 3.10 BP5（PI 含量为 5%）在不同温度和时间时的相结构

3.4 热致液晶聚合物增韧

从 20 世纪 90 年代起，随着人们对液晶研究的深入，使用高分子液晶增韧热固性树脂逐渐被人们认识。高分子液晶按照形成的条件可以分为溶致型液晶高分子（LLCP）和热致型液晶高分子（TLCP）。其中，溶致型液晶高分子不能熔融加工，通常只能溶解在强极性溶剂中，所以一般不用来增韧热固性树脂。热致型液晶是在一定温度区间，即在 T_c（由晶态转入液晶态的温度）和 T_i（由液晶态转入无序液体的温度）之间的温度范围内形成液晶态。热致型液晶高分子在成型过程中，刚性介晶单元发生有序排列，原位生成微纤状、棒状或椭球状的各向异性介晶域。在介晶域周围，是各向同性的非晶域，就整个材料而言仍是无序状态。热致液晶型高分子作为第二相，自身具有一定的韧性和较高的断裂伸长率，只要共混体系第二组分含量合适，就可以起到增韧的作用。相比其他种类的增韧聚合物，其具有更高的物理力学性能和耐热性，用量很少的情况下即可获得较高的增韧效果，同时由于其自身结构还能产生很强的自增强作用[78,79]。

3.4.1 热致液晶聚合物增韧环氧

TLCP 改性环氧树脂主要分为两类：一是热致液晶类化合物与环氧树脂共混实现增韧；二是合成液晶类环氧树脂进行增韧。其中共混法包括液晶共聚物（如主链液晶、支链型液晶和联苯型液晶）和液晶固化剂（偶氮类）等与环氧树脂共混，将液晶结构中的有序单元嵌入到环氧树脂的固化交联网络中，起到增韧作用。合成液晶环氧树脂是把酯类、甲基苯乙烯类、联苯类等化合物与环氧树脂反应合成具有目标液晶结构的单体[80]（此方法本质上属于化学改性范畴，因液晶化合物结构特殊，固列在此部分一并介绍）。

黄增芳等[81]采用对羟基苯甲酸甲酯、对苯二甲酰氯、一缩二乙二醇作为原料，经溶液缩聚反应合成了聚酯型液晶高分子（PHDT）。然后采用 PHDT 与环氧树脂共混的方法改性环氧树脂固化物的韧性。研究结果显示，当添加 5% PHDT 后，共混体系固化物的冲击强度提高 80.1%，同时固化物的玻璃化转变温度提高了 15%。韦春等[82]利用苯甲酸和对羟基苯甲酸合成了一种液晶固化剂（LCC），并将其与环氧树脂共混，对固化物性能进行了研究。研究结果表明，添加不足 3%（质量分数）的 LCC 时，固化物的冲击强度提高了 200%，拉伸强度提高了 1.5 倍。梁伟荣等[83]采用液晶聚合物 KU9221 增韧 E-51。当 KU9221 含量在 2%～4%时，固化物冲击强度提高了 2 倍，并且相应的弹性模量和耐热性均有提高。TLCP 能够实现对环氧树脂的增韧，其主要作用机理普遍认为是桥联-裂纹钉锚作用。

刘孝波等[84]以苯酚和环氧氯丙烷为主要原料制得液晶单官能团环氧树脂，在 120℃下与 E-44 环氧树脂反应，制得了侧链液晶型环氧树脂，并对它们的性能进行了研究。研究结果显示，两种液晶型环氧都具有显著的液晶特性，且侧链液晶型环氧具有较高的强度和韧性。孙立新等[85]用 4,4′-二缩水环氧甘油醚-α-甲基对苯乙烯和对氨基苯磺酰胺制备了液晶环氧树脂，并对其力学性能进行了表征。研究结果显示，固化物的冲击韧性（G_{IC}）相比普通环氧树脂从 180J/m^2 提高到了 580 J/m^2，韧性有明显的提高。

3.4.2 热致液晶聚合物增韧双马来酰亚胺

采用热致液晶聚合物对双马来酰亚胺进行增韧，有望制备一类力学性能和热性能俱佳的新型材料。改性方法与环氧相同，也分为热致液晶类化合物与双马来酰亚胺树脂共混实现增韧和合成液晶类双马来酰亚胺树脂进行增韧。

刘孝波等[86]将合成的联苯型液晶环氧与双马来酰亚胺进行共聚，明显改善了双马来酰亚胺的脆性。经对固化行为的研究，得到了共聚物固化反应的表观活化能和凝胶化的数学模型。陈立新等[87]采用液晶环氧化合物与双马来酰亚胺共聚制备材料，发现利用液晶环氧化合物改性的效果明显好于利用普通环氧改性。最终材料的冲击断面 SEM 图片中观察到了明显的微纤结构，证明液晶结构对于提高基体树脂韧性具有一定的作用。

新型液晶双马来酰亚胺单体中液晶相温度高（一般在 215℃以上），在实际应用中很难体现液晶性。如果通过在双马来酰亚胺分子链中引入侧基增加分子宽度、在主链中引入脂肪链成分降低分子熔点，就会使双马来酰亚胺最突出的热性能受到大幅度损伤。这一矛盾的存在是限制液晶型双马来酰亚胺单体开发的主要因素。

总结热致型液晶增韧热固性树脂的研究现状可以发现，该方法具有可以大幅提高固化物韧性而不降低固化物耐热性的优点，可以作为高性能热固性基体树脂改性的一个重要方法，特别适合于多官能团的环氧树脂改性。但是其问题也很明显，即热致型液晶聚合物的原料来源和合成条件困难，成本高，与通用型基体聚合物固化温度匹配困难，在基体中均匀分布困难，因此，合成结构合适的热致型液晶聚合物及其固化剂，改善其与热固性树脂的相容性等将是今后研究的主要方向。

3.5 刚性粒子增韧

刚性粒子对热固性树脂增韧效果不是特别显著，但是其可以在增韧热固性树脂的同时起到增强作用，因此受到很多学者的关注。刚性粒子模量和强度高，本身难以空洞化成核，在外载荷作用下粒子和基体变形不协调而导致粒子界面脱粘，产生微空洞而消耗大量的能量，达到材料的增韧增强。

目前刚性粒子增韧的方法主要有插层复合法、共混法和溶胶-凝胶法[88]。插层复合法是将单体或对应的聚合物首先插入具有层状结构的无机物中，使单体在其中聚合成高分子（插层复合）或将聚合物溶液嵌入到层间（溶液插层），或将聚合物熔体直接插入到层状结构中（熔体插层）。这样可以有效地破坏层状结构，使之成为纳米尺度分散于聚合物体系，得到纳米复合材料。共混法是将单体溶解在适当的溶剂中，然后将无机粒子直接加入或经过表面改性后加入，搅拌均匀后，除去溶剂即可得到预聚物。当添加到树脂体系中的粒子尺度达到纳米级别时，由于纳米粒子间的范德华力作用，极易凝结团聚，在材料中形成应力集中点，影响材料的各项性能。上述两种方法不能有效地将纳米粒子完全分散开，此时，溶胶-凝胶法就成为一种有效的方法。溶胶-凝胶法是将金属烷基氧化物的水解与高聚物的聚合反应相结合，通过控制水解-缩合反应来控制溶胶-凝胶化过程，以得到纳米无机相。溶胶-凝胶法通常有两种方式：一是将在溶胶-凝胶过程中制得的多孔无机材料分散到树脂中，然后缩合制得有机/无机复合材料；二是在溶胶-凝胶过程中直接引入聚合物，使无机相和有机相之间形成化学键接。

3.5.1 刚性粒子增韧环氧树脂

Curliss[89]报道了蒙脱土经烷基铵盐离子改性后，与环氧树脂、无机玻璃纤维在以氯仿为溶剂的条件下搅拌均匀并制备复合材料，弹性模量及拉伸强度约为不加填料的两倍。Pinnavaia 等[90~92]研究了一系列有机土与环氧树脂共混后的插层情况。研究发现，黏土被插层距离与黏土上有机阳离子的链长有关，随着有机铵离子上烷基链长的增大，有机土经环氧插层后的层间距也增大。这主要是因为有机阳离子取向与黏土片层垂直，环氧树脂与有机铵亲和性好，因此，经环氧树脂插层后的层间距应等于有机铵离子的长度。此外，研究还发现黏土与环氧的复合体系会使得共混体系室温下的弹性态模量大幅度提高。

李小兵等[93]将偶联剂改性后的纳米二氧化硅及溶剂加入到环氧树脂中，大大提高了材料的力学性能，二氧化硅质量分数从0%增大到3%时，复合材料的冲击强度、拉伸强度及断裂伸长率分别从8.52kJ/m^2、38.95MPa和21.7%增大到19.04kJ/m^2、50.78MPa和25.6%。赵世琦等[94]采用经偶联剂处理后的不同粒径的滑石粉、二氧化硅分别与环氧树脂共混来实现增韧。当滑石粉含量为50%（质量分数）时，改性体系的断裂韧性达到1.975MPa•$m^{1/2}$，比未改性体系提高2倍以上；当二氧化硅含量为环氧树脂含量3倍时，改性体系的断裂韧性为1.851MPa•$m^{1/2}$。两种无机粒子均可明显改善环氧树脂的韧性。

Jiwon Choi等[95]研究了立方硅烷酮环氧丙烷化合物（OG）改性环氧树脂，并对共混体系的弹性模量、断裂韧性、热性能进行了详细的研究。研究结果显示，杂化材料的断裂韧性及玻璃化转变温度都会有很大的提高。Ying等[96]将正硅酸乙酯（TEOS）与不同分子量的线型环氧树脂进行共混，通过盐酸催化水解和缩聚，直接在室温下制备得到透明性好的复合材料。通过高温脱水在复合材料内部形成了大量的C—O—Si键，最终形成了稳定的缔合材料，共混体系拉伸强度提高275%～312.5%。

3.5.2 刚性粒子增韧双马来酰亚胺树脂

刚性粒子增韧双马来酰亚胺树脂的研究内容集中在石墨烯、SiO_2、碳纳米管等对双马来酰亚胺的增韧改性。Liu等[97]将石墨烯片层的表面经过氨基化处理后，与双马来酰亚胺共混，制备了石墨烯/双马来酰亚胺纳米材料。固化物在保持了原有的耐热性能的同时，冲击韧性得到了明显的提升。Yao等[98]采用中空的SiO_2改性双马来酰亚胺/烯丙基双酚A共混体系，研究了SiO_2含量对共混体系力学性能、耐热性能、介电性能及阻燃性能的影响。当SiO_2含量达到0.5%时，复合材料在保持了良好耐热性能、电绝缘性能、阻燃性能的同时，冲击强度提高了2.2倍。Zhao等[99]利用表面功能化硅镁土（N-ATT）改性双马来酰亚胺/烯丙基双酚A共混体系。作者研究了N-ATT对共混体系固化行为、耐热性能及力学性能的影响。发现无机物与有机物之间形成了多效界面作用，改变了固化物最终交联结构和聚集态结构。当N-ATT含量达到0.5%时，共混体系在耐热性能得到提升的同时，冲击强度也提高了1.6倍。

3.5.3 刚性粒子增韧酚醛树脂

使用刚性粒子同样也可以实现对酚醛树脂的增韧。使用原位聚合法制备蒙脱土/酚醛树脂复合材料时，当蒙脱土的含量为 0.5%（质量分数）时，固化物的断裂韧性提高 66%[100]。Choi 等[101]采用熔融插层法制备了一系列有机改性蒙脱土/酚醛树脂纳米复合材料。研究结果发现，蒙脱土插层间的距离从共混体系固化前的 1.83～1.86nm 扩大到固化后的 3.39～3.80nm。固化物的耐热性及力学性能都有不同程度的提高，其中，当蒙脱土含量为 3%时，最高拉伸强度和韧性分别比纯酚醛树脂提高了 32%和 73%。吴江涛等[102]将硅烷偶联剂 KH550 处理过的 Al_2O_3 添加到酚醛树脂中，制备了有机-无机杂化酚醛树脂。改性后的酚醛树脂固化更加容易，对应的固化反应峰值温度降低了 8℃。当 Al_2O_3 质量分数为 50%时，共混体系固化物的性能达到最优，其拉伸强度为 664MPa，弯曲强度为 973MPa，冲击强度为 252MPa。

采用无机粒子对苯并噁嗪树脂进行增韧也是苯并噁嗪改性研究中的一个重要方向。Li 等[103]将分散有纳米二氧化硅的环氧树脂（商品名为 NANAOPOX），加入到苯并噁嗪树脂基体中，改性后树脂的韧性和模量都有明显提高。Yan 等[104]将硅烷偶联剂改性后的纳米 SiO_2 与苯并噁嗪共混制备了纳米复合材料。共混体系固化物的缺口冲击强度和弯曲强度随着纳米 SiO_2 含量的增大先增大后减小，当含量(质量分数)为 3%时，达到最大，分别为 2.68kJ/m^2 和 151.4MPa。进一步增加纳米 SiO_2 含量，则会使材料的力学性能有所下降。性能的进一步下降是由于纳米粒子的团聚造成的缺陷或应力集中效应引起的。

3.6 小结

综合传统的增韧热固性树脂的方法可以看出，通过化学合成改变热固性树脂的分子结构增韧和通过添加橡胶弹性体、热塑性树脂或刚性粒子增韧都可以实现热固性树脂的有效增韧。然而，这些方法各有优缺点。对化学合成而言，合成过程复杂，周期长，分子结构设计及控制存在一定难度。采用橡胶或热塑性树脂进行增韧，其关键是形成特征的第二相结构。这种方法相比合成简单易行，但是会大幅度地损伤固化物其他的性能，如耐热性、除冲击外的其他力学性能等。更进一步地采用工程塑料对热固性树脂进行增韧，部分地解决了耐热性、力学性能损伤的问题，但却由于工程塑料分子量大，聚合物的溶解性和流动性较差，其混熔体的黏度高，成型工艺差，对基体树脂及相应的复合材料成型设备提出了更高的要求。刚性粒子增韧，相比前面述及的增韧方法具有操作简便，可以同时增韧、增强等优点，但是刚性粒子的均匀分散，尤其是刚性纳米粒子的有效分散一直是研究的难点与重点问题。此外，刚性粒子的使用也会使材料的黏度有所提升，恶化基体树脂的加工性能。因此，寻找新的增韧热固性树脂的方法，实现在增韧的同时，保持热固性树脂优异的加工性能，固化物优异的耐热性能和力学性能，建立与新的增韧热固性树脂的方法相匹配的增韧模型及机理将是研究的一个重要内容和方向。

参考文献

[1] 常鹏善, 左瑞霖, 王汝敏, 等. 环氧树脂增韧改性新技术. 中国胶粘剂, 2002, (11): 37-40.

[2] 周佳麟, 范和平. 环氧树脂柔性固化剂研究综述. 化学推进剂与高分子材料, 2006, (4): 13-16.

[3] 张保龙, 唐广粮, 由英才. 功能基化介晶高聚物增韧环氧树脂性能研究——材料断裂面形态结构与力学性能的关系. 高分子学报, 1999, (1): 74-79.

[4] Phelan J C, Sung C S P. Cure characterization in bis (maleimide)/diallylbisphenol A resin by fluorescence, FT-IR, and UV-reflection spectroscopy. Macromolecules, 1997, (30): 6845-6851.

[5] Boey F Y, Song X, Yue C, et al. Modeling the curing kinetics for a modified bismaleimide resin. Journal of Polymer Science Part A: Polymer Chemistry, 2000, (38): 907-913.

[6] Xiong Y, Boey F, Rath S. Kinetic study of the curing behavior of bismaleimide modified with diallylbisphenol A. Journal of Applied Polymer Science, 2003, (90): 2229-2240.

[7] Guo Z S, Du S Y, Zhang B, et al. Cure characterization of a new bismaleimide resin using differential scanning calorimetry. Journal of Macromolecular Science Part A: Pure and Applied Chemistry, 2006, (43): 1687-1693.

[8] 李玲, 梁国正, 蓝立文. 烯丙基酚氧树脂改性 BMI 固化特征及动力学研究. 中国胶粘剂, 2001, (10): 1-3.

[9] 梁国正, 李秀仪. 烯丙基酚环氧树脂改性 BMI 的研究. 高分子材料, 1996, (3): 40-41.

[10] 胡睿, 王汝敏, 王道翠, 等. 烯丙基酚氧树脂/双马来酰亚胺改性树脂的制备及表征. 粘接, 2013, (34): 30-33.

[11] Di Giulio C, Gautier M, Jasse B. Fourier transform infrared spectroscopic characterization of aromatic bismaleimide resin cure states. Journal of Applied Polymer Science, 1984, (29): 1771-1779.

[12] Yu F E, Hsu J M, Pan J P, et al. Kinetics of Michael addition polymerizations of *N*, *N*′-bismaleimide-4, 4′-diphenylmethane with barbituric acid. Polymer Engineering & Science, 2013, (53): 204-211.

[13] Yu F E, Hsu J M, Pan J P, et al. Effect of solvent proton affinity on the kinetics of michael addition polymerization of *N*, *N*′-bismaleimide-4, 4′-diphenylmethane with barbituric acid. Polymer Engineering & Science, 2014, (54): 559-568.

[14] Hopewell J, George G, Hill D. Analysis of the kinetics and mechanism of the cure of a bismaleimide–diamine thermoset. Polymer, 2000, (41): 8231-8239.

[15] Hopewell J, George G, Hill D. Quantitative analysis of bismaleimide-diamine thermosets using near infrared spectroscopy. Polymer, 2000, (41): 8221-8229.

[16] Xiong X, Chen P, Yu Q, et al. Synthesis and properties of chain-extended bismaleimide resins containing phthalide cardo structure. Polymer International, 2010, (59): 1665-1672.

[17] Zhang L, Chen P, Na L, et al. Synthesis of novel bismaleimide monomers based on fluorene cardo moiety and ester bond: Characterization and thermal properties. Journal of Macromolecular Science: Part A, 2016, (53): 88-95.

[18] Xia L, Zhai X, Xiong X, et al. Synthesis and properties of 1, 3, 4-oxadiazole-containing bismaleimides with asymmetric structure and the copolymerized systems thereof with 4, 4′-bismaleimidodiphenylmethane. RSC

Advances, 2014, (4): 4646-4655.
[19] 陆怡平，杜杨. 酚醛树脂增韧改性及其在摩擦材料中的应用. 非金属矿, 1998, (3): 54-56.
[20] Pietro C D D, Luigia L, Cristina S, Antonella T, Selena T. Study of a cardanol-based benzoxazine as reactive diluent and toughening agent of conventional benzoxazines. Handbooks of Benzoxazine, 2011, 365-375.
[21] Sawaryn C, Landfester K, Taden A. Advanced chemically induced phase separation in thermosets: Polybenzoxazines toughened with multifunctional thermoplastic main-chain benzoxazine prepolymers. Polymer, 2011, (52): 3277-3287.
[22] Low H Y, Ishida H. Structural effects of phenols on the thermal and thermo-oxidative degradation of polybenzoxazines. Polymer, 1999, (40): 4365-4376.
[23] Brunovska Z, Ishida H. Thermal study on the copolymers of phthalonitrile and phenylnitrile-functional benzoxazines. Journal of Applied Polymer Science, 1999, (73): 2937-2949.
[24] Brunovska Z, Lyon R, Ishida H. Thermal properties of phthalonitrile functional polybenzoxazines. Thermochimica Acta, 2000, (357): 195-203.
[25] Kim H, Brunovska Z, Ishida H. Synthesis and thermal characterization of polybenzoxazines based on acetylene-functional monomers. Polymer, 1999, (40): 6565-6573.
[26] Kim H J, Brunovska Z, Ishida H. Dynamic mechanical analysis on highly thermally stable polybenzoxazines with an acetylene functional group. Journal of Applied Polymer Science, 1999, (73): 857-862.
[27] Agag T, Takeichi T. Novel benzoxazine monomers containing p-phenyl propargyl ether: polymerization of monomers and properties of polybenzoxazines. Macromolecules, 2001, (34): 7257-7263.
[28] Agag T, Takeichi T. Synthesis and characterization of novel benzoxazine monomers containing allyl groups and their high performance thermosets. Macromolecules, 2003, (36): 6010-6017.
[29] Ishida H, Ohba S. Synthesis and characterization of maleimide and norbornene functionalized benzoxazines. Polymer, 2005, (46): 5588-5595.
[30] Andreu R, Espinosa M, Galia M, et al. Synthesis of novel benzoxazines containing glycidyl groups: a study of the crosslinking behavior. Journal of Polymer Science Part A: Polymer Chemistry, 2006, (44): 1529-1540.
[31] Sultan J N, Laible R C, Mcgarry F J. Microstructure of two-phase polymers. Appl Polym Symp, 1971, 16: 127-136.
[32] Sultan J N, Mcgarry F J. Effect of rubber particle size on deformation mechanisms in glassy epoxy. Polymer Engineering & Science, 1973, (13): 29-34.
[33] Maazouz A, Sautereau H, Gerard J. Toughening of epoxy networks using pre-formed core-shell particles or reactive rubbers. Polymer Bulletin, 1994, (33): 67-74.
[34] 武渊博，李刚，黄智彬，等. 端环氧基丁腈橡胶增韧环氧树脂的结构与性能. 玻璃钢/复合材料, 2010, (5): 44-46.
[35] 杨鹏. 环氧树脂/二氧化硅纳米复合材料的制备与性能研究. 上海：复旦大学, 2008.
[36] Varma I K, Sharma S. Glass fabric reinforced bismaleimide composites: effect of elastomer/reactive diluent on properties. Journal of Composite Materials, 1986, (20): 308-320.
[37] Shaw S, Kinloch A. Toughened bismaleimide adhesives. International Journal of Adhesion and Adhesives, 1985, (5): 123-127.
[38] 王延孝，郝珊英. 丁腈橡胶增韧酚醛树脂. 塑料工业, 1984, (1): 43-45.
[39] Kaynak C, Cagatay O. Rubber toughening of phenolic resin by using nitrile rubber and amino silane. Polymer Testing, 2006, (25): 296-305.
[40] Jang J, Seo D. Performance improvement of rubber-modified polybenzoxazine. Journal of Applied Polymer Science, 1998, (67): 1-10.

[41] Lee Y H, Allen D J, Ishida H. Effect of rubber reactivity on the morphology of polybenzoxazine blends investigated by atomic force microscopy and dynamic mechanical analysis. Journal of Applied Polymer Science, 2006, (100): 2443-2454.

[42] Hemvichian K, Kim H D, Ishida H. Identification of volatile products and determination of thermal degradation mechanisms of polybenzoxazine model oligomers by GC-MS. Polymer degradation and stability, 2005, (87): 213-224.

[43] Agag T, Takeichi T. Effect of hydroxyphenylmaleimide on the curing behaviour and thermomechanical properties of rubber-modified polybenzoxazine. High Performance Polymers, 2001, (13): S327-S342.

[44] 向海. RTM 成型用高性能苯并噁嗪树脂的分子设计、制备及性能研究. 成都: 四川大学, 2005.

[45] 赵海川, 徐日炜, 吴一弦, 等. 液态聚硫橡胶改性苯并噁嗪树脂的研究. 化学与粘合, 2008, (30): 1-4.

[46] Takeichi T, Guo Y, Agag T. Synthesis and characterization of poly (urethane-benzoxazine) films as novel type of polyurethane/phenolic resin composites. Journal of Polymer Science Part A: Polymer Chemistry, 2000, (38): 4165-4176.

[47] Takeichi T, Guo Y. Preparation and properties of poly (urethane-benzoxazine) s based on monofunctional benzoxazine monomer. Polymer Journal, 2001, (33): 437-443.

[48] Mimura K, Ito H, Fujioka H. Improvement of thermal and mechanical properties by control of morphologies in PES-modified epoxy resins. Polymer, 2000, (41): 4451-4459.

[49] 亢雅君, 殷立新. 环氧胶粘剂的韧性与增韧机理. 中国胶粘剂, 1997, (6): 1-5.

[50] 税荣森, 初增泽, 黄鹏程. 聚醚砜对环氧树脂在低温下韧性和力学性能的影响. 宇航材料工艺, 2006, (36): 33-35.

[51] 郝冬梅, 王新灵, 唐小贞. 反应性聚碳酸酯增韧改性环氧树脂体系固化反应动力学的研究. 高分子材料科学与工程, 2002, (18): 47-50.

[52] Bucknall C B, Gilbert A H. Toughening tetrafunctional epoxy resins using polyetherimide. Polymer, 1989, (30): 213-217.

[53] Hojo M, Matsuda S, Tanaka M, Ochiai S, et al. Mode I delamination fatigue properties of interlayer-toughened CF/epoxy laminates. Composites Science and Technology, 2006, (66): 665-675.

[54] 傅增力, 孙以实. Epoxy resin toughened by thermoplastics. 高分子科学, 1989, (7): 367-378.

[55] Wilkinson S P, Ward T C, Mcgrath J. Effect of thermoplastic modifier variables on toughening a bismaleimide matrix resin for high-performance composite materials. Polymer, 1993, (34): 870-884.

[56] Liu X Y, Zhan G Z, Han Z W, et al. Phase morphology and mechanical properties of a poly (ether sulfone)-modified bismaleimide resin. Journal of Applied Polymer Science, 2007, (106): 77-83.

[57] Liu X, Zhan G, Yu Y, et al. Rheological study on structural transition in polyethersulfone-modified bismaleimide resin during isothermal curing. Journal of Polymer Science Part B: Polymer Physics, 2006, (44): 3102-3108.

[58] Liu X, Yu Y, Li S. Viscoelastic phase separation in polyethersulfone modified bismaleimide resin. European Polymer Journal, 2006, (42): 835-842.

[59] Iijima T, Hirano M, Fukuda W, et al. Modification of bismaleimide resin by *N*-phenylmaleimide-styrene copolymers. European Polymer Journal, 1993, (29): 1399-1406.

[60] Iijima T, Nishina T, Fukuda W, et al. Effect of matrix compositions on modification of bismaleimide resin by *N*-phenylmaleimide–styrene copolymers. Journal of Applied Polymer Science, 1996, (60): 37-45.

[61] Iijima T, Shiono H, Fukuda W, et al. Toughening of bismaleimide resin by modification with poly (ethylene phthalate) and poly (ethylene phthalate-*co*-ethylene isophthalate). Journal of Applied Polymer Science, 1997, (65): 1349-1357.

[62] Iijima T, Ohnishi K, Fukuda W, et al. Modification of bismaleimide resin with *N*-phenylmaleimide-styrene-*p*-hydroxystyrene and *N*-phenylmaleimide-styrene-*p*-allyloxystyrene terpolymers. Journal of Applied Polymer Science, 1997, (65): 1451-1461.

[63] 刘小云. 双马来酰亚胺改性体系相分离的几个物理和化学问题. 上海: 复旦大学, 2006.

[64] 上官久桓, 廖功雄, 刘程, 等. PPENK 增韧改性 BMI 树脂体系的制备与性能. 高分子材料科学与工程, 2012, (28): 89-92.

[65] Qin H, Mather P T, Baek J B, et al. Modification of bisphenol-A based bismaleimide resin (BPA-BMI) with an allyl-terminated hyperbranched polyimide (AT-PAEKI). Polymer, 2006, (47): 2813-2821.

[66] Baek J B, Qin H, Mather P T, et al. A new hyperbranched poly (arylene-ether-ketone-imide): synthesis, chain-end functionalization, and blending with a bis (maleimide). Macromolecules, 2002, (35): 4951-4959.

[67] 董瑞玲. 高绝缘高韧性耐热型酚醛塑料的研制. 西安: 西北工业大学出版社, 2001.

[68] Huang J M, Yang S J. Studying the miscibility and thermal behavior of polybenzoxazine/poly (*ε*-caprolactone) blends using DSC, DMA, and solid state ^{13}C NMR spectroscopy. Polymer, 2005, (46): 8068-8078.

[69] Zheng S, Lü H, Guo Q. Thermosetting blends of polybenzoxazine and poly (*ε*-caprolactone): Phase behavior and intermolecular specific interactions. Macromolecular Chemistry and Physics, 2004, (205): 1547-1558.

[70] Ishida H, Lee Y H. Infrared and thermal analyses of polybenzoxazine and polycarbonate blends. Journal of Applied Polymer Science, 2001, (81): 1021-1034.

[71] Lü H, Zheng S. Miscibility and phase behavior in thermosetting blends of polybenzoxazine and poly (ethylene oxide). Polymer, 2003, (44): 4689-4698.

[72] Takeichi T, Kawauchi T, Agag T. High performance polybenzoxazines as a novel type of phenolic resin. Polymer Journal, 2008, (40): 1121-1131.

[73] Takeichi T, Guo Y, Rimdusit S. Performance improvement of polybenzoxazine by alloying with polyimide: effect of preparation method on the properties. Polymer, 2005, (46): 4909-4916.

[74] Zhao P, Liang X, Chen J, et al. Poly (ether imide)-modified benzoxazine blends: Influences of phase separation and hydrogen bonding interactions on the curing reaction. Journal of Applied Polymer Science, 2013, (128): 2865-2874.

[75] Ishida H, Lee Y H. Synergism observed in polybenzoxazine and poly (*ε*-caprolactone) blends by dynamic mechanical and thermogravimetric analysis. Polymer, 2001, (42): 6971-6979.

[76] Su Y C, Chen W C, Ou K L, et al. Study of the morphologies and dielectric constants of nanoporous materials derived from benzoxazine-terminated poly (ε-caprolactone)/polybenzoxazine co-polymers. Polymer, 2005, (46): 3758-3766.

[77] Takeichi T, Agag T, Zeidam R. Preparation and properties of polybenzoxazine/poly (imide-siloxane) alloys: In situ ring-opening polymerization of benzoxazine in the presence of soluble poly (imide-siloxane) s. Journal of Polymer Science Part A: Polymer Chemistry, 2001, (39): 2633-2641.

[78] Higashi F, Kim J H, Ong C H. Synthesis and properties of liquid crystalline copolyarylates containing phenylhydroquinone. Journal of Polymer Science Part A: Polymer Chemistry, 1999, (37): 621-626.

[79] Gavrin A J, Curts C L, Douglas E P. High-temperature stability of a novel phenylethynyl liquid-crystalline thermoset. Journal of Polymer Science Part A: Polymer Chemistry, 1999, (37): 4184-4190.

[80] 赵莉. 热致液晶聚合物增韧环氧树脂的途径和机理. 绝缘材料, 2004, (37): 62-64.

[81] 黄增芳, 谭松庭, 王霞瑜. 热致性液晶聚酯的合成及与环氧树脂共混物的性能研究. 中国塑料, 2003, (17): 32-35.

[82] 韦春, 钟文斌. 热致性液晶固化剂增韧环氧树脂的研究. 中国塑料, 2001, (15): 42-45.

[83] 梁伟荣, 王惠民. 热致液晶聚合物增韧环氧树脂的研究. 玻璃钢/复合材料, 1997, (4): 3-4.

[84] 刘孝波, 朱蓉琪. 侧链液晶环氧树脂及其固化物的研究. 热固性树脂, 1997, (12): 13-17.
[85] 孙立新. 液晶环氧增韧复合材料树脂基体的研究. 西安: 西北工业大学, 2001.
[86] 刘孝波, 米军. 新型液晶环氧树脂及其共聚物. 工程塑料应用, 1994, (22): 3-7.
[87] 陈立新, 王汝敏, 齐暑华, 等. 液晶环氧/BMI 共聚物微观结构的研究. 航空材料学报, 2002, (22): 38-40, 45.
[88] 申成霖, 万怡灶, 王玉林. 环氧树脂基纳米复合材料最新进展. 天津化工, 2002, (1): 6-7.
[89] Curliss D. Characterization of a series of glassy epoxy-silicate nanocomposites. Polymer Preprints(USA), 2000, (41): 523.
[90] Lan T, Kaviratna P D, Pinnavaia T J. Mechanism of clay tactoid exfoliation in epoxy-clay nanocomposites. Chemistry of Materials, 1995, (7): 2144-2150.
[91] Wang M S, Pinnavaia T J. Clay-polymer nanocomposites formed from acidic derivatives of montmorillonite and an epoxy resin. Chemistry of Materials, 1994, (6): 468-474.
[92] Wang Z, Pinnavaia T J. Nanolayer reinforcement of elastomeric polyurethane. Chemistry of Materials, 1998, (10): 3769-3771.
[93] 刘竞超, 李小兵. 偶联剂在环氧树脂/纳米 SiO_2 复合材料中的应用. 中国塑料, 2000, (14): 45-48.
[94] 赵世琦, 云会明. 刚性粒子增韧环氧树脂的研究. 中国塑料, 1999, (13): 35-39.
[95] Choi J, Harcup J, Yee A F, et al. Organic/inorganic hybrid composites from cubic silsesquioxanes. Journal of the American Chemical Society, 2001, (123): 11420-11430.
[96] Hsu Y G, Chiang I L, Lo J F. Properties of hybrid materials derived from hydroxy-containing linear polyester and silica through sol-gel process. I. Effect of thermal treatment. Journal of Applied Polymer Science, 2000, (78): 1179-1190.
[97] Liu M, Duan Y, Wang Y, et al. Diazonium functionalization of graphene nanosheets and impact response of aniline modified graphene/bismaleimide nanocomposites. Materials & Design, 2014, (53): 466-474.
[98] Yao W, Gu A, Liang G, et al. Preparation and properties of hollow silica tubes/bismaleimide/diallylbisphenol A composites with improved toughness. dielectric properties, and flame retardancy. Polymers for Advanced Technologies, 2012, (23): 326-335.
[99] Zhao L, Liu P, Liang G, et al. The origin of the curing behavior, mechanical and thermal properties of surface functionalized attapulgite/bismaleimide/diallylbisphenol composites. Applied Surface Science, 2014, (288): 435-443.
[100] 黄发荣，万里强. 酚醛树脂及其应用. 北京: 化学工业出版社, 2011.
[101] Choi M H, Chung I J. Mechanical and thermal properties of phenolic resin-layered silicate nanocomposites synthesized by melt intercalation. Journal of Applied Polymer Science, 2003, (90): 2316-2321.
[102] 吴江涛, 齐暑华, 李春华, 等. Al_2O_3 改性环保型酚醛树脂的制备与研究. 中国胶粘剂, 2010, (19): 39-42.
[103] Li W H, Lehmann S L, Wong R S. Nanoparticle silica filled benzoxazine compositions. U.S. Patents: 7666938, 2010-2-23.
[104] Yan C, Fan X, Li J, et al. Study of surface-functionalized nano-SiO_2/polybenzoxazine composites. Journal of Applied Polymer Science, 2011, (120): 1525-1532.

Chapter 04

第4章 热固性树脂增韧新方法

传统的热固性树脂增韧方法存在诸如加工性能恶化、耐热性能及力学性能损失等各种问题，因此寻找新的改性方法实现热固性树脂的增韧及进一步完善和丰富增韧机理是十分必要的。

4.1 热固性树脂增韧热固性树脂

2012年，四川大学顾宜教授提出利用反应诱导相分离的基本原理，在热固/热固共混体系中引入相分离结构并进而实现增韧的思路[1]。具体思路是将低黏度高性能苯并噁嗪树脂与低黏度具有不同化学结构和反应性官能团的第二组分热固性树脂共混，利用共混树脂两组分在反应类型、反应活性及化学结构方面的差异，实现其中一种组分优先反应形成大分子量聚合物，进而在固化过程中实现反应诱导相分离，形成一定的相结构，达到对基体树脂固化物增韧的目标。该方法在克服了传统增韧热固性树脂所带来的加工性能恶化、耐热性能恶化、力学性能恶化等问题的同时，实现了热固性树脂的有效增韧。顾宜课题组将环氧树脂[2]、氰酸酯树脂[3]、双马来酰亚胺[4]等高性能树脂分别与不同种类苯并噁嗪树脂共混，研究了其固化反应机理、相结构、性能等方面的内容，对热固性树脂增韧热固性树脂过程中涉及的相关基础科学问题进行了详尽的讨论。笔者有幸师从顾宜教授在双马来酰亚胺/苯并噁嗪共混体系相分离方面做了相关的工作。现就其中的固化反应部分向读者作简要的介绍。

4.1.1 苯并噁嗪与双马来酰亚胺之间的固化反应[5]

热固性树脂/热固性树脂反应诱导相分离，关键是如何控制热力学和动力学因素，核心是对两组分固化反应的控制，因此对共混体系固化反应机理的探究是研究相分离过程、相分离机理、相分离结构的基础。苯并噁嗪与双马来酰亚胺之间的固化反应，前人做了很多研究。Liu 等[6]研究了苯酚苯胺型单环苯并噁嗪与单马来酰亚胺之间的相互催化作用，分别将单环苯并噁嗪(P-ABz)和单马来酰亚胺(MI-H)、对羟基马来酰亚胺(MI-OH)、对羧基马来酰亚胺(MI-COOH)共混。研究结果发现，MI-OH 和 MI-COOH 可以催化苯并噁嗪的固化反应，而 MI-H 因为没有酸性基团所以不能催化 P-ABz，因此作者认为双马来酰亚胺对苯并噁嗪不具有催化作用。此外，作者还发现，苯并噁嗪开环形成的 Mannich 桥结构中的 N 原子可以催化马来酰亚胺基团聚合。Agag 等[7]合成了以烯丙基胺源为基础的含有马来酰亚胺基团的苯并噁嗪，认为马来酰亚胺环与烯丙基双键的反应要先于噁嗪环发生反应，且伴随有少量的噁嗪环反应。Kumar 等[8,9]以双酚 A 型苯并噁嗪为模型化合物研究了烯丙基苯并噁嗪和双马来酰亚胺共混物之间的固化反应，认为苯并噁嗪开环形成的 Mannich 桥结构中的 N 原子催化了双马来酰亚胺基团聚合。

从苯并噁嗪/双马来酰亚胺的研究报道可以看到，这一体系现在存在如下一些问题：①所采用的双马来酰亚胺均为二苯甲烷二胺型双马来酰亚胺(BMI)，其化学结构如图 4.1 所示。其结构式中含有大量的苯环结构、加工窗口窄、黏度大，不能满足 RTM 成型工艺要求。②现有的苯并噁嗪/BMI 共混体系中固化反应机理存在分歧（主要对两组分是否存在催化作用，是否存在共聚反应存在分歧），主要原因可能与原料纯度等有一定的关系。③苯并噁嗪/BMI 这一体系中是否存在相分离结构存在分歧。其中 Kumar 等[9]发现在苯并噁嗪/BMI 体系中，如果两组分之间不存在共聚反应，就会产生有明显的分相结构，而其他的学者报道苯并噁嗪/BMI 体系中的 DMA 曲线中只有一个 T_g，呈现均相结构。

针对目前苯并噁嗪/BMI 的研究现状，以满足 RTM 成型工艺的要求（低黏度）为前提，选取三甲基六亚甲基双马来酰亚胺（TBMI，结构式如图 4.1 所示）、双酚 A 型苯并噁嗪（BA-a）和烯丙基型苯并噁嗪（Bz-allyl）为研究对象。其中，TBMI 具有较低的熔融温度和熔融黏度，加工窗口宽，是已经成功应用于 RTM 工艺的热固性树脂，且化学结构中是以脂肪族链接，与 BA-a 和 Bz-allyl 化学结构差异大。本章对 BA-a/TBMI 和 Bz-allyl/TBMI 两个共混体系的固化反应机理、催化效应、共聚反应及可能存在的相结构进行了介绍，并讨论了在苯并噁嗪/双马来酰亚胺共混体系中形成相分离结构的主要影响因素，为进一步调控相分离结构的形成和制备具有不同相分离结构的固化物打下了基础。

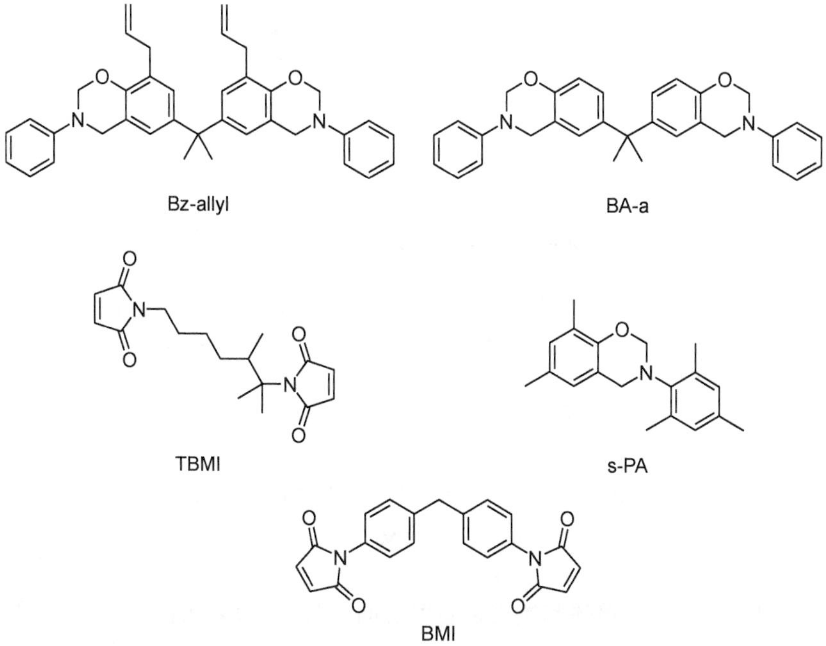

Bz-allyl

BA-a

TBMI

s-PA

BMI

图 4.1　Bz-allyl、BA-a、TBMI、s-PA 和 BMI 的结构式

将等摩尔比的 BA-a 和 TBMI、Bz-allyl 和 TBMI，在 110℃分别熔融混合，搅拌至透明，降至室温备用。分别标记为 BT*ab* 和 BzT*ab* 体系，其中 B 代表 BA-a，T 代表 TBMI，Bz 代表 Bz-allyl，*a* 代表苯并噁嗪的物质的量，*b* 代表 TBMI 的物质的量，例如，本章中两组分以等摩尔比共混，则缩写分别为 BT11 和 BzT11。为了进一步研究共混体系的固化反应，采用全占位型苯并噁嗪（s-PA）、三乙胺、*N,N*-二甲基苯胺、双酚 A 为模型化合物，制备 TBMI 分别与 s-PA、三乙胺、*N,N*-二甲基苯胺、双酚 A 等摩尔比共混体系。

采用 DSC 对共混体系 BT11 的固化行为进行了研究。从图 4.2 中可以看到，BA-a 在 111℃有明显的熔融吸热峰，起始固化反应温度为 241℃，放热峰值温度为 261℃，反应热焓为 149.3kJ/mol；TBMI 在 88℃有明显熔融吸热峰，起始固化反应温度为 182℃，放热峰值温度为 267℃，反应热焓为 139.2kJ/mol；BT11 的固化反应峰呈现单峰，起始反应温度为 194℃，放热峰值温度为 247℃，反应热焓为 121.1kJ/mol。

按照两种单体各自的固化热焓计算，BT11 体系的理论固化热焓为 144.2kJ/mol，比实测的 BT11 体系的热焓要大得多。说明该共混体系中除了两种单体各自的均聚外，还存在部分的其他反应使得共混体系中其中一种组分或两种组分的聚合放热热焓减小。此外，对比单体起始固化温度和固化反应峰值温度可以发现，共混体系的

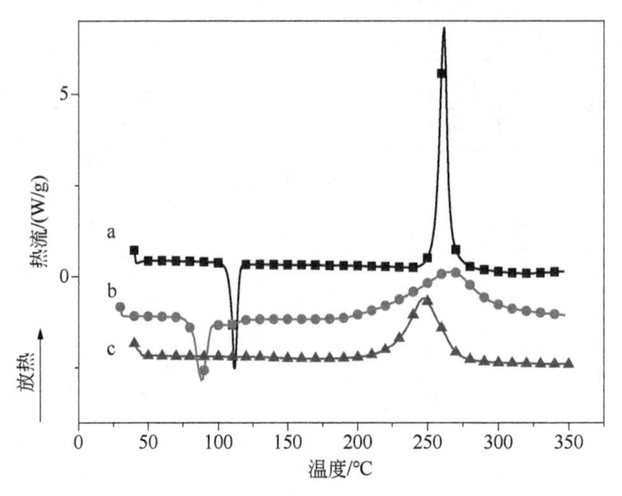

图 4.2　BA-a、TBMI 和 BT11 的 DSC 曲线

a—BA-a；b—TBMI；c—BT11

起始固化温度介于两种单体起始固化温度之间，且与 TBMI 的初始固化温度接近，这主要是因为共混体系中 BA-a 对 TBMI 具有明显的稀释作用，使得其初始固化温度相比 TBMI 的初始固化温度稍向高温方向移动。而共混体系中，两个单体的固化放热峰均完全消失，在较低的温度下出现了一个强的放热峰，说明在共混体系的聚合过程中两组分之间可能发生了明显的催化反应或共聚反应。

为了进一步证明共混体系中存在的催化作用或共聚反应，对共混体系和单体在 160℃时的凝胶化时间进行了表征，结果如表 4.1 所示。从表 4.1 可以看出，在 160℃时，TBMI 和 BA-a 的凝胶化时间都大于 9500s，而 BT11 的凝胶化时间只有 7681s。共混体系的凝胶化时间要远小于两种单体各自聚合的凝胶化时间，说明共混体系中两种单体之间确实存在催化作用或共聚反应。

表 4.1　不同体系 160℃时的凝胶化时间

体系	TBMI	BA-a	BT11
凝胶化时间/s	>9500	>9500	7681

TBMI 对 BA-a 的作用主要来自两方面。首先是共混体系中 TBMI 先发生固化，固化产生的热与外界升温提供的热共同作用于 BA-a，使得 BA-a 自聚的峰值温度向低温移动；其次，TBMI 和 BA-a 之间存在共聚反应，且共聚反应的温度要远低于 BA-a 的聚合温度。另一方面，BT11 体系的固化峰值温度相对于 TBMI 的反应峰值温度也向低温方向移动，说明共混体系中 BA-a 对 TBMI 具有明显的催化作用或两

者之间存在共聚反应，且共聚反应温度要低于 TBMI 的热聚合温度。为了验证体系中存在的催化作用或共聚反应，采用模型化合物对共混体系中的反应进行研究。采用三乙胺、*N*,*N*-二甲基苯胺、双酚 A 分别模拟 BA-a 开环后可能对 TBMI 造成催化的官能团。将模型化合物和 TBMI 按照摩尔比 1∶1 进行共混后，进行 DSC 测试，得到如图 4.3 所示结果。

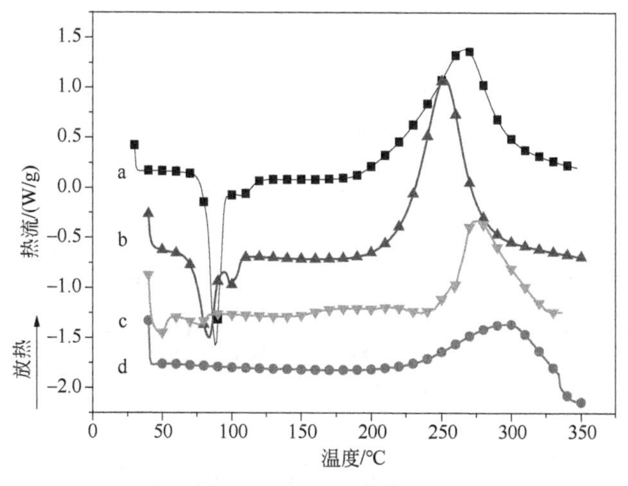

图 4.3　不同体系的 DSC 曲线

a—TBMI；b—TBMI/三乙胺；c—TBMI/*N*,*N*-二甲基苯胺；d—TBMI/双酚 A

可以看到，TBMI/三乙胺体系的起始固化温度为 181℃，峰值温度为 252℃，相比 TBMI 的固化反应峰，峰值温度向低温移动了 15℃，说明三乙胺对 TBMI 具有催化作用；TBMI/*N*,*N*-二甲基苯胺体系在 150～240℃范围内有小的固化反应峰，固化热焓为 7.1kJ/mol，主反应峰起始固化温度为 238℃，峰值温度为 289℃，相比 TBMI 的固化反应峰，峰值温度向高温移动，说明 *N*,*N*-二甲基苯胺对部分 TBMI 具有催化作用，大量 TBMI 在高温反应； TBMI/双酚 A 体系的起始固化温度为 198℃，峰值温度为 297℃，相比 TBMI 的固化反应峰，峰值温度向高温移动，说明双酚 A 对 TBMI 不具有催化作用。

对比三乙胺（$pK_b = 3.2$）和 *N*,*N*-二甲基苯胺（$pK_b = 8.9$）的 pK_b 值可以发现，三乙胺的碱性要明显高于 *N*,*N*-二甲基苯胺的碱性。TBMI 中马来酰亚胺环是缺电子体系，所以碱性强的三乙胺的催化效果明显，而 *N*,*N*-二甲基苯胺的催化效果不明显。从 BA-a 的结构分析，*N*,*N*-二甲基苯胺的化学结构与开环后的苯并噁嗪的结构更相近。同时可以看到 *N*,*N*-二甲基苯胺催化 TBMI 使得体系在 150～240℃范围内有小的固化反应峰（热焓 7kJ/mol），所以在 BT11 体系中由苯并噁嗪开环交联产生的 Mannich 桥结构中的 N 原子对 TBMI 的固化反应起到了一定的催化作用。

BA-a 开环聚合后生成的酚羟基会与双键反应，形成醚式结构。进一步的研究表明，苯并噁嗪热开环会形成氧负离子和碳正离子（或亚胺正离子）的离子对，如图 4.4 所示。其中氧负离子具有很强的亲核性。酚氧负离子也可能进攻缺电子双键，从而达到苯并噁嗪对双马来酰亚胺的催化作用，其催化过程如图 4.5 所示。

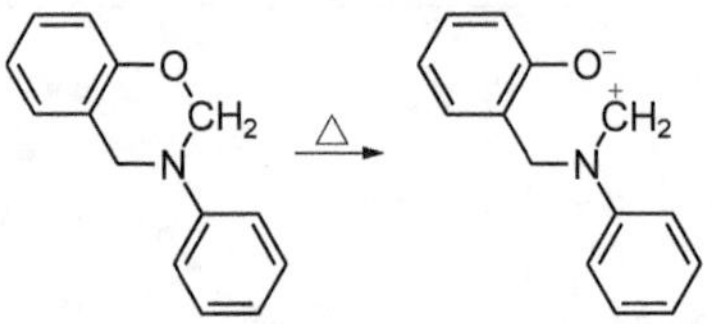

图 4.4　苯并噁嗪的开环

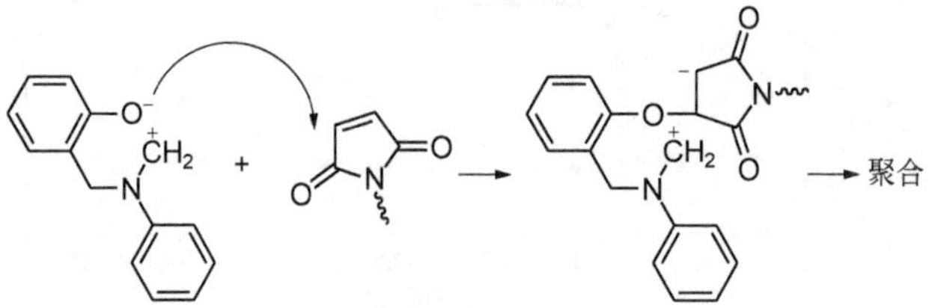

图 4.5　苯并噁嗪对双马来酰亚胺的催化过程

采用 TBMI 和模型化合物全占位型苯并噁嗪(s-PA)按照 1∶1 等摩尔比进行共混，对其进行 DSC 测试，如图 4.6 中的曲线 b 所示。可以看到共混体系的起始温

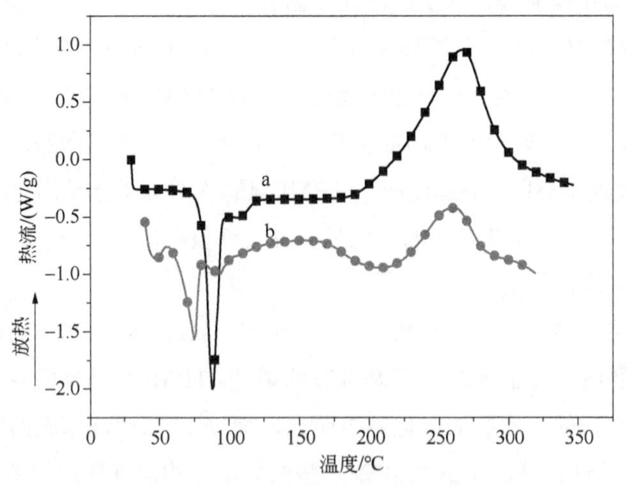

图 4.6　不同体系的 DSC 曲线

a—TBMI；b—TBMI/s-PA

度为 101℃，有两个峰值温度分别为 150℃和 267℃。相比纯 TBMI 单体的 DSC 曲线可以看出，共混体系在低温有明显的固化反应，且在低温处的反应峰（热焓 76J/g）要比 TBMI/*N*,*N*-二甲基苯胺共混体系在低温处的反应峰明显，说明 s-PA 开环形成的氧负离子可以催化 TBMI 的聚合，属于阴离子聚合反应。

为了进一步证明氧负离子可以有效地催化 TBMI，将 TBMI 溶于 DMF 溶液中，加入质量为 TBMI 质量 5%的 CH_3COONa。共混物在 110℃搅拌 2h 后，出现凝胶。将凝胶后的体系放置一周自然干燥，对凝胶产物进行 IR 表征，其结果如图 4.7 所示。

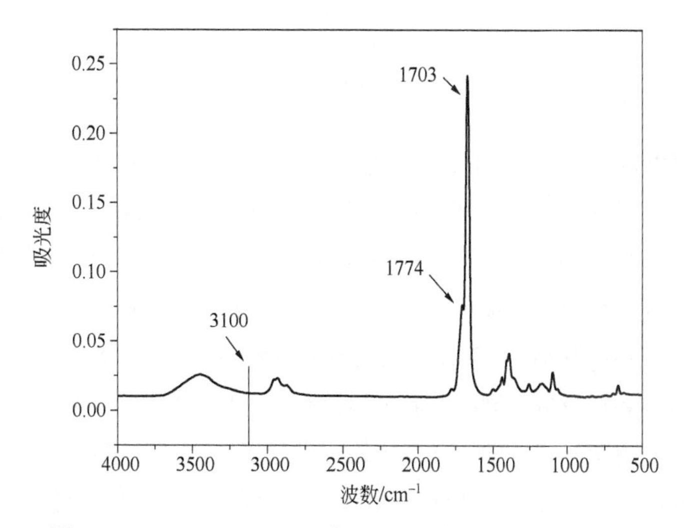

图 4.7　TBMI/CH_3COONa 在 110℃固化 2h 后的红外曲线

从红外分析可以看出共混体系在 110℃固化 2h 后，1703cm^{-1} 和 1774cm^{-1} 处 C═O 的吸收峰没有变化，3100cm^{-1} 处的═C—H 的振动峰消失，说明 TBMI 确实发生了交联反应，也证明 TBMI 确实可以在氧负离子的催化下发生阴离子聚合反应。

综合以上研究可知，在 BT11 体系中，对 TBMI 起催化作用的包括苯并噁嗪开环形成的氧负离子和开环交联形成的 Mannich 桥结构中的 N 原子，其中氧负离子起到了主要的催化作用。

为了进一步研究共混体系的固化反应，对不同阶段固化后的样品进行了红外表征，结果如图 4.8 所示。

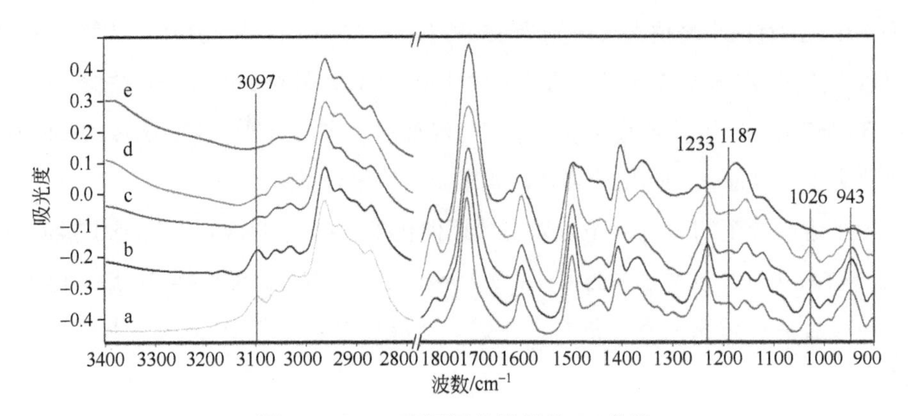

图 4.8　BT11 不同固化阶段的 IR 曲线

a—室温；b—120℃/4h；c—120℃/4h，160℃/2h；d—120℃/4h，160℃/4h；
e—120℃/4h，160℃/4h，200℃/2h

943cm^{-1}的吸收峰代表苯并噁嗪中的噁嗪环的吸收，其中 1026cm^{-1}和 1224cm^{-1}处的吸收峰代表苯并噁嗪中 C—O—C 的吸收峰；3097cm^{-1}处的吸收峰代表 TBMI 中═C—H 的振动峰，1187cm^{-1}为苯并噁嗪开环后与 TBMI 聚合形成新的醚键的吸收峰。从图 4.8 可以看到，943cm^{-1}、1026cm^{-1}、1224cm^{-1}和 3097cm^{-1}处的峰强度随着温度的升高在逐渐减小，1187cm^{-1}处的峰强度随着温度的升高在逐渐增大。说明共混体系在逐步各自反应，同时两者之间存在共聚反应生成了醚键结构。

为了进一步对两种组分的固化反应机理进行研究，采用 1700cm^{-1}处 TBMI 中 C═O 的吸收峰作为内标（不随固化反应的变化而变化），对共混体系以上特征官能团吸收峰的面积进行计算，其中 1187cm^{-1} 由于与其他峰有部分重叠而无法采用这种方法。各种单体的转化率按照下式进行计算。

$$a=\left[1-\frac{A(T)/A'(T)}{A(120)/A'(120)}\right]\times 100\% \qquad (4\text{-}1)$$

式中，$A(T)$和 $A(120)$ 是在特定温度 T 和 120℃时特征官能团在图 4.8 中的积分面积；A'(T)和 $A'(120)$是在特定温度 T 和 120℃时 C═O 在 1700cm^{-1}的积分面积，得到图 4.9 所示结果（纯单体 TBMI 和 TBMI/9%全占位 BOZ 共混物的红外结果未列出）。

从图 4.9 可以看出，反应初期 BA-a 的转化率比较低，在 160℃反应 2h 和反应 4h 后转化率分别达到 4%和 27%，当温度升高到 200℃后 BA-a 反应完全。共混体系中 TBMI 的═C—H 键在 160℃反应 2h 后转化率就达到了 70%，随后随着时间延

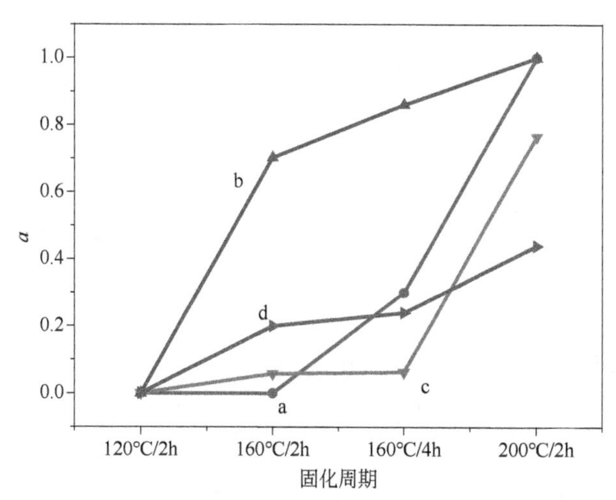

图 4.9　不同官能团在不同阶段的反应程度

a—BT11 中的噁嗪环；b—BT11 中 TBMI 的═C—H；c—单体 TBMI 中的═C—H；d—TBMI/9% s-PA 中 TBMI 的═C—H

长和反应温度升高，转化率继续升高直至完全反应。纯单体 TBMI 中的═C—H 键在 160℃反应 4h 后转化率达到 6%，当 200℃反应 2h 后转化率达到 77%。可以发现，单体在低温下的转化率比较低，且在 200℃条件下并不能反应完全，需要更高的固化温度才能固化完全，这主要是因为 TBMI 高的交联密度限制了其运动，需要更高的温度才能继续使其固化。为了进一步说明 BA-a 对 TBMI 的催化作用，采用少量 s-PA（质量分数为 9%）与 TBMI 共混，研究共混体系中 TBMI 在不同阶段的固化反应转化率。从图 4.9 中的曲线 d 中可以看到，在 160℃反应 2h 后，TBMI 的转化率达到 20%。相比纯的 TBMI 转化率有明显提高。这一现象说明在共混体系中 BA-a 对 TBMI 的聚合确实具有催化作用，促使 TBMI 在较低的温度下大量反应，且主要的催化作用来自 BA-a 部分开环产生的氧负离子。

由以上结论可以推知 BT11 的固化反应机理如图 4.10 所示。BT11 中 TBMI 先发生反应，同时 BA-a 有少量发生聚合，少量热开环形成的氧负离子催化 TBMI 发生聚合，与 TBMI 形成共聚物，剩余的少量未反应的单体在更高的温度下发生聚合。

DMA 测试结果中松弛峰的数目或峰宽可以表征材料是否存在相分离结构[7, 8]，tanδ 半峰宽(FWHH)反映了固化物的网络规整性，峰高反映了固化物的交联密度。对单体聚合物和 BT31、BT21、BT11、BT12、BT13 共混体系进行了 DMA 测试，

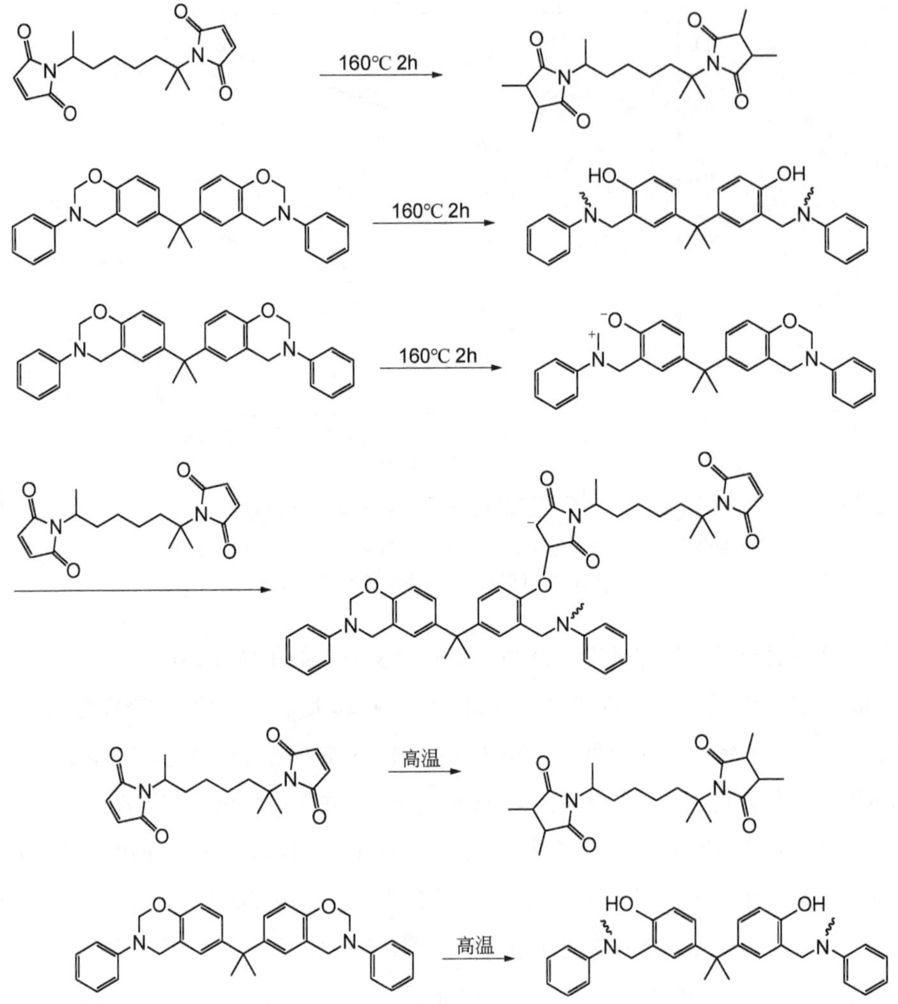

160℃ 2h

160℃ 2h

160℃ 2h

高温

高温

图 4.10　BT11 的固化反应机理

结果如图 4.11 所示。可以看到 PTBMI（经过 220℃高温处理）在整个测试范围内没有明显的玻璃化转变温度，这主要是因为 PTBMI 具有高的交联密度。PBA-a 的 T_g 为 201℃，BT11 的 T_g 为 215℃且 BT11 呈现对称的单峰结构，说明共混体系形成了均相结构，且相比 PBA-a 耐热性有明显提高［图 4.11（a）］。BT31、BT21、BT11、BT12、BT13 的 tanδ 曲线如图 4.11（b）所示。可以看到，共混体系在整个测试温度范围内只含有一个玻璃化转变温度，且峰形比较对称，说明共混体系是均相结构。将不同比例的共混体系的 DMA 数据总结于表 4.2，可以看到，随着共混体系中 TBMI 含量的增多，共混体系固化物的 T_g 从 209℃升高的 238℃，半峰

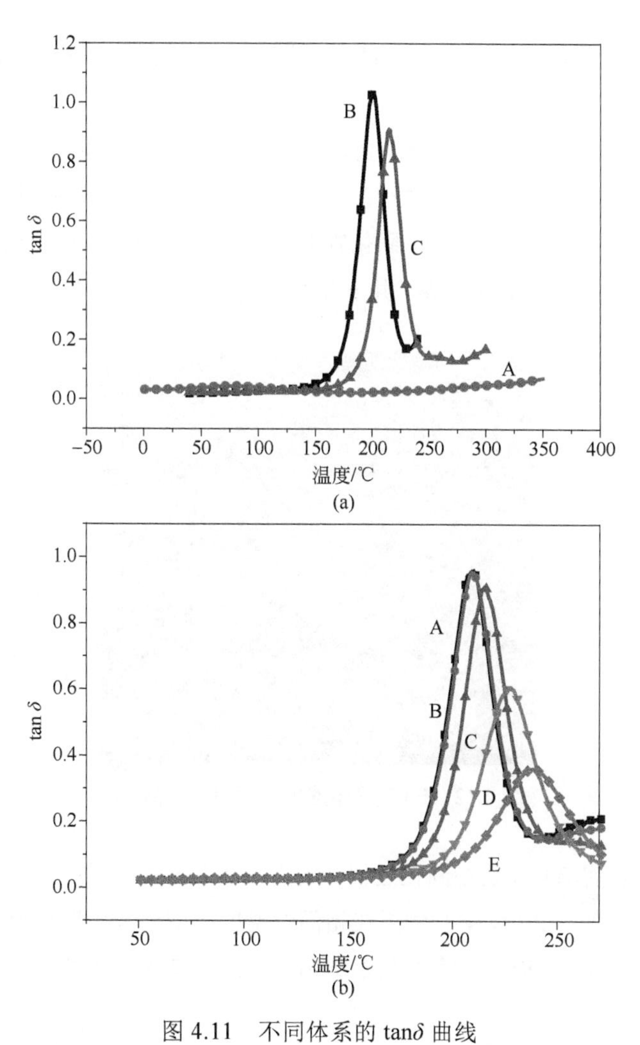

图 4.11　不同体系的 $\tan\delta$ 曲线

（a）A—PTBMI；B—PBA-a；C—BT11。（b）A—BT31；B—BT21；C—BT11；D—BT12；E—BT13

表 4.2　BA-a/TBMI 共混体系的 DMA 数据

体系	峰高	FWHH/℃	T_g/℃
PBA-a	1.032	62	200
BT31	0.9681	25	209
BT21	0.9538	25	209
BT11	0.909	25	215
BT12	0.6067	31	227
BT13	0.3602	41	238

宽逐渐增大，峰高逐渐降低。说明 BT 体系随着 TBMI 含量的增多，网络规整性变差，而交联密度在不断提高。

BT 体系固化物呈现透明的琥珀色，为了进一步表征不同共混体系固化物的相结构，对共混体系固化物的断面进行 FESEM 测试，因为 5 个比例固化物的 FESEM 图片结果是相同的，在此以 BT11 固化物的 FESEM 图进行说明，如图 4.12 所示。可以看出，固化物断面光滑平整，共混体系固化物为均相结构。

图 4.12　BT11 固化物的断面 FESEM 图

以上研究表明 BT 体系在固化过程中没有发生相分离，这一现象与 BT 体系的固化反应特点有关。其中，BT 体系在相同的温度范围内发生固化反应，少量开环的 BA-a 催化 TBMI 反应，且生成共聚结构，限制了其进一步的流动扩散，因此形成均相结构。

4.1.2　烯丙基苯并噁嗪与双马来酰亚胺之间的固化反应[10]

从前面的研究中可以看到，两组分间存在共聚反应与否可能是决定热固性/热固性树脂体系能否发生相分离的一个因素。为了进一步证实这个因素对相分离结构的影响，采用含有烯丙基的苯并噁嗪(Bz-allyl)与 TBMI 共混，研究两者之间的共聚反应及最终固化物的相结构。

采用 DSC 对共混体系的固化反应进行研究。图 4.13 中，A 曲线和 B 曲线分别为 Bz-allyl 和 TBMI 单体的 DSC 曲线，C 曲线为 BzT11 的 DSC 曲线。从图 4.13 可以看出，A 曲线和 B 曲线中单体 Bz-allyl 和 TBMI 的反应放热峰均呈现单峰。其中 Bz-allyl 的起始固化温度为 259℃，放热峰值温度为 276℃，反应热焓为 37.9kJ/mol，这一现象与文献报道[5]相符合，说明二烯丙基苯并噁嗪固化困难。其中，烯丙基难于反应是由于烯丙基和苯环形成共振结构[9,10]，噁嗪环聚合困难是由于烯丙基占据了酚羟基的邻位。TBMI 的起始固化温度为 182℃，放热峰值温度为 267℃，反应热焓为 139.2kJ/mol。BzT11 的 DSC 曲线（图 4.13 中 C 曲线）出现了两个吸收峰，起始固化峰值温度为 156℃，放热峰值温度分别为 226℃和 266℃，反应热焓为 101.7kJ/mol。

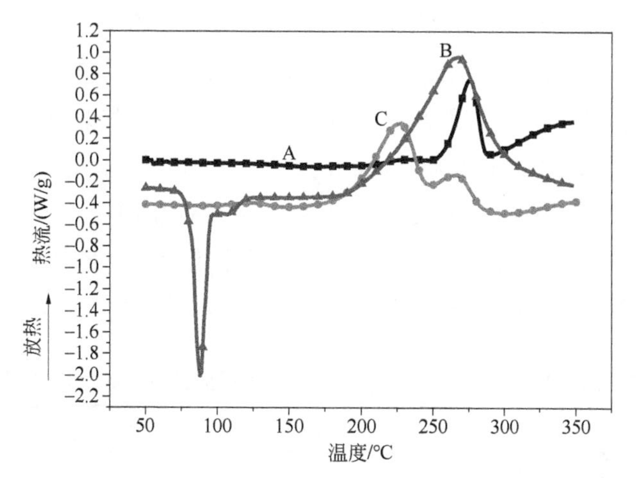

图 4.13　Bz-allyl、TBMI 和 BzT11 的 DSC 曲线

A—Bz-allyl；B—TBMI；C—BzT11

按照两种单体各自的固化热焓计算，BzT11 体系的理论固化热焓为 87.7kJ/mol，比实测的 BzT11 体系的热焓要小得多。说明该共混体系中除了两者各自的均聚外，还存在两组分的共聚反应。此外，对比单体起始固化温度和固化反应峰值温度可以发现，共混体系的起始固化温度要远远低于两种单体的起始固化温度，这可能是由于共混体系在低温处（150℃）发生了 ene 反应造成的（后面的证明中将进一步证实）。

为了确认各个峰所对应的反应，首先对 BzT11 体系进行变速率升温 DSC 测试，升温速率依次为 5℃/min、10℃/min、15℃/min 和 20℃/min，对峰值温度进行统计，分别通过 Kissinger 法[11,12]和 Ozawa 法[13]计算了各个体系固化反应的表观活化能。这两种方法避开了反应机理函数的选择而直接求出反应的表观活化能 E_a 值。与其他的方法相比，避免了因为反应机理函数的假设不同而带来的误差。

Kissinger 方程：
$$\ln\left(\frac{\beta}{T_p^2}\right)=\ln\left(\frac{AR}{E_a}\right)-\frac{E_a}{RT_p} \tag{4-2}$$

式中，β 为升温速率，K/min；E_a 为表观活化能，kJ/mol；T_p 为不同升温速率下苯并噁嗪单体热开环聚合反应放热峰值温度，K。

Ozawa 方程：

$$\ln\beta=\ln\left[\frac{AE_a}{RG(\alpha)}\right]-5.331-1.052\frac{E_a}{RT_p} \tag{4-3}$$

式中，β 为升温速率，K/min；E_a 为表观活化能，kJ/mol；T_p 为不同升温速率下苯并噁嗪单体热开环聚合反应放热峰值温度，K；$G(\alpha)$为常函数。

在不同升温速率的 DSC 曲线上确定热开环聚合反应峰值温度 T_p，以 $\ln\beta$ 对 $1/T_p$ 作图，通过所得直线的斜率可计算出体系的热开环聚合反应表观活化能。计算数据如表 4.3 所示。从反应活化能的数据可以看出第二个峰对应的活化能 E_{a_2} 与 Bz-allyl 热固化所对应的活化能 E_a 相近，且与文献报道[20]的噁嗪环的固化反应活化能相符合，因此可以确定第二个反应峰对应于 Bz-allyl 中噁嗪环的固化反应。第一个峰对应的活化能 E_{a_1} 比 TBMI 热聚合活化能 E_a' 要小，需要进一步对第一个峰所对应的反应进行分析。

表 4.3　通过 Kissinger 和 Ozawa 方法计算得到的每个峰对应的活化能

方法	E_{a_1} /(kJ/mol)	E_{a_2} /(kJ/mol)	E_a' /(kJ/mol)	E_a /(kJ/mol)
Kissinger	66	119	90	113
Ozawa	76	121	94	116

为了进一步确定第一个峰所对应的固化反应，从热焓的角度对共混体系进行了分析，将 BzT11 的 DSC 曲线进行分峰，得到如图 4.14 所示的曲线。

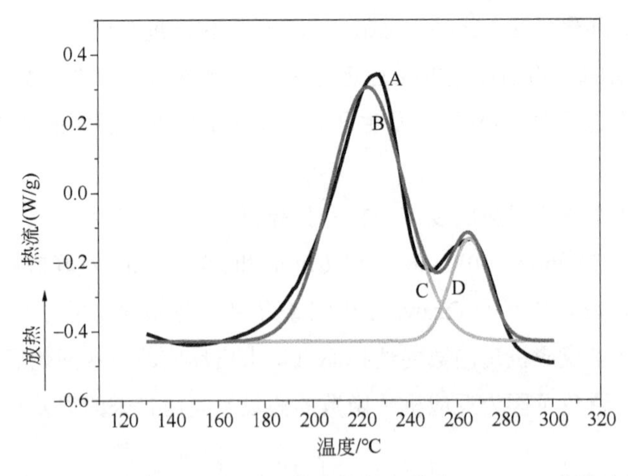

图 4.14　BzT11 的 DSC 曲线（A）、A 曲线的拟合曲线（B）、A 曲线中第一个峰的拟合曲线（C）、A 曲线中第二个峰的拟合曲线（D）

拟合后的曲线（图 4.14B 曲线）与原曲线（图 4.14A 曲线）的相关性系数达到 0.97，其中第一个峰（图 4.14C 曲线）的峰面积为 28.25，第二个峰（图 4.14D 曲线）的峰面积为 5.88。由图 4.14 得到，两者共混的反应热焓为 101.7kJ/mol。按照两个峰的峰面积，第一个峰所占的热焓为 84.2kJ/mol，比 TBMI 热固化的热焓（69kJ/mol）大，说明第一个反应峰中除了 TBMI 的热固化外还含有其他反应；第二个峰所占的热焓为 17.5kJ/mol，与共混体系中 Bz-allyl 单体的理论反应热焓（19kJ/mol）接近，进一步说明第二个反应峰对应于 Bz-allyl 的固化反应峰。此外，从图 4.15BzT11 分阶段固化后的 DSC 曲线可看到，BzT11 在 140℃固化 2h 后（图 4.15B 曲线），对比室温的 DSC 曲线（图 4.15A 曲线）所有的峰型都没有发生变化。而体系在 160℃固化 2h 后（图 4.15C 曲线），低温峰基本消失，而在 265℃处的苯并噁嗪的反应峰减小，苯并噁嗪部分发生了开环。峰强度随着固化反应的进行逐渐减小，到 220℃固化后反应峰完全消失，说明在这样的固化工艺下体系完全发生了反应。

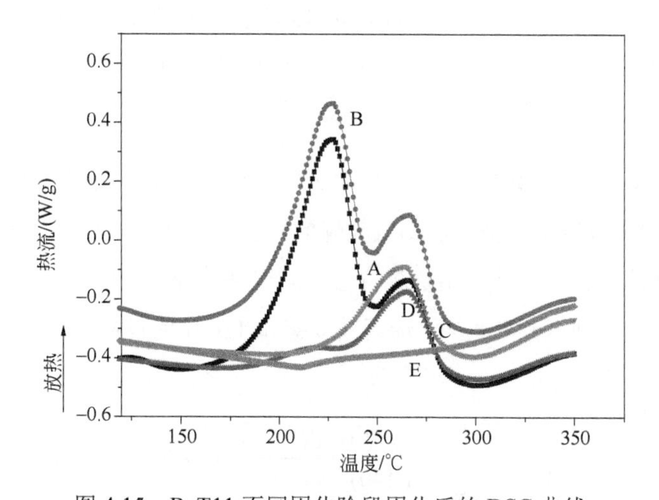

图 4.15　BzT11 不同固化阶段固化后的 DSC 曲线

A—室温；B—140℃/2h；C—140℃/2h，160℃/2h；D—140℃/2h，160℃/2h，180℃/2h；E—140℃/2h，160℃/2h，180℃/2h，220℃/2h

为了进一步研究 BzT11 的固化反应机理，对不同阶段固化后的样品进行 FT-IR 表征，结果如图 4.16 所示。$944cm^{-1}$ 代表苯并噁嗪中噁嗪环的吸收峰，其中 $1030cm^{-1}$ 和 $1229cm^{-1}$ 处代表苯并噁嗪中 C—O—C 的吸收峰；$3097cm^{-1}$ 处代表 TBMI 中═C—H 的振动峰；$1638cm^{-1}$ 和 $994cm^{-1}$ 处为烯丙基双键中 C—H 的弯曲振动峰；$1181cm^{-1}$ 为苯并噁嗪开环后与 TBMI 聚合形成新的醚键的吸收峰。

可以看到，943cm^{-1}、1026cm^{-1} 和 1224cm^{-1} 处的峰强度随着温度的升高在逐渐减小，3097cm^{-1} 处的峰强度在 160℃反应 2h 后完全消失，1638cm^{-1} 和 994cm^{-1} 处的吸收峰随着温度的升高逐渐减小，但反应完成后仍有剩余。1181cm^{-1} 处的峰强度从 160℃反应 2h 开始随着温度的升高在逐渐增大，说明两者之间存在共聚反应且生成了醚键结构。

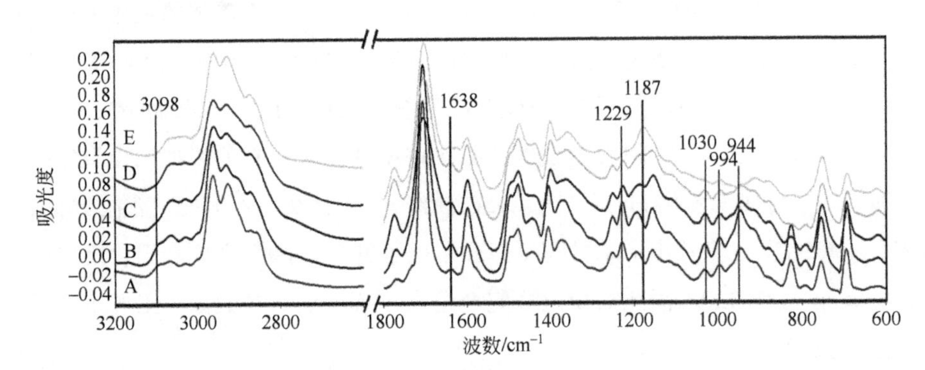

图 4.16 BzT11 不同固化阶段的 IR 曲线

A—室温；B—140℃/2h；C—140℃/2h，160℃/2h；D—140℃/2h；160℃/2h，180℃/2h；
E—140℃/2h，160℃/2h，180℃/2h，220℃/2h

采用 1704cm^{-1} 处 TBMI 中 C═O 的吸收峰作为内标（不随固化反应的变化而变化），对共混体系以上特征官能团吸收峰的面积进行计算，其中 1181cm^{-1} 由于与其他峰有部分的重叠而无法采用这种方法。采用 943cm^{-1}、994cm^{-1} 和 3097cm^{-1} 处的吸收峰的变化分别监测噁嗪环、烯丙基双键和 TBMI 的反应。各种单体的转化率按照式（4-4）进行计算。

$$a=\left[1-\frac{A(T)/A'(T)}{A(140)/A'(140)}\right]\times 100\% \tag{4-4}$$

式中，$A(T)$和 $A(140)$是在特定温度 T 和 140℃时特征官能团在图 4.16 中的积分面积；$A'(T)$和 $A'(140)$是在特定温度 T 和 140℃时 C═O 在 1704cm^{-1} 的积分面积，得到图 4.17 所示结果。可以看出，在 160℃固化 2h 后，双马来酰亚胺反应完全（图 4.17 中曲线 A），烯丙基苯并噁嗪反应达到 29%（图 4.17 中曲线 B），而烯丙基双键反应达到 20%左右（图 4.17 中曲线 C）。在 180℃固化 2h 后，烯丙基苯并噁嗪反应达到 54%，烯丙基双键消耗了 34%。在 220℃固化 2h 后，噁嗪环的转化率几乎达到 100%，烯丙基双键的转化率达到 60%左右。

烯丙基改性双马来酰亚胺体系的固化反应涉及 ene、Diels-Alder、均聚、交替共聚等，其中，ene 反应比其他反应发生的温度低而且可以等摩尔地消耗烯丙基和马来酰亚氨基，而 Wagner-Jauregg 反应发生在 160～220℃，Diels-Alder 反应发生在 225～275℃。因此，由图 4.17 可知在 160℃有接近 22%的 TBMI 与烯丙基发生了 Ene 反应，如图 4.18 所示。结合图 4.13 中 TBMI 的 DSC 曲线可知，在 160℃情况下有部分的 TBMI 可以发生热聚合，如图 4.18（c）所示。此外，还有部分的 TBMI 会在烯丙基苯并嗯嗪开环过程中形成的氧负离子和 N 原子的作用下发生聚合，如图 4.18（d）所示。因此，在 BzT11 共混体系中，嗯嗪环的引入使得大量的 TBMI 在低温（160℃）的情况就完全发生了反应（图 4.17 中曲线 A），而不会经历 Wagner-Jauregg、Diels-Alder 等反应。

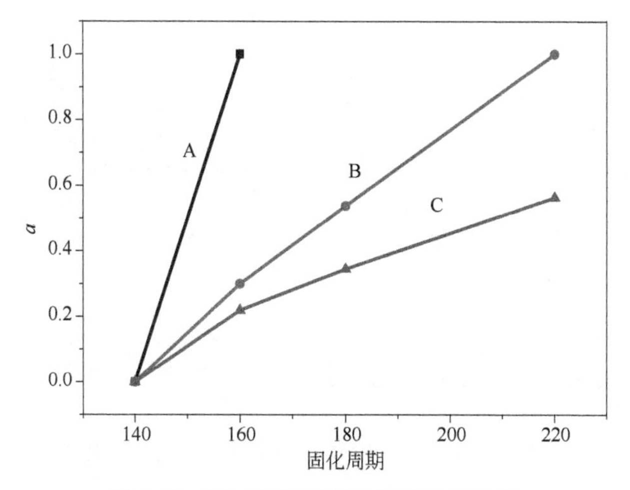

图 4.17　不同官能团随时间的反应程度

A—BzT11 共混体系中 TBMI 中的═C—H；B—BzT11 共混体系中的嗯嗪环；
C—BzT11 共混体系中的烯丙基中的 C—H

在 160℃反应 2h 后，烯丙基苯并嗯嗪已经反应了 29%［图 4.18（a)］，这主要是因为体系中烯丙基苯并嗯嗪难以完全纯化，还有部分的酚羟基催化了烯丙基苯并嗯嗪的开环；随着温度的升高，烯丙基苯并嗯嗪继续反应直至反应完全，而烯丙基双键由于存在共轭作用，后期反应量较少[14,15]［图 4.18（e)］。

为了进一步了解 Bz-allyl/TBMI 体系的性能，考察了固化物的动态力学性能。图 4.19 是相对应的共混物的损耗因子 tanδ，其峰值所对应的温度为材料的 T_g，相关数据总结如表 4.4 所示。

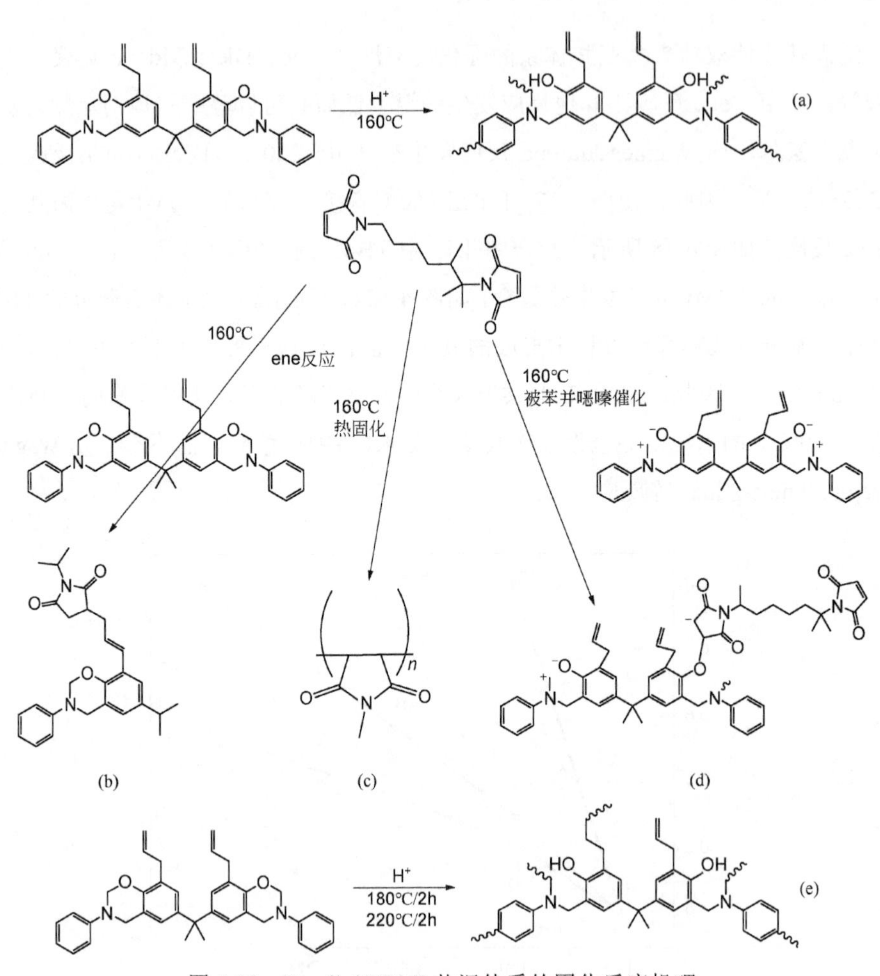

图 4.18 Bz-allyl/TBMI 共混体系的固化反应机理

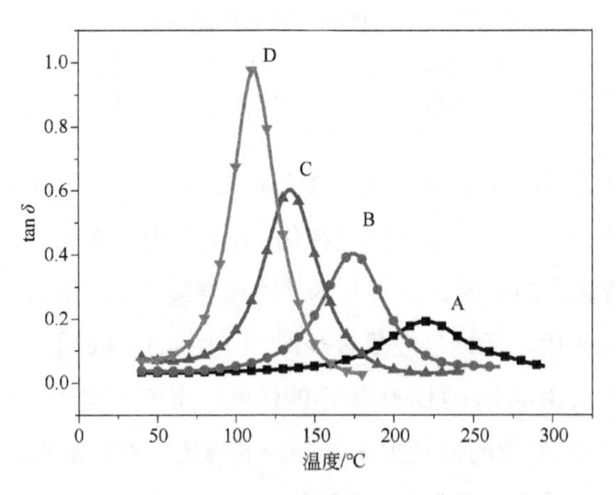

图 4.19 不同体系的 tanδ 曲线

A—BzT12；B—BzT11；C—BzT21；D—固化后 Bz-allyl

表 4.4　不同体系的 DMA 数据

样品编号	峰高	FWHH/℃	T_g/℃
BzT12	0.16	77	220
BzT11	0.37	50	174
BzT21	0.53	43	134
固化后 Bz-allyl	0.97	34	111

从图 4.19 可以看到，共混体系呈现单峰，且峰形对称，说明 BzT 体系形成了均相结构。此外，共混体系 T_g 随着 TBMI 含量的减少而降低，最高达到 220℃，最低达到 134℃。共混体系的峰高随着 TBMI 含量的减少逐渐增大，说明体系的交联密度逐渐减小。因为聚 TBMI 本身是具有高交联密度的热固性树脂，随着 TBMI 含量的减少这种高交联密度体系所占的比例减少，所以整体的交联密度减小。此外，共混体系的半峰宽随着 TBMI 含量的增多逐渐增大，说明共混体系的网络均一性减小。从储能模量曲线（图 4.20）可以看出，共混物的初始模量随着 TBMI 含量的增多逐渐增高，说明随 TBMI 含量增多，共混物刚性升高。这主要是因为随着 TBMI 含量增多，与烯丙基发生 Ene 反应的 TBMI 含量减少，而共混体系中由于苯并噁嗪中氧负离子和开环形成的 Mannich 桥结构中的 N 原子催化作用而聚合的 TBMI 和自身发生热聚合的 TBMI 含量增多。这一结果导致共混体系中多种交联结构同时存在，网络均一性减小，且体系的性能趋向于 TBMI 均聚的性能（TBMI 自身均聚交联密度大，刚性高）。

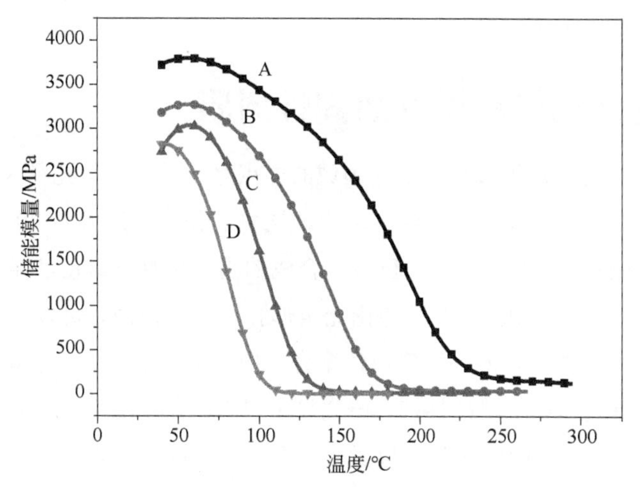

图 4.20　BzT12（A）、BzT11（B）、BzT21（C）、固化后 Bz-allyl（D）的储能模量曲线

BzT固化后样品呈现透明的琥珀状,对不同比例的BzT固化物断面进行FESEM表征，发现固化物断面结构是相同的，以BzT11为例进行说明，如图4.21所示，可以看到共混体系断面平整，呈现均相结构。结合DMA的测试结果，可以说明BzT体系确实没有发生相分离，固化物为均相结构。这一结果也说明，苯并噁嗪/双马来酰亚胺共混体系中，存在共聚反应会阻碍相结构的产生。

图 4.21 BzT11 固化物断面 FESEM 图

从苯并噁嗪/双马来酰亚胺共混体系的固化反应可以发现，这两者之间存在共聚反应，且共聚反应的发生使共混体系固化物最终呈现均相状态。因此，在热固性树脂/热固性树脂共混体系中，两组分之间发生较少的反应或者不发生反应是发生相分离的前提。后面的章节笔者会进一步深入讨论这一体系相分离过程、相分离机理及相分离的影响因素。

4.2 利用介孔材料增韧热固性树脂

介孔材料是近十几年来材料研究领域的热点之一[16,17]，其孔径大小在2~50nm范围内，具有有序或无序的孔道结构、大的比表面积（一般大于700m^2/g）和孔容（烃类吸附量一般大于0.7cm^3/g）。已成功合成的结构包括一维层状结构、二维六方结构、三维结构等，其中，介孔孔道由无定形孔壁构筑而成，可以吸附大量小分子单体并在适当条件下在孔内外发生原位聚合反应，有效地提高了与基体之间的相容性，从而可以提高基体材料的性能。研究显示[18,19]，介孔材料在增强环氧、酚醛等热固性树脂时，环氧或酚醛单体可以进入介孔孔道，原位聚合，形成无机-有机“互穿网络”，如图4.22所示。这种结构增强了无机相和有机相的相互作用力，对机械性能有明显改善。

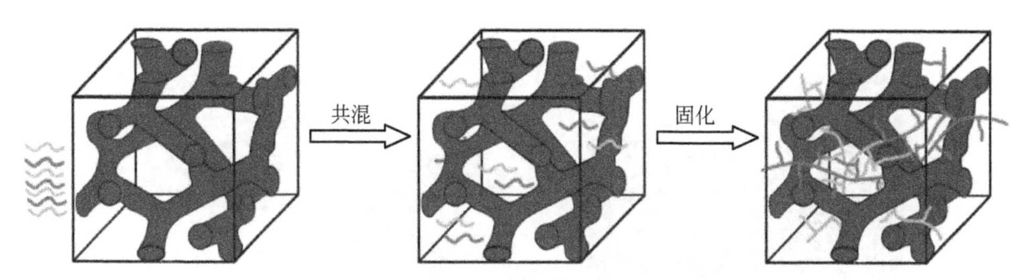

图 4.22 环氧或酚醛进入介孔材料及其最终结构

基于以上的认识，笔者以制备强韧的超疏水表面为目的，希望将介孔材料引入到前期研究的热固/热固相分离体系中。该想法获得了国家自然基金青年基金的支持。初期的研究成果显示将介孔加入到苯并噁嗪体系中，通过构筑无机-有机“互穿网络”结构可以实现材料表面耐磨增韧的目的。

4.2.1 苯并噁嗪/介孔 SiO_2 构筑超疏水表面[20,21]

通过调整介孔 SiO_2 在苯并噁嗪中的含量可以制备表面呈现疏水状态的涂层。从图 4.23 和表 4.5 中可以看到，共混体系表面介孔材料无规分布，在表面形成了介孔材料相互搭接的情况，在相互搭接的过程中，形成了微纳米的孔洞。共混体系中，随着介孔 SiO_2 含量的增加，表面接触角逐渐增大，当含量达到 15%以上时，表面呈现超疏水状态。对应的表面粗糙度也随着介孔 SiO_2 含量增多逐渐增大。

表 4.5 不同比例 BA-a/SBA-15 共混体系的接触角和表面粗糙度

比例	5%	10%	15%	20%	25%	30%
接触角	92.9°±1.7°	144.4°±5°	163.6°±2.4°	165.3°±5°	170.7°±6°	168.2°±2.3°
表面粗糙度/μm	1.371	2.470	3.327	3.538	3.554	3.512

对这样的表面采用如图 4.24（a）所示的摩擦实验进行表面耐磨性表征，将 100g 砝码置于涂层背部，然后将涂层置于 100 目的砂纸之上。对样品沿水平方向进行拖拉，当涂层表面接触角变为 90°以下时，记录样品拖行的距离 d_1。样品拖行后的表面形貌如图 4.24（b）所示。可以看到，表面变得平滑，介孔 SiO_2 之间虽然还处于搭接状态，但是其间的微纳米孔已经消失，材料表面呈现出亲水状态。进一步对样品拖行距离进行比较，发现介孔 SiO_2 含量为 25%和 30%的样品，拖行 400cm 以上时才会失去表面超疏水特性。此外，采用纳米球形 SiO_2 制备了相同的表面，其耐磨性比介孔 SiO_2 低很多［图 4.24（c）和（d)］。这主要是因为介孔材料与基体之间形成了无机-有机“互穿网络”结构，增强了基体与无机物之间的相互作用。相比报道的文献，材料表面的耐磨性能有明显提升。

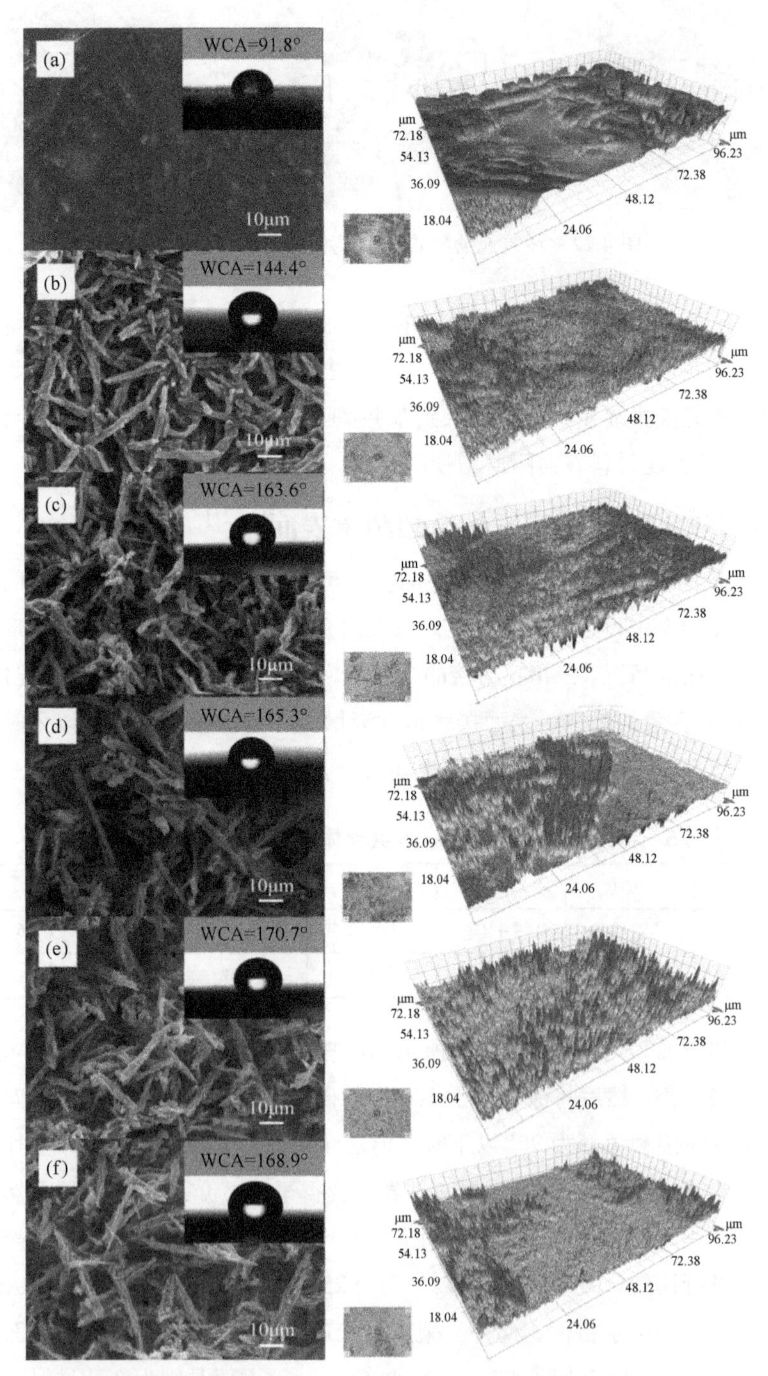

图 4.23　BA-a/SBA-15 共混体系的 SEM 图、接触角及 3D 图像

介孔含量分别为：（a）5%；（b）10%；（c）15%；（d）20%；（e）25%；（f）30%

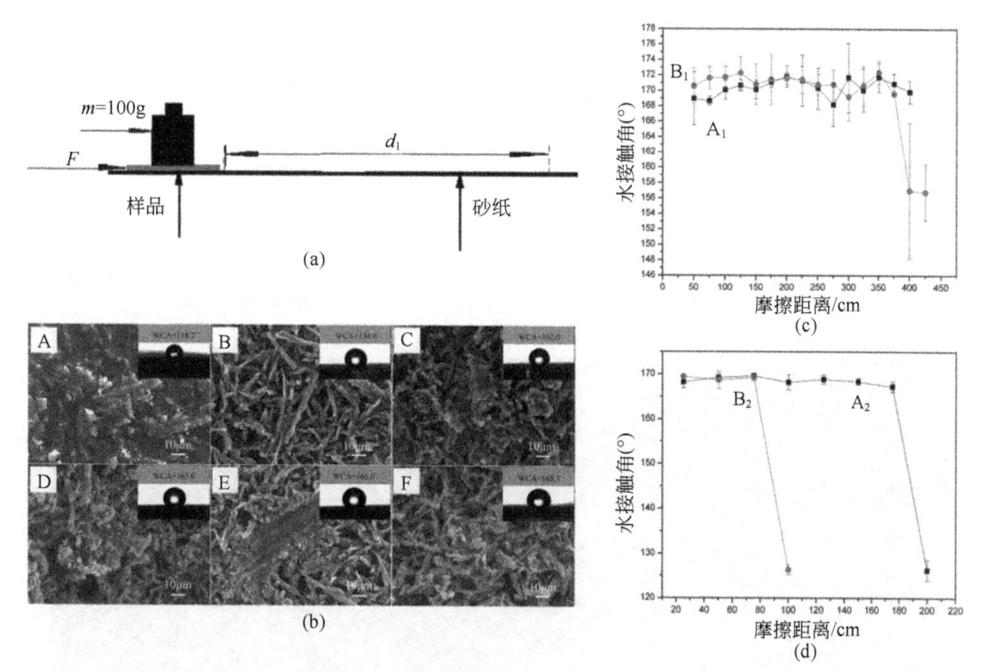

图 4.24 （a）涂层表面摩擦测试（砝码质量 100g，砂纸为 100 目 SiC）；（b）摩擦测试后表面形貌 SEM 图及对应的接触角（摩擦测试距离为 25cm，介孔含量分别为：A 5%；B 10%；C 15%；D 20%；E 25%；F 30%）；（c）BA-a/SBA-15 共混体系摩擦不同距离后的表面接触角（介孔含量分别为：A_1 25%；B_1 30%）；（d）BA-a/纳米 SiO_2 共混体系摩擦不同距离后的表面接触角（纳米 SiO_2 含量分别为：A_2 25%；B_2 30%）

笔者进一步采用 BET 对改性前后的介孔进行了研究，结果如图 4.25 所示。可以看到 N_2 吸附-脱附图［图 4.25（a）］均属于典型的 Langmuir Ⅳ型等温线，为介孔材料吸附-脱附曲线。曲线中迟滞环的吸附分支和脱附分支几乎直立并且平行，属于典型的圆柱形孔道结构的 H1 型迟滞环。在相对分压 p/p_0=0.5～0.7 区间内显示出明显的毛细管凝聚现象。在多孔介质上的吸附首先是在最细（小）的孔中开始出现毛细凝聚现象，当压力不断升高时，较粗（大）的孔也相继被填充，而脱附过程则与之相反。由图 4.25（a）可以明显地看出，随着 BA-a 含量的增多，迟滞环明显减小，而且迟滞环在较小的相对分压下开始出现以及停止。这是由于随着 BA-a 的增多，BA-a 进入 SBA-15 孔道内的量也随之增多，导致 SBA-15 的孔洞减小。图 4.25（b）为改性体系的孔径分布图，从图中可以很明显地看出，随着 BA-a 含量的增多，SBA-15 的孔径明显减小，这与 BOZ 进入到 SBA-15 的孔道内引起孔径减小的结论是一致的。

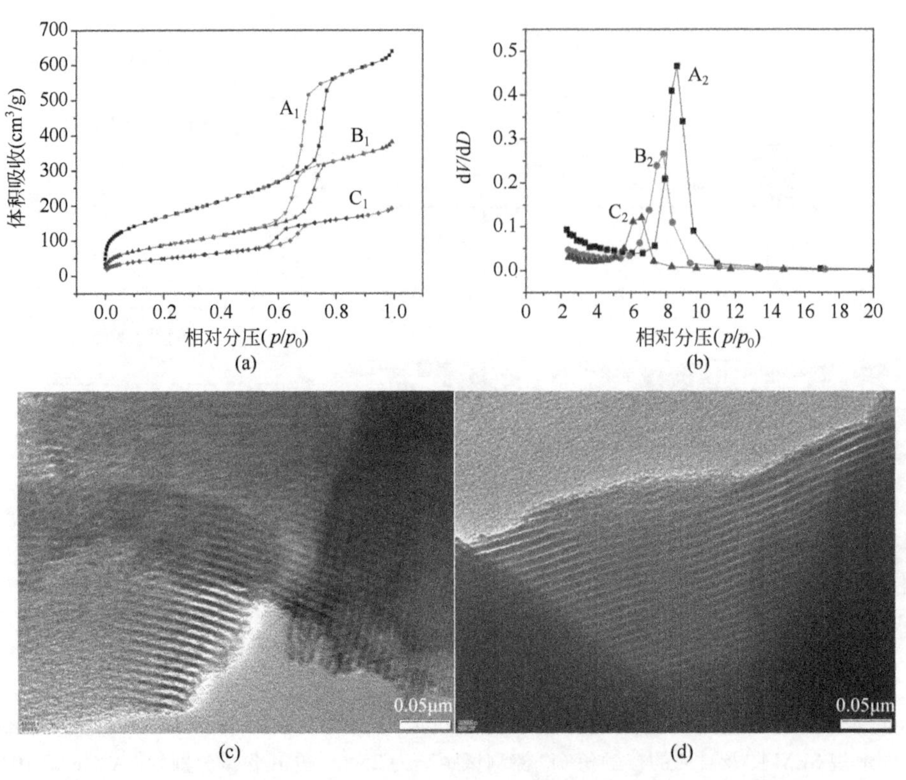

图 4.25 （a）样品的氮气吸附-脱附曲线；（b）孔径分布曲线（A_1，A_2：SBA-15；B_1,B_2：SBA-15/BA-a=9/1；C_1,C_2：SBA-15/BA-a=6/4）；（c）SBA-15 的 TEM 图片；（d）SBA-15/BA-a=6/4 的 TEM 图片

进一步对 SBA-15/BA-a=6/4 和 SBA-15 的形貌进行了 TEM 的表征，结果如图 4.25（c）和图 4.25（d）所示。苯并噁嗪的加入，确实填充了 SBA-15 的孔道，形成了无机-有机“互穿网络”结构，实现了耐磨超疏水材料成功制备。

4.2.2 苯并噁嗪/介孔 SiO_2/咪唑构筑超疏水表面[20,21]

为了进一步提高涂层表面的机械性能，笔者在介孔孔道中吸附苯并噁嗪树脂的催化剂咪唑。利用介孔 SiO_2 负载咪唑颗粒与苯并噁嗪共混过程中，咪唑可以通过浓度差异进行自由扩散的基本原理，实现了在介孔与苯并噁嗪界面交联密度梯度变化的结构，如图 4.26（b）、（c）所示。该体系的耐磨性能如图 4.26（a）所示，可以看到，其表面耐磨性能有了大幅度的提高。在 200g 砝码重压下，相比普通的苯并噁嗪/介孔体系，摩擦距离从 100cm 左右扩展到了 250cm。这一性能的飞跃，是固化体系中无机-有机“互穿网络”结构、界面密度梯度结构共同作用的结果。

进一步对其耐磨机理的解释，笔者认为如图 4.26（d）、（e）、（f）所示。首先，当水滴接触涂层表面时，表面微纳米孔道实现了表面的超疏水状态［图 4.26（d)]。表面经受摩擦后，由于介孔结构具有自相似性和表面不同厚度方向上具有自相似性，所以依旧保持有超疏水状态［图 4.26（e)、(f)]。

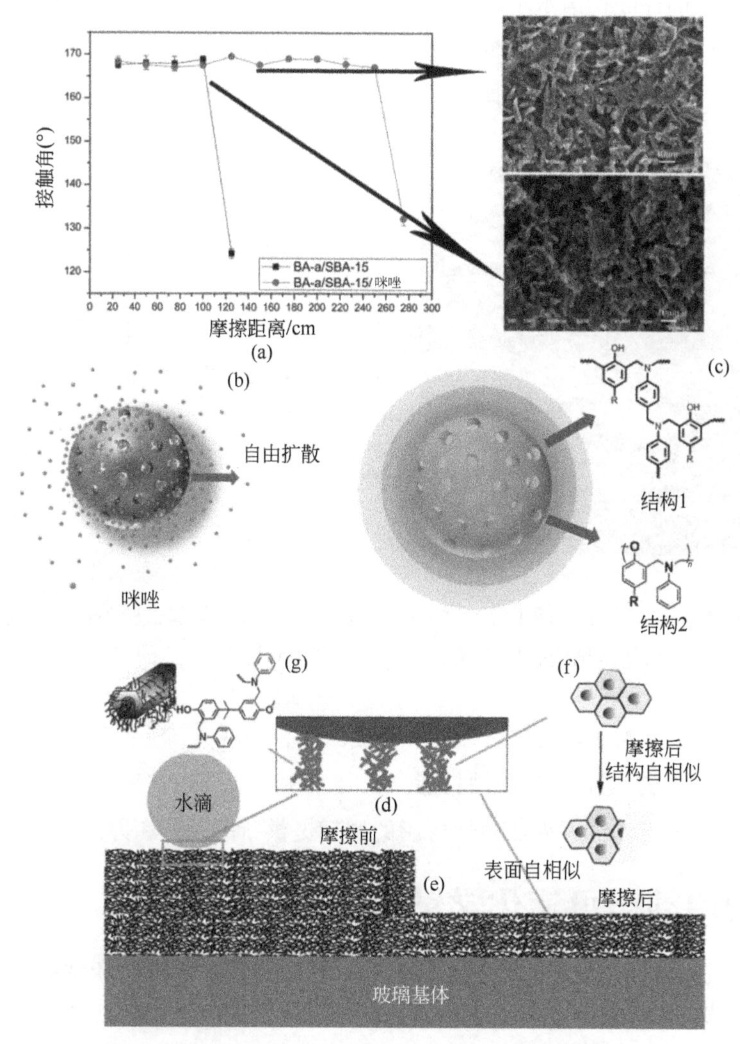

图 4.26　铁片表面 BA-a/SBA-15 和 BA-a/SBA-15/咪唑涂层的接触角［(a)］和对应的耐磨机理［(b)、(c)、(d)、(e)、(f)、(g)］

此外，对这一涂层的耐腐蚀性能进行了耐盐雾的测试表征，结果如图 4.27 所示。图 4.27（a）中显示将马口铁片分为三层，最上层为 BA-a/SBA-15/咪唑，中间为 BA-a，最下层为空白对照组。图 4.27（b）中从左到右依次为做盐雾实验 1～10d 的马口铁片。从图中可以看出，随着做盐雾试验的天数增加，腐蚀面积逐渐扩大，到第10d时，中间层的BA-a完全被铁锈所覆盖，而最上层的BA-a/SBA-15/咪唑几乎没有变化。对其耐盐雾试验后的最上层（苯并噁嗪/SBA-15/咪唑）进行接触角测试［图4.27（c）］，发现在盐雾试验进行3d后，表面从疏水状态变为了亲水状态。将盐雾试验后的样品在清水中浸泡一段时间，然后取出烘干后再进行接触角测试，发现表面接触角又恢复到了超疏水状态，如图4.27（d）所示。这一结果说明该涂层结构并没有改变，表明材料具有优异的耐盐雾性能。

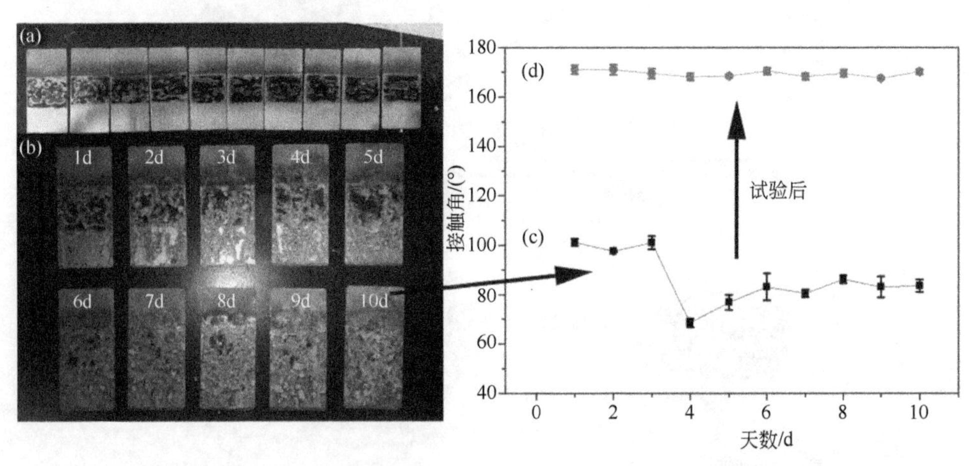

图4.27　盐雾试验前［(a)］后［(b)］的铁片表面腐蚀情况，盐雾试验不同天后涂层表面的接触角［(c)］和盐雾试验后用去离子水清洗后200℃处理1h后的表面接触角［(d)］

材料表面的耐磨性，是材料强度和韧性的综合表现。下一步会将介孔材料加入到可以发生分相的热固性/热固性树脂共混体系中，研究在这个过程中相关的科学问题。希望这一工作能够为热固性树脂的增韧提供新的思路和方法。

4.3　利用动态可逆化学键增韧热固性树脂

受到骨骼、贻贝足丝和蜘蛛丝等启发，“牺牲键”作为一种新型的增韧手段，对材料的增韧增强作用逐渐被人们认识[22~24]。“牺牲键”的键能介于20kB T❶和40kBT之间，比C—C键的键能（140kBT）小[25,26]。典型的“牺牲键”包括氢键[27]、金属-配体键[28]等。其作用机理是：当受到外应力作用时，“牺牲键”可以在小的形变下承受一定的外力，且可以提前断裂以保证材料的完整性，整个过程可以耗散大量的能量，从而达到提高材料性能的目的，特别是韧性和强度。此外，值得注意的是，“牺牲键”由于其键能低，具有动态可逆性，即破坏的“牺牲键”可以重新连

❶ kB表示玻尔兹曼常量，1kB=1.3806505(24)×10^{-23}J/K。

接，如图 4.28 所示。例如：Tang 等[28]通过在丁二烯-苯乙烯-乙烯基吡啶无规共聚物体系中构筑“牺牲键”[（Zn^{2+}-N）金属-配体键]，制备了强度和韧性都大幅度提高的改性体系，同时，该体系还具有自修复特性。目前，“牺牲键”对材料增韧增强作用的研究范围局限于热塑、橡胶体系。

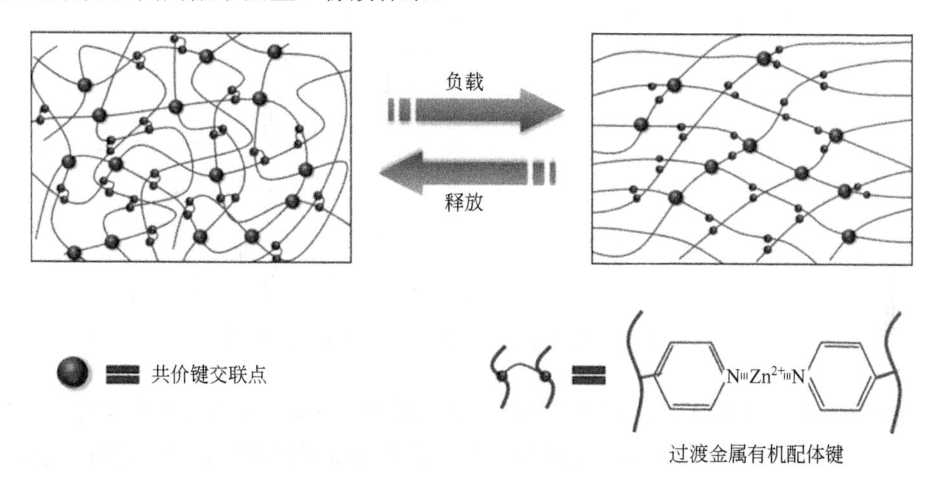

图 4.28 “牺牲键”的动态可逆示意

然而，“牺牲键”在热固性树脂中却并不陌生，尤其是在一些新型的热固性树脂体系中，如苯并噁嗪。对苯并噁嗪固化物的研究显示，其固化物交联密度低，开环后形成的分子内和分子间氢键是其性能优异的重要原因[29]。氢键作为一种“牺牲键”，可以通过调控实现对聚苯并噁嗪交联密度的调节，以进一步实现对聚苯并噁嗪耐热性能的有效控制[30]。Ishida[31]、顾宜等[32~35]研究了过渡金属化合物对苯并噁嗪固化物残碳的影响。在提高残碳的原因上存在分歧，Ishida 认为过渡金属化合物会催化开环，形成的“牺牲键”（金属-配体键）会抑制交联，同时会氧化酚形成羰基结构；而顾宜教授认为形成的“牺牲键”会降低苯环电子云密度，有利于形成苯胺对位的结构，提高了交联密度（如图 4.29 所示，苯胺对位结构的交联点相比 Mannich 桥结构的交联点多）。

总结文献发现，“牺牲键”在热固性树脂体系的研究和应用集中在对交联密度的调节上，进一步体现在对固化物耐热性能的影响，而从未将“牺牲键”应用于热固性树脂的增韧增强。其原因（以聚苯并噁嗪为例）主要是：①“牺牲键”（氢键）的形成与苯并噁嗪自身的结构有关，其再组装和热调控过程相对困难、可调控空间相对狭小。②共混体系中，过渡金属化合物添加量少且均匀分布（量大则分布分散会出现问题），固化后形成的“牺牲键”（金属-配体键）少且均匀，对于力学性能

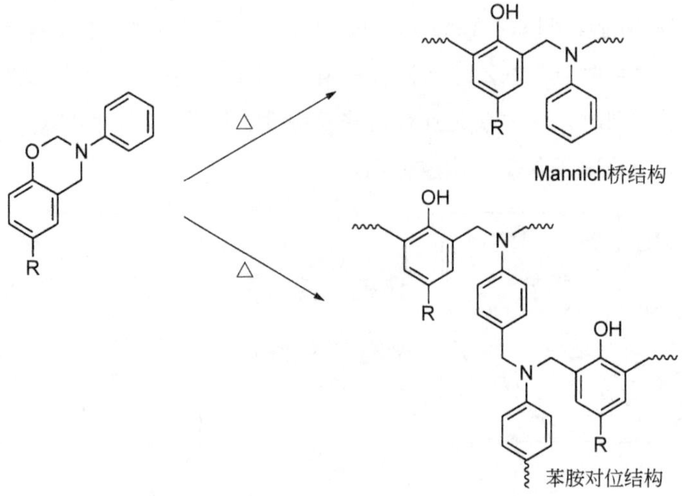

图 4.29　苯并嗪嗪开环后形成的不同交联结构

的影响不足，且固化后，由“牺牲键”造成的聚苯并噁嗪交联结构的变化与“牺牲键”自身结构对力学性能的影响难以区分。③相关研究存在争议。不同过渡金属由于其原子半径、电子结构等不同，d 轨道上的空轨道成键能力有区别，这种差异对开环后的交联结构（苯胺对位结构或 Mannich 桥结构）和苯并噁嗪中 N 或 O 元素的影响（是氧化形成更稳定的化合物，或是形成稳定苯胺的配位结构）等方面的研究存在争议，且相关研究缺乏系统性与理论性。

鉴于热固性树脂增韧增强的研究现状和“牺牲键”（金属-配体键）在热塑、橡胶等体系增韧增强方面的突出作用，同时结合热固性树脂的增韧增强需求［保证加工性能、耐热性能的同时大幅度提高韧性、强度及复合材料的冲击后压缩（CAI）性能］，笔者提出一个热固性树脂增韧增强的新思路：利用介孔的孔道，设计一种多种结构并存、多尺度协同增韧增强的基体树脂体系，该体系由介孔 SiO_2（研究成熟，应用范围广泛，已经部分商业化）负载过渡金属化合物后与苯并噁嗪/热固性树脂共混体系复配组成。固化过程中，首先利用反应诱导相分离的基本原理，在苯并噁嗪/热固性树脂体系实现相分离，制备具有微米尺度的增韧体系。在相分离过程中，过渡金属元素以介孔 SiO_2 为中心向基体树脂扩散（高浓度向低浓度扩散）（图 4.30）。在苯并噁嗪相中，形成介孔 SiO_2 为核心，过渡金属元素与开环后的苯并噁嗪之间形成“牺牲键”（金属-配体键）密度和聚苯并噁嗪固化交联密度（苯胺对位结构由介孔向周围逐渐变少）呈现梯度变化的固化物体系（图 4.31）；在第二组分热固性树脂相中，形成介孔 SiO_2 为核心，过渡金属元素与第二组分热固性树脂相互作用的固化物体系。同时，在整个体系中形成介孔与基体树脂之间的无机-有机“互穿网络”结构。

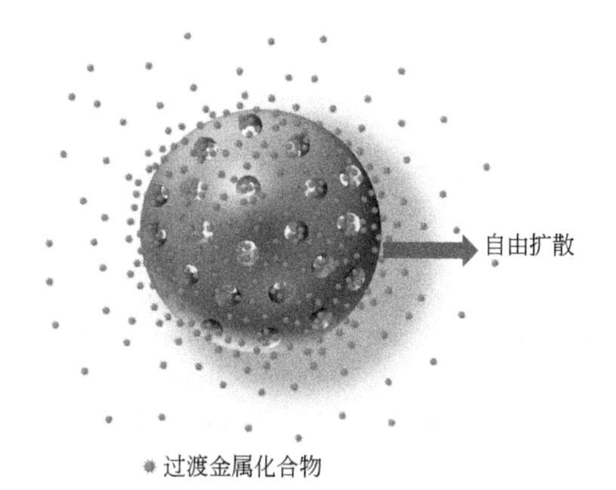

图 4.30　过渡金属化合物以介孔为中心向基体树脂体系扩散——高浓度向低浓度扩散

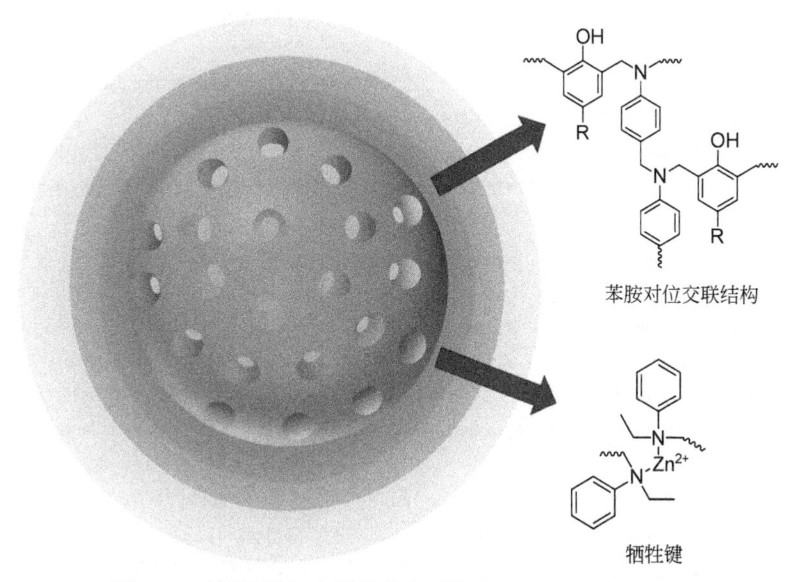

图 4.31　“牺牲键”和固化物交联密度呈现密度梯度变化

这种增韧增强高性能基体树脂的新方法也受到了国家自然科学基金面上项目的支持。笔者相信在未来的几年里，随着对多尺度协同增韧增强机理的深入分析，开发新型复合材料用高性能基体树脂，满足我国航空航天工业发展对高性能结构用材料的需求，对增强国防综合实力具有重要的实践意义。

参 考 文 献

[1] Wang Z, Ran Q, Zhu R, et al. A novel benzoxazine/bismaleimide blend resulting in bi-continuous phase separated morphology. RSC Advances, 2013, (3): 1350-1353.

[2] Zhao P, Zhou Q, Liu X, et al. Phase separation in benzoxazine/epoxy resin blending systems. Polymer Journal,

2013, (45): 637.

[3] Li X, Luo X, Liu M, et al. The catalytic mechanism of benzoxazine to the polymerization of cyanate ester. Materials Chemistry and Physics, 2014, (148): 328-334.

[4] Wang Z, Ran Q, Zhu R, et al. Reaction-induced phase separation in a bisphenol A-aniline benzoxazine-*N*, *N'*-(2, 2, 4-trimethylhexane-1, 6-diyl) bis (maleimide)–imidazole blend: the effect of changing the concentration on morphology. Physical Chemistry Chemical Physics, 2014, (16): 5326-5332.

[5] Wang Z, Ran Q, Zhu R, et al. Curing behaviors and thermal properties of benzoxazine and *N*, *N'*-(2, 2, 4-trimethylhexane-1, 6-diyl) dimaleimide blend. Journal of Applied Polymer Science, 2013, (129): 1124-1130.

[6] Liu Y L, Yu J M. Cocuring behaviors of benzoxazine and maleimide derivatives and the thermal properties of the cured products. Journal of Polymer Science Part A: Polymer Chemistry, 2006, (44): 1890-1899.

[7] Agag T, Takeichi T. Preparation, characterization, and polymerization of maleimidobenzoxazine monomers as a novel class of thermosetting resins. Journal of Polymer Science Part A: Polymer Chemistry, 2006, (44): 1424-1435.

[8] Kumar K S, Nair C R, Radhakrishnan T, et al. Bis allyl benzoxazine: synthesis, polymerisation and polymer properties. European Polymer Journal, 2007, (43): 2504-2514.

[9] Kumar K S, Nair C R, Sadhana R, et al. Benzoxazine–bismaleimide blends: curing and thermal properties. European Polymer Journal, 2007, (43): 5084-5096.

[10] Wang Z, Zhao J, Ran Q, et al. Research on curing mechanism and thermal property of bis-allyl benzoxazine and *N*, *N'*-(2, 2, 4-trimethylhexane-1, 6-diyl) dimaleimide blend. Reactive and Functional Polymers, 2013, (73): 668-673.

[11] Kissinger H E. Reaction kinetics in differential thermal analysis. Analytical Chemistry, 1957, (29): 1702-1706.

[12] Kimura H, Matsumoto A, Sugito H, et al. New thermosetting resin from poly (*p*-vinylphenol) based benzoxazine and epoxy resin. Journal of Applied Polymer Science, 2001, (79): 555-565.

[13] Ozawa T. Kinetic analysis of derivative curves in thermal analysis. Journal of Thermal Analysis and Calorimetry, 1970, (2): 301-324.

[14] Agag T, Takeichi T. Synthesis and characterization of novel benzoxazine monomers containing allyl groups and their high performance thermosets. Macromolecules, 2003, (36): 6010-6017.

[15] Gu A, Liang G. High performance bismaleimide resins modified by novel allyl compounds based on epoxy resins. Polymer-Plastics Technology and Engineering, 1997, (36): 681-694.

[16] 黄天辉, 赵玉娟, 田兆福, 等. 催化和表面科学. 物理化学学报, 2014, (30): 2307-2314.

[17] Wang J. Feng S. Song Y, et al. Synthesis of hierarchically porous carbon spheres with yolk-shell structure for high performance supercapacitors. Catalysis Today, 2015, (243): 199-208.

[18] 余传柏. 介孔材料原位增强酚醛树脂基摩擦材料的制备及性能研究. 南宁: 广西大学, 2014.

[19] Fujiwara M, Sakamoto A, Shiokawa K, et al. Mesoporous MFI zeolite material from silica–alumina/epoxy-resin composite material and its catalytic activity. Microporous and Mesoporous Materials, 2011, (142): 381-388.

[20] Wang Z, Zhu H, Cao N, et al. Superhydrophobic surfaces with excellent abrasion resistance based on benzoxazine/mesoporous SiO_2. Materials Letters, 2017, (186): 274-278.

[21] Wang Z, Zhu H, He J, et al. Formation and mechanism of a super-hydrophobic surface with wear and salt spray resistance. RSC Advances, 2017, (7): 43181-43185.

[22] Luo M C, Zeng J, Fu X, et al. Toughening diene elastomers by strong hydrogen bond interactions. Polymer, 2016, (106): 21-28.

[23] Harrington M J, Masic A, Holten-Andersen N, et al. Iron-clad fibers: a metal-based biological strategy for hard

flexible coatings. Science, 2010, (328): 216-220.

[24] Fantner G E, Hassenkam T, Kindt J H, et al. Sacrificial bonds and hidden length dissipate energy as mineralized fibrils separate during bone fracture. Nature Materials, 2005, (4): 612-616.

[25] Barwich S, Coleman J N, Mobius M E. Yielding and flow of highly concentrated, few-layer graphene suspensions. Soft Matter, 2015, (11): 3159-3164.

[26] Hough L A, Islam M F, Janmey P A, et al. Viscoelasticity of single wall carbon nanotube suspensions. Physical Review Letters, 2004, (93): 168102.

[27] Mckee J R, Huokuna J, Martikainen L, et al. Molecular engineering of fracture energy dissipating sacrificial bonds into cellulose nanocrystal nanocomposites. Angewandte Chemie International Edition, 2014, (53): 5049-5053.

[28] Huang J, Tang Z, Yang Z, et al. Bioinspired interface engineering in elastomer/graphene composites by constructing sacrificial metal-ligand bonds. Macromolecular Rapid Communications, 2016, (37): 1040-1045.

[29] Ishida H. Advanced and emerging polybenzoxazine science and technology. Netherlands: Elsevier, 2017.

[30] Bai Y, Yang P, Song Y, et al. Effect of hydrogen bonds on the polymerization of benzoxazines: influence and control. RSC Advances, 2016, (6): 45630-45635.

[31] Low H Y, Ishida H. Improved thermal stability of polybenzoxazines by transition metals. Polymer Degradation and Stability, 2006, (91): 805-815.

[32] Zhu Y, Ling H, Gu Y. Effect of La_2O_3 on the thermal stability of polybenzoxazine based on 4,4′-diaminodiphenyl methane. Journal of Polymer Research, 2012, (19): 9904.

[33] Ran Q C, Zhang D X, Zhu R Q, et al. The structural transformation during polymerization of benzoxazine/$FeCl_3$ and the effect on the thermal stability. Polymer, 2012, (53): 4119-4127.

[34] Zhu Y, Gu Y. Effect of interaction between transition metal oxides and nitrogen atoms on thermal stability of polybenzoxazine. Journal of Macromolecular Science: Part B, 2011, (50): 1130-1143.

[35] Sawaryn C, Landfester K, Taden A. Advanced chemically induced phase separation in thermosets: Polybenzoxazines toughened with multifunctional thermoplastic main-chain benzoxazine prepolymers. Polymer, 2011, (52): 3277-3287.

Chapter 05

第5章 苯并噁嗪与双马来酰亚胺固化物的相结构及其形成机理

第 4 章介绍了热固性树脂增韧热固性树脂的新思路，并对其中的固化反应进行了详细的介绍。然而热固性树脂增韧热固性树脂的研究还处于初期，相关的理论和影响因素还有待进一步探讨。众所周知，在生成互穿网络结构(IPN)的共混体系中，化学结构[1]、固化反应顺序[2]、固化工艺[3]等都可以影响最终的固化物形态。因此，借鉴 IPN 共混体系的研究内容，本章将在上一章的基础上对热固性树脂增韧热固性树脂的相分离过程、相分离机理及影响因素作详细的介绍。

5.1 组成比例对相结构的影响

为了制备具有不同相分离结构的热固性树脂/热固性树脂共混体系固化物，本小节在 BA-a/TBMI 体系中引入催化剂咪唑，并调整 BA-a 和 TBMI 的组成比例，探索 BA-a/TBMI/咪唑体系组成变化、固化反应、化学流变与相分离和相结构之间的相互关系。希望找到热固性树脂/热固性树脂共混体系反应诱导相分离的影响因素和控制方法，建立相结构与最终固化物性能之间的关系，为进一步制备高性能的基体树脂做准备。

5.1.1 不同组成比例共混体系固化物的相结构[4,5]

将重结晶的 BA-a 和 TBMI 按照摩尔比为 2∶1、1∶1、1∶2 的比例在 110℃熔融混合，搅拌至透明，降至室温备用。将质量为共混体系质量 3%的咪唑溶于丙酮中，与共混物在室温下共混。将三元体系分别记为 BTI213、BTI113 和 BTI123。然后将共混物置于 60℃真空烘箱中，抽真空 1h 除去溶剂。将除去溶剂的共混物放入铝盒中，按照 120℃/4h、160℃/4h、200℃/2h 的阶段式固化工艺制备树脂浇铸体。

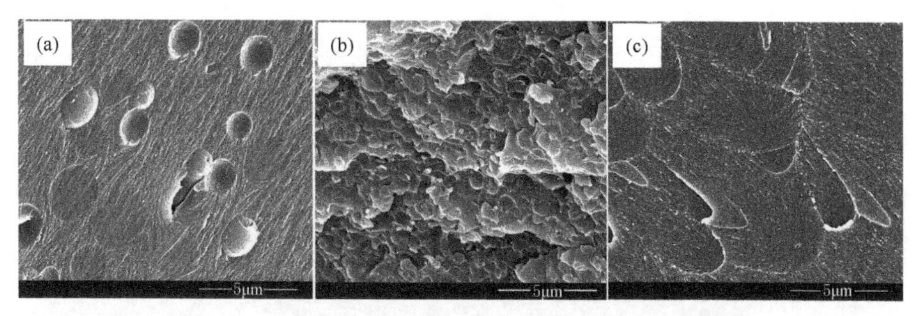

图 5.1 BA-a/TBMI/咪唑共混体系固化物的 FESEM 图

（a）BTI213；（b）BTI113；（c）BTI123

图 5.1 为 BTI213、BTI113 和 BTI123 共混体系固化物淬断面的 FESEM 形貌图。从图 5.1 可以看出，共混体系固化物的形貌主要分为三类：图 5.1（a）为明显的海岛结构，且海岛结构的尺寸在 1～3μm；图 5.1（b）初步推断为类似双连续相结构；图 5.1（c）为均相结构。从共混体系的组成比例可以推断，在 BTI213 体系中海岛相为 PTBMI 富集相，基体为 PBA-a 富集相。而具有类似双连续相结构和均相结构的 BTI113 和 BTI123 的最终相结构需要进一步确认。

选取 BTI213、BTI113 和 BTI123 进行 TEM 测试，结果如图 5.2 所示。从图 5.2 可以看出共混体系 BTI213 呈现海岛结构，海岛尺寸在 1～3μm，其中海岛结构为 PTBMI 富集相，基体为 PBA-a 富集相。因为 PTBMI 由非共轭的脂肪族链构成，电子密度比较低，因此在 TEM 图像中呈现亮场。同理，BTI113 呈现明显的双连续相结构，而 BTI123 体系呈现均相结构。这一结果与 FESEM 结果相吻合。

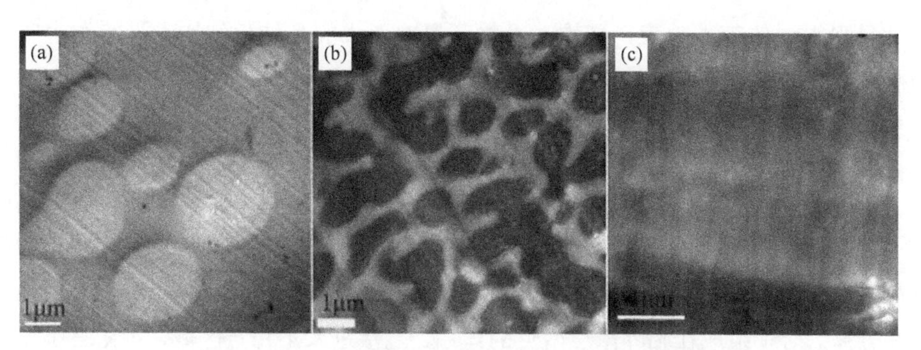

图 5.2 BA-a/TBMI/咪唑共混体系固化物的 TEM 图

（a）BTI213；（b）BTI113；（c）BTI123

传统的热固/热塑共混体系的相形态是通过对固化后的样品进行刻蚀，然后采用扫描电镜进行观察的。然而，固化后的热固性/热固性树脂共混体系不溶不熔、难以刻蚀，因此，寻找新的手段表征热固性/热固性树脂共混体系固化物的相结构就十分必要。笔者利用三甲基六亚甲基双马来酰亚胺固化物具有很强的荧光特性[6]这一特点，采用激光共聚焦显微镜对样品的相形态进行表征，取得了很好的效果，结果如图 5.3 所示。

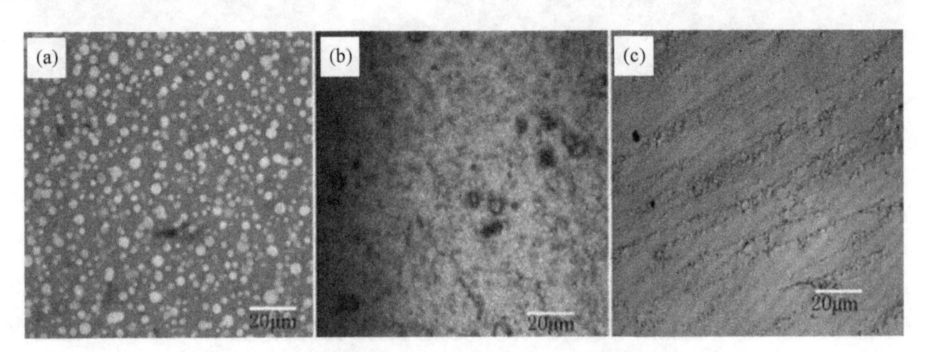

图 5.3　BA-a/TBMI/咪唑共混体系固化物的 CLSM 图

（a）BTI213；（b）BTI113；（c）BTI123

从图 5.3（a）可以看出，共混体系 BTI213 发生了明显的相分离，具有强荧光特性的 PTBMI 相呈现颗粒状形态分散在 PBA-a 基体树脂中，颗粒大小在 1～3μm。从 BTI113 激光共聚焦显微镜图片［图 5.3（b）］可以看出，整个图片呈现出明暗区域相互交错的云团状影像，亮区为具有强荧光特性的 PTBMI 富集相，而相对较暗或黑色的区域则是 PBA-a 富集相，形成了双连续相的形态结构。在整个图像中，亮区的范围更加广泛、占据的面积更大，这是由于 PTBMI 的荧光效应很强，部分遮盖了聚苯并噁嗪的荧光效应。图 5.3（c）中，BTI123 固化物图像整体呈现很强的荧光效应，且均一平整，说明形成的是均相结构，没有发生明显的相分离。

5.1.2　不同组成比例共混体系固化物的相分离过程[4,5]

传统的反应诱导相分离的反应机理包含旋节线相分离机理（SD）和双节线（成核-增长）相分离机理（NG）。Pascault 等[7]在研究环氧/PEI 共混体系的反应诱导相分离时发现，对于不同组成的体系，分相时将进入不同的分相区域，发生不同机理的相分离。对于组成在临界浓度附近的体系，直接进入不稳定区域，对无限小振幅的浓度涨落失稳，按照 SD 机理进行相分离，以形成两相互穿的双连续相结构为主。如果组成偏离临界浓度，体系进入介稳态区域，对有限幅度的浓度涨落失稳，按照 NG 机理进行相分离，大多形成一相分布在另一相中的球状相结构。Inoue[8]运用光散射方法证明聚丙烯腈丁二烯/双酚 A 环氧固化体系的相分离遵循 SD 机理发生分相。对相分离机理研究的无限追求，可以为更好地调控相结构提供理论依据，是很多学者研究反应诱导相分离的重点。

关于反应诱导相分离机理研究的直接、有利的手段是采用光学的方法。不同机理出现相分离时具有明显不同的特征，如 Pascault 等[7]所得结论，SD 机理出现分相的瞬间以双连续相结构为主，而 ND 机理出现分相的瞬间以海岛结构为主。根据这一原则，可以通过跟踪相分离的过程对相分离机理进行判断。基于这样的认识，对 BTI 体系的相分离过程进行了跟踪。

采用 FESEM 对 BTI213 和 BTI113 两个体系进行了离位的淬断面形貌检测和相分离过程分析，以期获得 BTI 体系相分离的基本规律。从图 5.4 可以看出，在 120℃情况下，BTI213 固化 50min 时，样品断面呈现均相结构，没有发生相分离；固化到 60min 时，断面出现颗粒状结构；固化到 80min 时，断面的颗粒变得更加明显，相区尺寸在 1～3μm。对 120℃固化 180min 后的样品在四氢呋喃溶剂中进行了刻蚀，刻蚀时间为 15min。从图 5.4（d）可以看到，样品中一种组分能够被刻蚀掉，呈现出明显的球形颗粒状结构。随着固化时间的延长，球形颗粒的尺寸明显增大；当固化温度升至 160℃后，随着固化时间的延长，共混体系中的两种组分均达到较高的固化程度，原来易被刻蚀的组分逐渐变得难以刻蚀，清晰的球形颗粒形貌逐渐变得模糊［图 5.4（e）、（f）、（g）和（h）说明了这样一种变化］。可以确定固化物仍然是球形颗粒状海岛结构，与前面表征的固化物相结构是相同的。从图 5.4 还可以看出，BTI213 体系发生相分离的时间点（浊点）在 50～60min，且出现分相的瞬间，就呈现海岛状结构，这一过程符合成核与生长相分离机理。

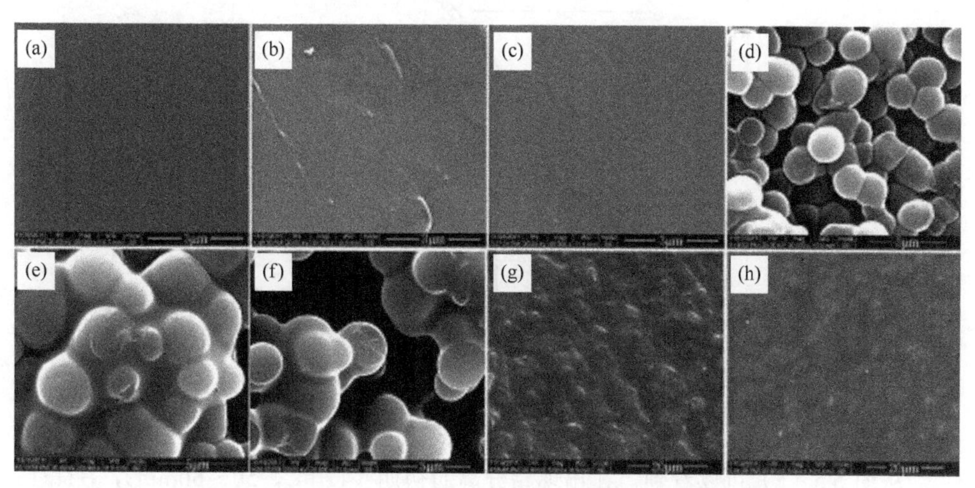

图 5.4　BTI213 在不同温度下固化不同时间的 FESEM 图

（a）120℃/50min；（b）120℃/60min；（c）120℃/80min；（d）120℃/180min；（e）120℃/4h 和升温到 160℃时；（f）120℃/4h，160℃/30min；（g）120℃/4h，160℃/1h；（h）120℃/4h，160℃/90min

为了进一步建立共混体系固化反应、化学流变行为与相分离过程之间的关系，测试了 BTI213 体系在 120℃的等温 DSC 曲线和恒温黏度变化。利用公式 $\alpha=\dfrac{H_t}{H_{\text{all}}}$ 计算出在 120℃时，BTI213 体系反应时间为 t 时的转化率。其中，H_t 为反应时间为 t 时的反应热焓，H_{all} 为共混体系的总热焓，总热焓为不同升温速率下热焓的平均值，结果如图 5.5（a）所示，BTI213 体系在 120℃时的恒温流变行为曲线如图 5.5（b）所示。

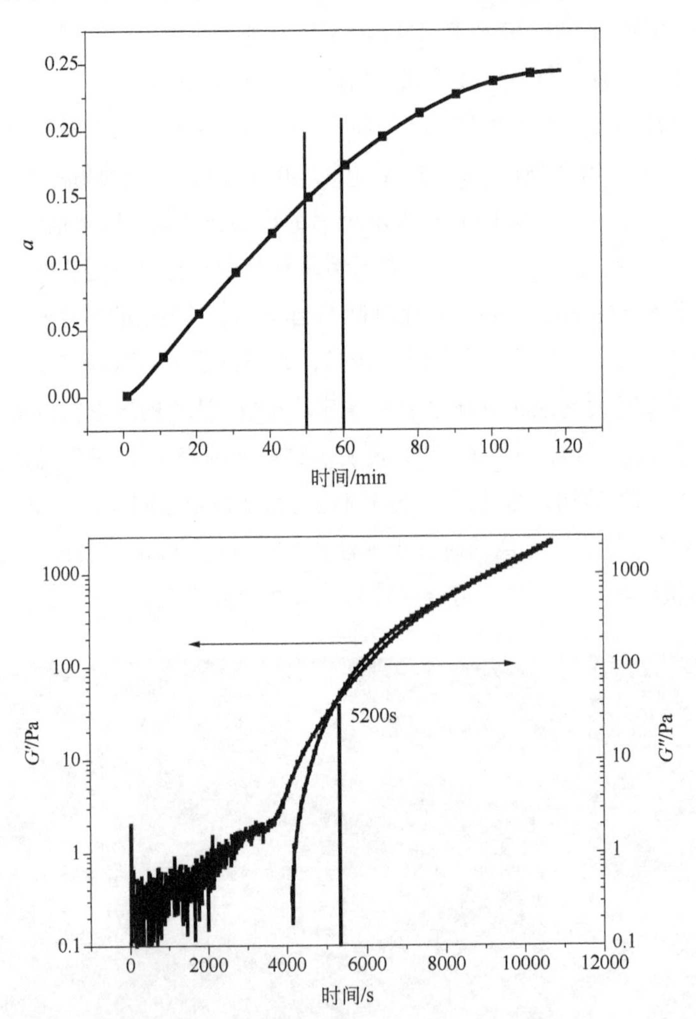

图 5.5　BTI213 在 120℃时的转化率/时间曲线（a）和流变曲线（b）

从图 5.5（a）可以看到，在出现相分离的初期（120℃，50～60min），BTI213 的转化率在 0.15～0.17。随着反应的进行，相分离的变化明显，如图 5.4（c）和（d）所示。热固性树脂体系的凝胶化时间（t_{gel}）表示热固性树脂在一定的温度下初步形成交联网络结构所需要的时间。t_{gel} 可以定性地表征树脂体系固化反应的快慢。等温化学流变测试结果中储能模量（G'）和损耗模量（G''）交点处所对应的时间可以表示树脂体系的 t_{gel}。从图 5.5（b）可以看出，BTI213 体系 t_{gel}=5200s，对应于图 5.5（a）中的转化率约为 0.25。从图 5.5 可知，BTI213 体系相分离发生的时间点在体系发生凝胶之前，此时 BTI213 体系具有很强的流动性，主要以热力学驱动下的组分间的流动为主，这种情况有利于相分离的进一步产生。当固化时间达到 5200s 后，体系出现凝胶，相结构基本固定，流动困难，后续的相结构的进一步演变主要是以体系中两组分的局部扩散为主，如图 5.4 所示。

不同于 BTI213 体系，BTI113 体系的相分离过程如图 5.6 所示。图 5.6（a）、（b）、（c）、（d）是 BTI113 在 120℃固化不同时间后取样，然后在液氮中淬断的 FESEM 断面形貌；而图 5.6（e）、（f）、（g）、（h）则是对应的试样在液氮中淬断并经过刻蚀后的断面形貌。

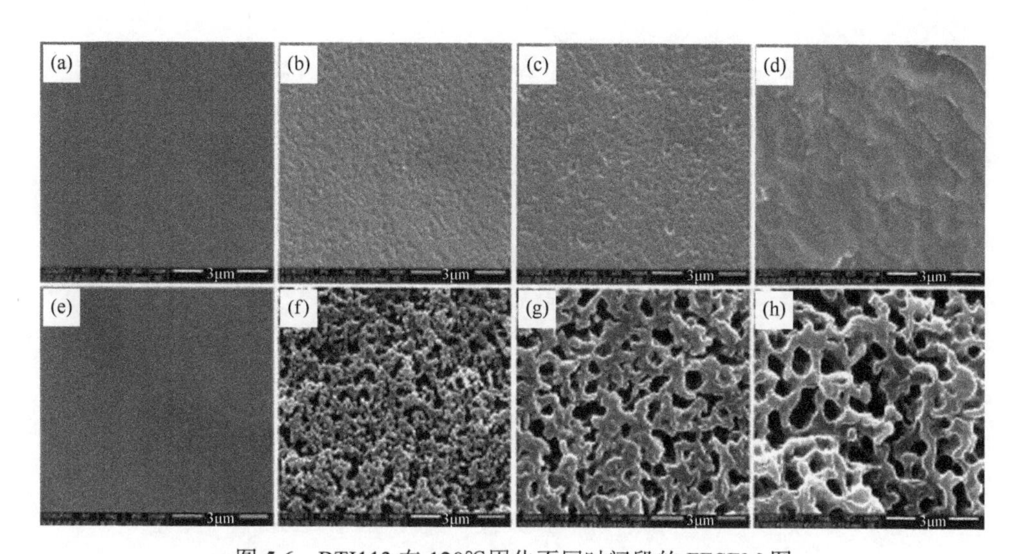

图 5.6　BTI113 在 120℃固化不同时间段的 FESEM 图

［（a）60min；（b）80min；（c）100min；（d）120min］和对应的在 THF 中的刻蚀后图［（e）、（f）、（g）、（h）］

从图 5.6（a）、（e）的图像可以看到，BTI113 在 120℃固化反应 60min 后，整个体系仍呈现均相体系。比较图 5.6（b）、（c）、（d）、（f）、（g）、（h）可见，当固化反应进行到 80min 后，共混体系发生了明显的相分离，形成双连续相结构，随着固化反应的进行，双连续相结构不断粗化，其相结构的演化过程与热固性/热塑性共混体系的反应诱导相分离现象相似；当反应达 120min 后，整个体系的相结构固定，此时的刻蚀试样经 FESEM 观察到的表面形貌与图 5.2（b）中完全固化试样经 TEM 观察到的相形态完全相同。从 BTI113 体系相分离的过程可以判断，BTI113 体系的相分离点（浊点）出现在 60～80min，且在出现相分离的初始状态，体系就呈现出双连续相结构，所以这一体系的相分离过程符合旋节线相分离机理。

采用如 BTI213 体系同样的方法，对 BTI113 体系在 120℃的固化转化率和恒温黏度进行了测试，结果如图 5.7 所示。其中，图 5.7（a）为 BTI113 在 120℃固化转化率随时间的变化曲线，图 5.7（b）为 BTI113 体系在 120℃的恒温流变曲线。从图 5.7（a）可以看出，在出现相分离的初期（120℃，60～80min），BTI113 体系的

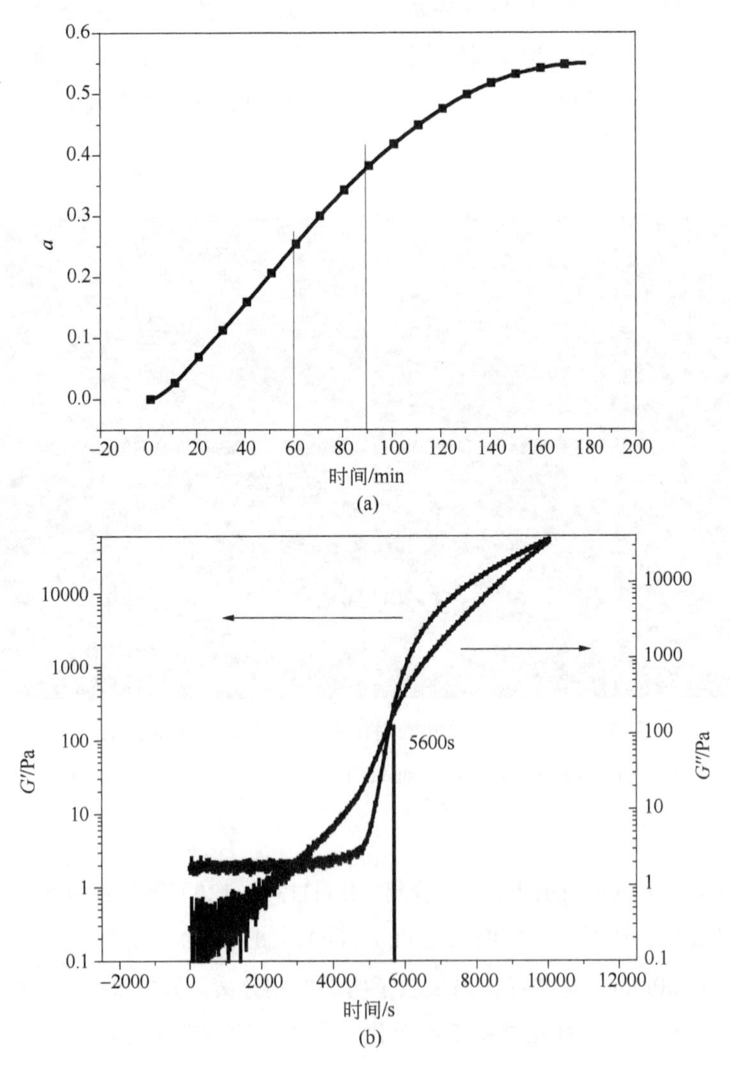

图 5.7　BTI113 在 120℃时的转化率/时间曲线（a）和流变曲线（b）

转化率在0.25～0.37。同时，从图5.7（b）中可以看到BTI113体系的t_{gel}=5600s，对应于图5.7（a）中的转化率大约为0.4，BTI113体系在凝胶点前就发生相分离，随后体系固化转化率接近凝胶，相形态基本固定下来。随后的相分离过程主要以组分的局部扩散为主。从图5.6可以看出，共混体系出现相分离后，相形态基本固定，随着反应的进行只是相区尺寸在逐渐增大，整体形貌与最终形貌差距不大。这样的结果与转化率的结果是相符合的。

从以上机理的推断和相分离发生时转化率的测试，可以发现对于BTI体系，相分离发生在凝胶点之前，且随着组成比例的变化，相分离发生的机理不同、距离凝胶点的距离不同。同时，从机理推测，BTI113体系中两组分的组成更加接近临界浓度组成。

对相分离过程的跟踪显示，共混体系两种组分中一种组分优先发生反应，分子量实现增长，成为体系相分离的主要推动力；另一组分则反应较慢，保持低分子量状态，易于被刻蚀掉，为相形态的表征提供了帮助。从图5.1固化物的相结构推测，在BTI213体系中，颗粒状结构为TBMI，而被刻蚀掉的基体组分为未反应的苯并噁嗪。为了进一步证实这样的推测，将BTI113体系在120℃固化2h后的样品放入刻蚀液四氢呋喃中浸泡24h，然后取出不溶物置于60℃真空烘箱中干燥30min，如此浸泡-干燥重复3次，最后再通过FTIR对不溶物和溶解物分别进行表征，结果见图5.8[5]。从图5.8中可以看出，未固化共混样品［图5.8（a）］和刻蚀液溶解产物［图5.8（b）］

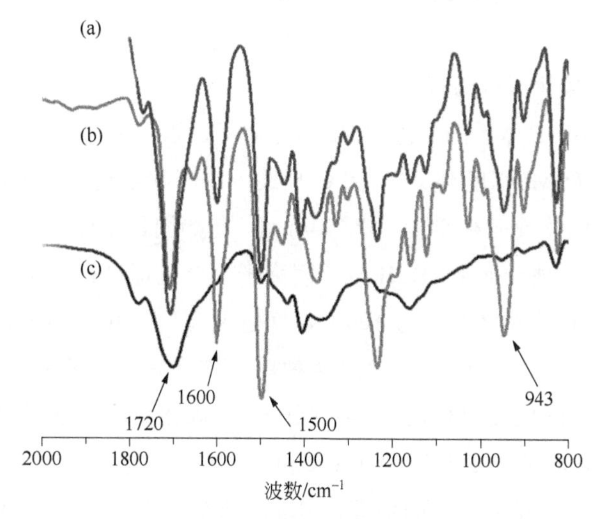

图5.8　不同样品的红外曲线

（a）BTI113的红外曲线；（b）BTI113在120℃固化2h后溶解在THF中的部分；（c）BTI113在120℃固化2h后经THF溶解后未溶解的部分

在 943cm^{-1}、1500cm^{-1}、1600cm^{-1}和 1720cm^{-1}处均出现了吸收峰，分别对应于苯并噁嗪中噁嗪环、苯环和 TBMI 中酰亚胺羰基的吸收峰，说明二者均存在 BA-a 单体和 TBMI 单体。但与未固化样品相比，溶解产物在 1720cm^{-1}处吸收峰的强度相对 943cm^{-1}、1500cm^{-1}和 1600cm^{-1}处吸收峰的强度变弱，说明溶解产物中主要是 BA-a，TBMI 的含量相对较少。在刻蚀液不溶物的 FTIR 谱图［图 5.8（c）］中，仅在 1720cm^{-1}处发现吸收峰，而并未发现任何明显与苯并噁嗪结构相关的吸收峰（943cm^{-1}、1500cm^{-1}和 1600cm^{-1}处），说明不溶物应为聚 TBMI。由此可以给出结论，在 BTI 共混树脂中 TBMI 先于 BA-a 发生固化反应并驱动反应诱导相分离的发生。

5.1.3 不同组成比例共混体系的固化反应历程、反应动力学及与相分离的关系

比较第 4 章的研究结果可以看到，没有加入咪唑的苯并噁嗪/双马来酰亚胺共混树脂固化物为均相结构，而在不同组成比例的共混树脂中加入催化剂咪唑之后，其固化物可以分别形成海岛、双连续和均相的相形态结构。咪唑的加入，改变了共混体系的固化反应历程，同时组成的变化也使得固化反应动力学发生了改变，这两方面的变化直接决定了相分离的发生和相结构的形成。本小节主要探讨了咪唑对共混体系固化反应的影响、不同组成比例共混体系的固化反应动力学特点及其与固化物相结构之间的关系。目的是希望通过控制固化反应达到对固化物相结构的有效控制。

5.1.3.1 BTI113 固化反应历程[5,9]

图 5.9 是 BTI113 体系的升温 DSC 固化曲线，以及为进行对照比较而作的单体 BA-a/咪唑和 TBMI/咪唑体系的 DSC 曲线。在咪唑催化作用下，BA-a 经历了开环交联过程，固化反应热焓为 167.7kJ/mol，起始固化温度为 150℃，峰值温度为 198℃（图 5.9 中曲线 a）；TBMI 按照阴离子聚合机理进行固化，固化反应热焓为 133.6kJ/mol，起始固化温度为 100℃，峰值温度为 210℃（图 5.9 中曲线 b）。相比单体自身的热固化反应，咪唑对两种单体均具有明显的催化作用。BTI113（图 5.9 中曲线 c）固化反应热焓为 149.8kJ/mol，固化反应峰呈现双峰，起始固化温度接近 100℃，峰值温度分别为 180℃和 220℃。从理论上计算，如果 BTI113 体系中两种单体只是发生各自的均聚，则反应热焓应为 150.7kJ/mol，这一数值与 DSC 实测值非常接近，说明 BTI113 体系中 TBMI 和 BA-a 的聚合反应主要是分别进行的，两者之间的共聚反应比较少。

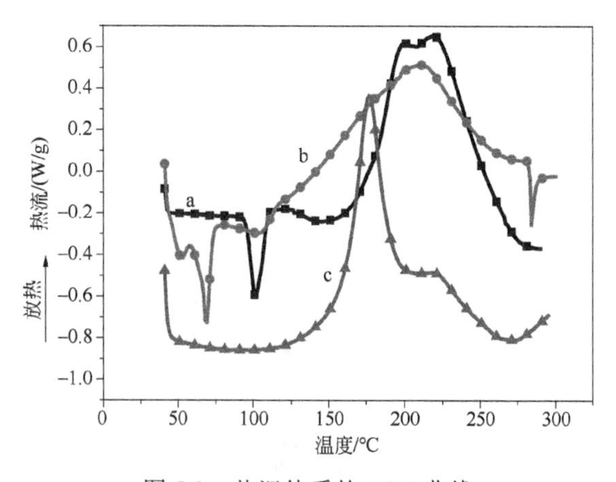

图 5.9　共混体系的 DSC 曲线

a—BA-a/3%咪唑；b—TBMI/3%咪唑；c—BTI113

为了证明共混体系中两组分的固化反应顺序，对共混体系阶段固化后样品进行了升温 DSC 测试，对单体进行了恒温 DSC 测试，其中固化转化率的计算与 3.3.2.1 节中所述方法相同，结果如图 5.10 所示。图 5.10（a）是 BTI113 在 120℃固化不同时间后样品的升温 DSC 曲线。从图 5.10（a）A 曲线可以看到未固化的 BTI113 存在两个固化放热峰，固化反应放热范围宽，放热缓慢［BT11 固化反应只有单峰，峰值温度为 247℃（第 4 章中介绍）］。随着在 120℃固化时间［图 5.10（a）B、C、D、E 曲线］的延长，低温放热峰逐渐减小，高温放热峰变化不大，共混体系的剩

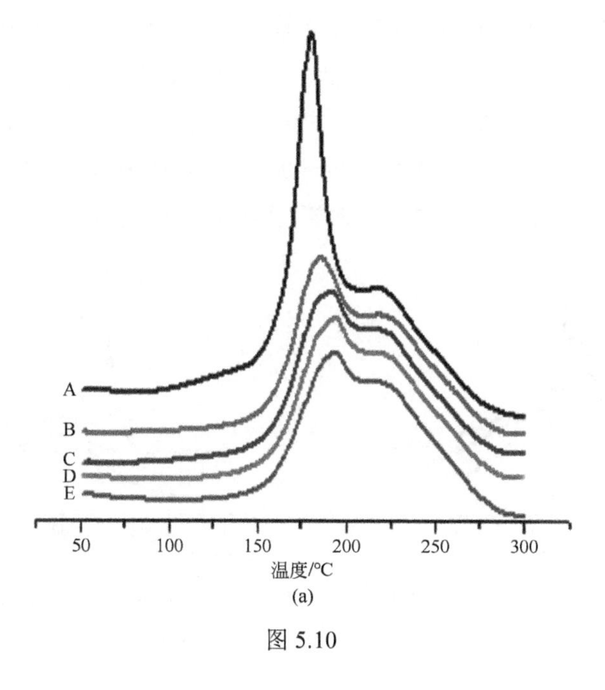

(a)

图 5.10

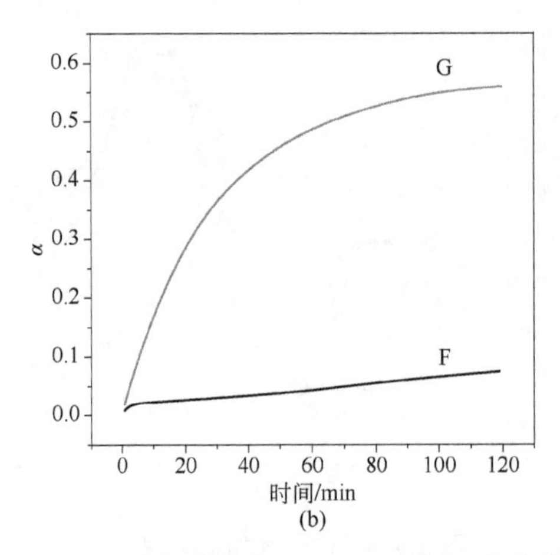

图 5.10　BTI113 在 120℃固化不同时间后的 DSC 曲线（a）和不同体系在 120℃转化率随时间的关系（b）

（A—120℃/0min；B—120℃/60min；C—120℃/80min；D—120℃/100min；E—120℃/120min；F—BA-a/3%咪唑；G—TBMI/3%咪唑）

余固化反应热焓逐渐减小。同时，将 3%的咪唑分别加入到 BA-a 和 TBMI 单体中在 120℃进行等温 DSC 测试，得到固化转化率和时间的曲线［图 5.10（b)］。可以看到，TBMI 的固化度迅速增加，120min 后固化转化率接近 60%，而 BA-a 的固化度增加缓慢，120min 后固化转化率低于 10%。DSC 结果表明，在 BTI113 中，TBMI 先于 BA-a 发生反应。

为了进一步搞清楚 BTI113 体系 DSC 曲线中两个放热峰所对应的固化反应（即固化反应顺序），对不同比例共混体系进行了 DSC 表征（图 5.11），其中高斯分峰后的面积列于表 5.1。随着共混体系中 TBMI 含量的减少，a 峰的峰高和峰面积逐渐减小，b 峰的峰高和峰面积逐渐增大。以上结果说明 BTI113 的固化反应顺序为 TBMI 在咪唑的催化下先发生聚合，随后 BA-a 在催化剂的作用下发生聚合。

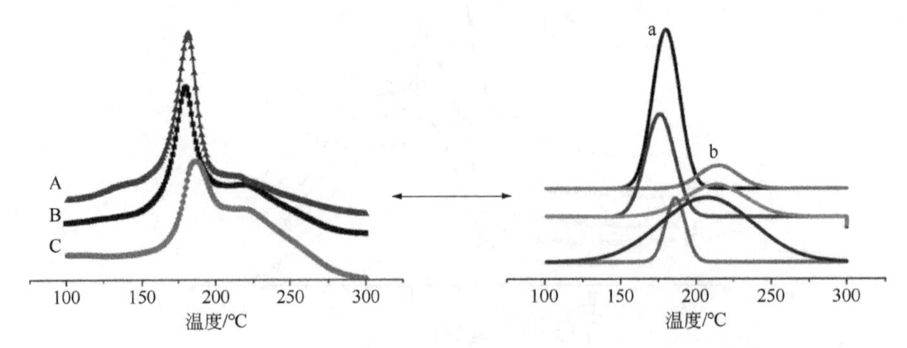

图 5.11　不同体系的 DSC 曲线及对应各个峰的高斯拟合结果

A—BTI123；B—BTI113；C—BTI213

表 5.1　高斯拟合后各个峰的峰面积

项目	a 峰（面积）	b 峰（面积）
BTI123	34.1	7.2
BTI113	23.9	15.4
BTI213	10.2	47.9

上述研究证实了 BTI113 体系中 TBMI 先发生反应，而后 BA-a 再发生反应，且两者之间的共聚反应比较少，而 BTI113 体系生成的化学结构还需要细致地描述，因此对 BTI113 体系进行了分阶段的红外表征，结果如图 5.12 所示。

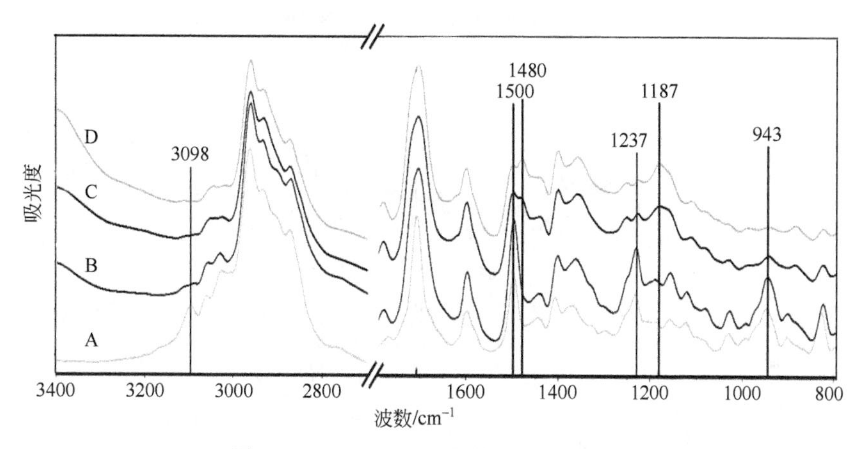

图 5.12　BTI113 分段固化后的 IR 曲线

A—室温；B—120℃/4h；C—120℃/4h，160℃/4h；D—120℃/4h，160℃/4h，200℃/2h

BTI113 体系（图 5.12）从较低的固化反应温度（120℃）开始，3098cm^{-1} 峰强逐渐减小，而此时 943cm^{-1}、1237cm^{-1} 和 1500cm^{-1} 处的吸收峰强变化不大，说明 TBMI 在 BTI113 体系中在 120℃先发生反应，而 BA-a 在此时还没有反应。随后，在更高的温度下（160℃），3098cm^{-1} 峰强继续减小，943cm^{-1}、1237cm^{-1} 和 1500cm^{-1} 处的吸收峰开始逐渐减小，同时 1480cm^{-1} 处出现苯环 1,2,3,5-四取代吸收峰。说明共混体系 BTI113 中 BA-a 在 160℃才开始发生化学反应。在 200℃固化 2h 后，3098cm^{-1} 处峰完全消失说明 TBMI 已经反应完全，同时 943cm^{-1}、1237cm^{-1} 和 1500cm^{-1} 处的峰完全消失，说明 BA-a 也已经反应完全。此外，可以发现 1187cm^{-1} 处 C—O—C 的吸收峰强度是在 3098cm^{-1} 处 TBMI 大量消失后才增强的，所以其固化反应顺序如图 5.13 所示。BTI113 体系中 TBMI 先发生反应［图 5.13（a)］，BA-a 在较高的温度下发生反应［图 5.13（b)］，由于 TBMI 在较低温度下反应较快，所以较少与苯并嗯嗪开环形成的酚羟基形成交联结构［图 5.13（c）］。可以明显地看到含有咪唑与不含咪唑的共混体系在固化反应方面的主要区别是 BA-a 与 TBMI 共聚反应的多少。在不含咪唑的共混体系中，BA-a 与 TBMI 共聚反应多，限制了两种组分的流动扩散，不易形成明显的相分离结构；而在含有咪唑的共混体系中，TBMI 先发生反应，与 BA-a 发生共聚反应的含量少，所以 TBMI 分子量的增长导致体系中两组分热力学相容性变差，同时两组分之间共聚少，流动扩散不受限制，易于发生相分离。

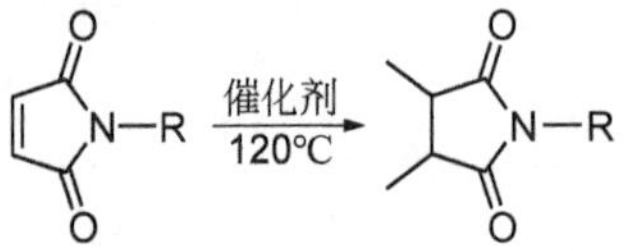

催化剂
120℃

(a)

催化剂
160℃

(b)

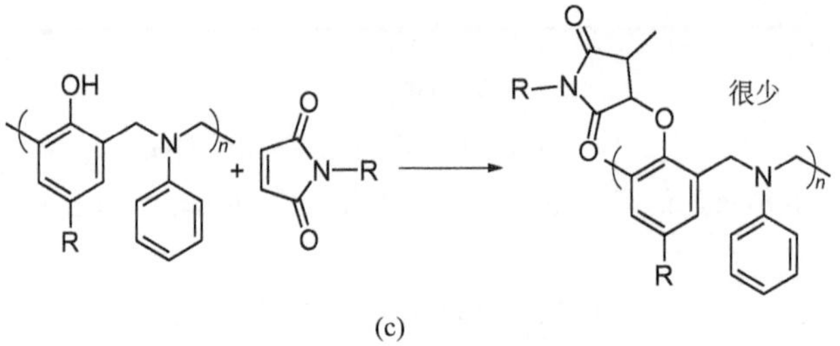

很少

(c)

图 5.13　BTI113 的固化反应机理

（a）咪唑催化 TBMI 固化；（b）咪唑催化苯并嗯嗪固化；（c）开环的苯并嗯嗪与 TBMI 之间的共聚反应

5.1.3.2　不同组成比例共混体系的热力学参数及与相分离的关系

5.1.3.2.1　热力学参数的计算及吉布斯自由能拟合[4]

共混体系的固化反应历程及其动力学的研究显示了不同比例共混体系与相分离的关系，然而其热力学上的差异应是相分离能否发生的重要决定性因素。对 BTI 中两组分的热力学参数进行如下计算。

按照 GB/T 15223—2008，对聚合后含咪唑的单体进行密度测试得到如表 5.2 所示的结果。

表 5.2　不同体系固化物的密度

体系	聚苯并噁嗪/3%咪唑	聚双马来酰亚胺/3%咪唑
密度/(g/cm^3)	1.1645	1.2066

从 Flory-Huggins 似晶格模型[10]出发，可以得到式（5-1）所示的方程。

$$\Delta F_{\mathrm{M}} = -\frac{RTV}{V_{\mathrm{s}}}\left[\frac{\phi}{x_{\mathrm{A}}}\ln\phi + \frac{1-\phi}{x_{\mathrm{B}}}\ln(1-\phi) + \chi_1\phi(1-\phi)\right] \tag{5-1}$$

共混体系出现相分离时临界条件是吉布斯自由能的一阶和二阶导数为 0，由此可以得到出现相分离时的临界条件为式（5-2）：

$$\chi_{1\mathrm{c}} = \frac{1}{2}\left(\frac{1}{x_{\mathrm{A}}^{\frac{1}{2}}} + \frac{1}{x_{\mathrm{B}}^{\frac{1}{2}}}\right)^2 \tag{5-2}$$

从式（5-2）可以看出 χ_{1c} 随着样品分子量的增大而减小。只有当体系的 $\chi_1 < \chi_{1c}$ 时，两种聚合物才有可能在某些组成范围内形成均相共混物。而当 $\chi_1 > \chi_{1c}$ 时，则体系在任何组成下都不能形成均相共混物，这种体系是不相容的。可以通过共混体系的 χ_1 与临界值的大小来判断共混体系是否相容。

在 BA-a 和 TBMI 共混体系中可以看到，初始状态两种组分都是单体，所以 x_A 和 x_B 都等于 1。随着反应的进行其值会逐渐增大，所以，临界 χ_{1c} 的取值区间是(0,2)。另一方面共混体系的 χ_1 值可以利用 Hildebrand 方程[11]求得，如式（5-3）：

$$\chi_1 = \frac{V_{\mathrm{ref}}(\delta_i - \delta_j)^2}{RT} \tag{5-3}$$

式中，δ_i 和 δ_j 分别为共混体系两种单体的溶解度参数，V_{ref} 为参考体积，即为单体的摩尔体积（实际上这里取两种单体的平均体积）。式（5-3）中的溶解度参数是由分子的化学结构决定的，与分子量几乎无关，因此高分子化合物的溶解度参数即为其重复单元的溶解度参数[12]。通过 Small 等[13]提出的计算摩尔引力常数 F 的方法，各体系的溶解度参数可由公式（5-4）计算得到。

$$\delta = \frac{\sum F_i}{\bar{V}} = \frac{\rho}{M}\sum F_i \tag{5-4}$$

式中，ρ 为聚合物的本体密度；M 为重复单元的分子量；F_i 为重复单元中 i 基团的摩尔引力常数。

双酚 A 型苯并噁嗪聚合单元为 462g/mol，密度为 1.1645g/cm^3；三甲基六亚甲基双马来酰亚胺的聚合单元为 318g/mol，密度为 1.2066g/cm^3。所以：

$$V_{\mathrm{ref}} = [(462\mathrm{g/mol})/(1.1273\mathrm{g/cm^3})+(318\mathrm{g/mol})/(1.1895\mathrm{g/cm^3})]/2 = 338.584\mathrm{cm^3/mol}$$

计算所得的结果为 $\delta_{\mathrm{BA\text{-}a}}$ =19.3032(J/cm^3)$^{1/2}$，δ_{TBMI} =21.4973(J/cm^3)$^{1/2}$。由于摩尔引力常数使用的室温下的值，所以式（5-1）适用于室温下的体系，由计算可以得到，共混体系 BT 在室温下的χ_1=0.6424。在实际的应用中χ_1也可以表达成式（5-5）所示的关系。

$$\chi = A+\frac{B}{T} \tag{5-5}$$

虽然无法知道共混体系 BT 在不同温度下具体的χ_1值，但是由式（5-3）可以看出，共混体系的χ_1随着温度的升高有逐渐减小的趋势。在 120℃恒温固化的情况下，初始状态$\chi_1<\chi_{1c}$，所以共混体系初始状态是相容的。随着反应的进行，共混体系的分子量增大，使得 χ_{1c} 逐渐减小。当$\chi_1>\chi_{1c}$ 时，共混体系在热力学上不再相容，发生分相，说明共混体系属于反应诱导相分离，是由于反应导致分子量增大且两组分分子量存在较大差异而发生相分离的。在 BA-a/TBMI 共混体系中，实际发生分相的瞬间共混体系中存在的组分是 BA-a 低聚物、TBMI 低聚物、BA-a 单体、TBMI 单体，其中 TBMI 低聚物的分子量要比 BA-a 低聚物的分子量大很多。由于 TBMI 和 BA-a 聚合机理的原因，TBMI 低聚物的分子量和 BA-a 低聚物的分子量服从 Possion 分布，所以采用平均聚合度的概念代替具体的分子量。而由于发生分相时两种组分的转化率很低，使得具体地得到各种组分的分子量变得很困难。

当发生分相时，实际是由 TBMI 低聚物较高分子量部分和其余组分的均相体系进行分相，两者之间的溶解度参数与两种单体之间的溶解度参数存在差异。在分相的瞬间，由于分相的其中一种组分含有较多的 TBMI，使得实际的χ_1要比计算的值小，也就是在相同的固化温度下，共混体系需要反应更长的时间，更高的转化率，才能达到$\chi_1>\chi_{1c}$，实现热力学上的不相容。同样的道理，如果在分相的瞬间，分相的其中一种组分含有较少的 TBMI，实际的χ_1就会和计算值接近，相比 TBMI 含量多的体系，不需反应更长的时间就可以实现热力学上的不相容。这一理论解释了 TBMI 含量较少的组分相分离出现时转化率比较低的现象。

从热力学的计算可以看到，共混体系 BTI 在热力学上具有分相的可能，但是，为什么 BTI213 和 BTI113 体系可以发生分相而 BTI123 却不能发生分相呢？为了解释这一问题，对不同组成比例的共混体系的吉布斯自由能进行了理论上的拟合。

从前面的热力学计算可以得到χ_1=0.6424，将χ_1带入式（5-1）中，并设

$$x_b = Nx_a \tag{5-6}$$

式中，N 为正实数；x_a 代表 BA-a 的聚合度；x_b 为 TBMI 的聚合度。将式（5-6）带入到式（5-1）中，得到式（5-7）。

$$\Delta F_M = \frac{RTV}{Nx_aV_s}[N\phi\ln\phi + (1-\phi)\ln(1-\phi) + \chi_1 Nx_a\phi(1-\phi)] \tag{5-7}$$

从式（5-7）可以看出，ΔF_M 的正负主要取决于第二个因数的正负，所以，可以将式（5-7）继续变换，将式（5-7）中第一个因数移到左边，得到式（5-8）。

$$\Delta F'_M = N\phi\ln\phi + (1-\phi)\ln(1-\phi) + \chi_1 Nx_a\phi(1-\phi) \tag{5-8}$$

从式（5-8）中可以看到，共混体系自由能的正负主要取决于两个因素，一个是共混体系两组分聚合度的差异，也就是分子量的差异，即 N 。另一个因素是随着分子量而变化的χ_{1c}。从χ_{1c} 的计算公式（5-3）可以看出，χ_{1c} 的变化，只与两种组分的聚合度有关。进一步进行假设，假设体系分子量的增长已经使得$\chi_{1c}=\chi_1$，分子量的继续增长会导致$\chi_1>\chi_{1c}$，最终导致相分离的发生。在此临界条件下，可以得到式（5-9）。

$$\Delta F'_M = N\phi\ln\phi + (1-\phi)\ln(1-\phi) + 0.6424Nx_a\phi(1-\phi) \tag{5-9}$$

从式（5-8）和式（5-9）可以看出，共混体系 $\Delta F'_M$ 值的正负与吉布斯自由能 ΔF_M 的正负是相同的，所以可以用 $\Delta F'_M$ 的正负值来代表 ΔF_M 的正负值来判断共混体系在热力学上能否发生相分离。另外，从式（5-9）也可以看到，$\Delta F'_M$ 的正负在组成比例固定的情况下，只与 Nx_a 的大小有关。所以，采用穷举法列出了 N 值和 x_a 值，对相应的 $\Delta F'_M$ 值的正负进行了判断，结果如表 5.3 所示。

以表 5.3 中 BTI313 为例进行说明，当 TBMI 和 BA-a 的聚合度的比例 N 为 1 时，无论 x_a 取何值，$\Delta F'_M$ 都小于 0，意味着共混体系无论在何种条件下都是均相体系，热力学上不能发生分相。这一现象可以理解为共混体系中两种组分分子量相差不大，热力学相容性好，不存在热力学上的不稳定，不会发生相分离；当 TBMI 和 BA-a 的聚合度的比例 N 为 2，x_a=11.2 时，$\Delta F'_M$ 大于 0，在这样的条件下，两组分的聚合度有一定差距，且 BA-a 的聚合度达到 11.2 时，体系的吉布斯自由能变为正值，共混体系出现了热力学上的不稳定，进而在热力学上存在分相的可能。然而结合前面的研究可以发现，在共混体系中 BA-a 在整个共混体系的固化过程中，反应得很少，聚合度非常低，所以这一条件只能在理论上实现，在实验条件下是不可能满足的；当 TBMI 和 BA-a 的聚合度的比例 N 为 3，x_a=2.49 时，$\Delta F'_M$ 大于 0，在这样的条件下，两组分的聚合度差距为 3 倍，且 BA-a 的聚合度达到 2.49 时，体系的吉布斯自由能变为正值，共混体系热力学上不稳定，热力学上存在分相的可能。这一条件与前面实验所展示的 BA-a 具有低的转化率、低的聚合度而 TBMI 具有高的转化率和高的聚合度的结果相吻合，因此在这一条件下理论和实际上都满足共混体系出现热力学上的不稳定，在热力学上具有分相的趋势。

表 5.3　不同体系中 N、x_a 和对应的 $\Delta F'_M$ 的正负

体系	N	x_a	$\Delta F'_M$ 的正（P）或者负（N）
BTI313	1	—	
	2	11.3	P
	3	2.49	P
BTI213	1	—	
	2	15.6	P
	3	2.36	P
BTI113	1	—	
	2	—	
	3	2.36	P
BTI123	1	—	
	2	—	
	3	3.006	P
BTI133	1	—	
	2	—	
	3	4.47	P

相同地，从表 5.3 可以看到，随着 TBMI 含量的增多，当 N 为 3 时，x_a 的值逐渐增大，意味着在共混体系中随着 TBMI 含量的增多，BA-a 的聚合度需要逐渐增大才能达到热力学上的不稳定，而在 120℃恒温条件下 BA-a 的聚合度很难提高，所以随着 TBMI 含量的增多，共混体系发生分相变得越来越难。

进一步将穷举法所得的各个数值，带入式（5-9），得到 $\Delta F'_M$ 与组成变化的关系，如图 5.14 所示，其中横坐标代表共混体系中 BA-a 的含量。可以看到，共混体系的组成变化对 $\Delta F'_M$ 正负值的影响，当 TBMI 含量较多时，体系的 $\Delta F'_M$ 为负值，热力学上是稳定的，不能发生相分离，而当 TBMI 含量较少时，体系的 $\Delta F'_M$ 为正值，热力学上是不稳定的，具有发生分相的趋势。

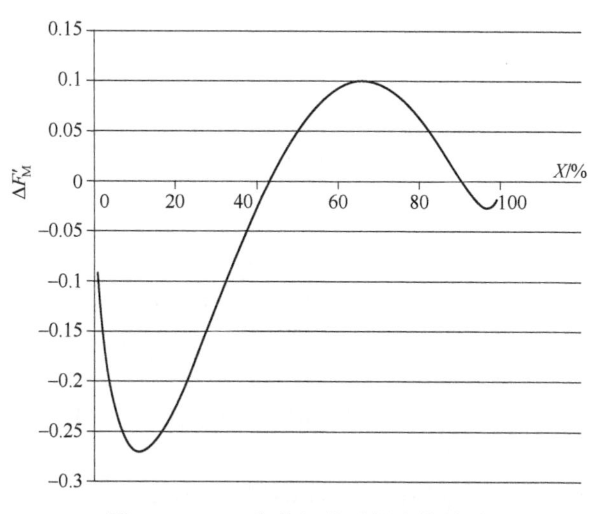

图 5.14　$\Delta F'_M$和共混体系组成的关系

图 5.14 的结果有几点需要说明的是：首先，值的大小并不准确，因为经过处理后的式（5-9）中 $\Delta F'_M$ 并不是吉布斯自由能，而是含有变量 Nx_a 的一个值，其意义在于与吉布斯自由能的正负是相同的，可以通过 $\Delta F'_M$ 来判断吉布斯自由能的正负，进而分析体系分相的可能性。其次，图 5.14 中所示的自由能与共混体系组成的关系是在一定假设条件下的特例，只能说明这种条件下 BTI213 和 BTI113 可发生分相，而 BTI123 不能发生分相，如果体系中两组分的聚合度差距可以进一步增大，则 3 个体系在热力学上都是可以发生分相的。这部分的研究只是说明在热力学上，3 个体系分相存在难易，能不能发生分相关键在于动力学上能否达到发生分相的条件。

从热力学的计算中可以看到，共混体系在初始状态是均相的，这种状态是由共混体系的结构引起的。此外分子间的相互作用也可能使得共混体系相容性变好，为了考察可能的相互作用，对共混体系进行了红外表征，结果如图 5.15 所示。可以看出，TBMI 中羰基的吸收峰在 1702cm^{-1} 处，共混体系 BTI113 体系中羰基的吸收峰在 1706cm^{-1} 处，说明共混体系中存在氢键。这也是共混体系中在初始状态中具有均相的一个原因。

5.1.3.2.2　两种单体表面能随时间的变化趋势

固化反应特点及热力学参数理论上的计算初步解释了共混体系组成变化与产生不同相结构的关系。为了进一步对热力学参数理论计算结果提供实验支持，对共混体系中的两种组分在不同阶段固化后的样品进行了表面张力的测量。分别测定了 BA-a/3%咪唑和 TBMI/3%咪唑体系在 120℃固化不同时间后与水和二碘甲烷的接触

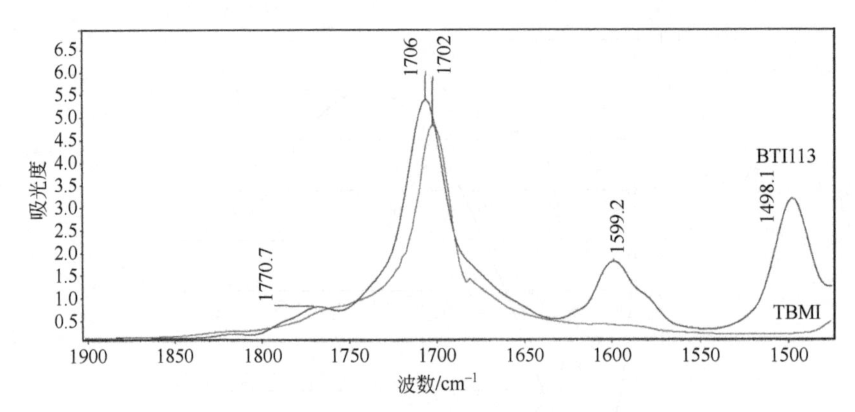

图 5.15　BTI113 和 TBMI 固化后的红外曲线

角，结果如图 5.16 所示。可以看到，BA-a/咪唑体系随着固化时间的延长与水和二碘甲烷的接触角均增大，而 TBMI/咪唑体系与水的接触角逐渐减小，与二碘甲烷的接触角逐渐增大。

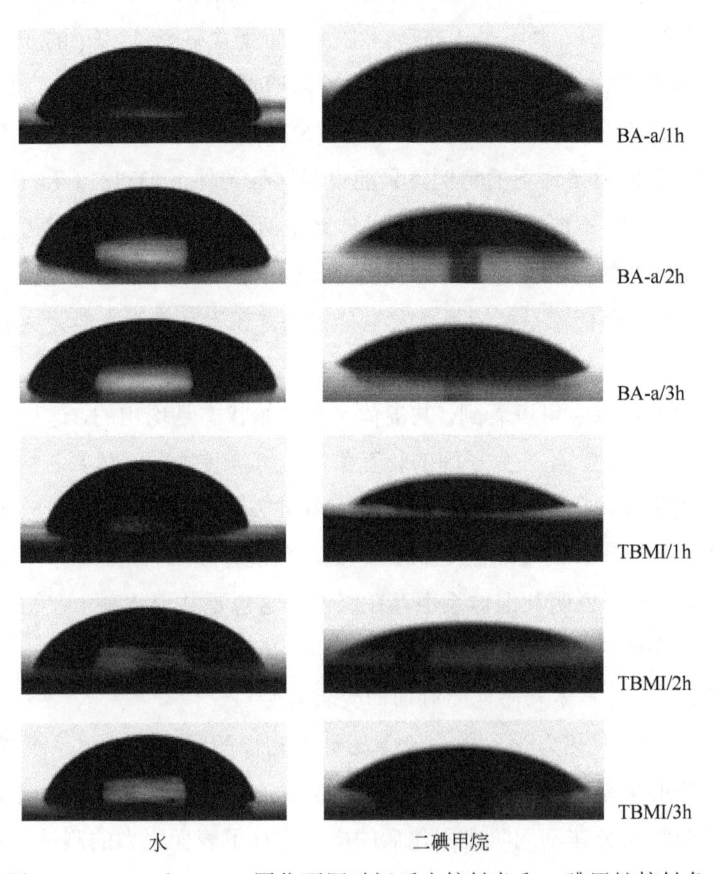

图 5.16　BA-a 和 TBMI 固化不同时间后水接触角和二碘甲烷接触角

对图 5.16 中的接触角进行统计，按照式（5-10）和式（5-11）对极性分量和色散分量进行统计[17~19]，公式中的角度如图 5.17 所示。计算数据如表 5.4 所示。

$$(1+\cos\theta_{H_2O})\gamma_{H_2O}=4\left(\frac{\gamma_{H_2O}^{d}\gamma^{d}}{\gamma_{H_2O}^{d}+\gamma^{d}}+\frac{\gamma_{H_2O}^{p}\gamma^{p}}{\gamma_{H_2O}^{p}+\gamma^{p}}\right) \tag{5-10}$$

$$(1+\cos\theta_{CH_2I_2})\gamma_{CH_2I_2}=4\left(\frac{\gamma_{CH_2I_2}^{d}\gamma^{d}}{\gamma_{CH_2I_2}^{d}+\gamma^{d}}+\frac{\gamma_{CH_2I_2}^{p}\gamma^{p}}{\gamma_{CH_2I_2}^{p}+\gamma^{p}}\right) \tag{5-11}$$

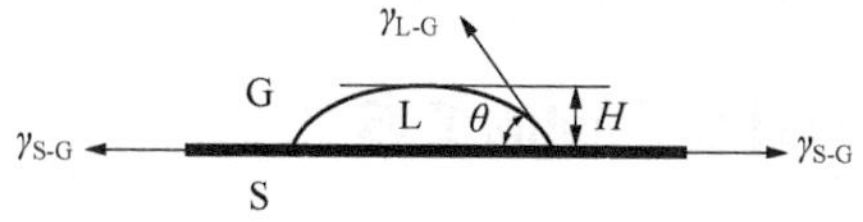

图 5.17　接触角

表 5.4　BA-a 和 TBMI 固化不同时间后水接触角和二碘甲烷接触角及其对应的表面张力

试样	接触角/(°)		表面张力/(mN/m)		
	水	二碘甲烷	总计（γ）	色散分量（γ^{d}）	极性分量（γ^{p}）
BA-a/1h	73.6	19.7	55.18	44.74	10.45
BA-a/2h	74.7	19.7	54.74	44.76	9.98
BA-a/3h	80.0	20.5	52.4	44.68	7.73
TBMI/1h	72.8	13.7	56.74	46.14	10.6
TBMI/2h	65.6	20.4	58.58	44.42	14.16
TBMI/3h	60.7	24.3	59.97	43.22	16.75

将表 5.4 中的数据按照 Wu 方程[17]式（5-12）进行计算，得到两组分的界面张力随着时间的变化，如表 5.5 所示。

$$\gamma_{12}=\gamma_1+\gamma_2-4\left(\frac{\gamma_1^{d}\gamma_2^{d}}{\gamma_1^{d}+\gamma_2^{d}}+\frac{\gamma_1^{p}\gamma_2^{p}}{\gamma_1^{p}+\gamma_2^{p}}\right) \tag{5-12}$$

Guerrica 等[20]的研究表明，当两组分的界面张力大于或等于 3mN/m 时，共混体系为非均相体系；当界面张力小于或等于 2mN/m 时，共混体系为均相体系；界面张力介于两者之间，共混体系的相容性与外界条件有关。从表 5.5 中可以看出，固化 1h 后两组分之间的界面张力为 0.012mN/m，且随着固化反应时间的延长逐渐增大，当反应达到 3h 后，界面张力为 3.338mN/m，大于 3，说明共混体系确实是随着反应的进行发生相分离。值得注意的是，界面张力的测试受到表面平整度的影响比较严重，这里的测试与真实值存在一定差异，但是变化趋势是明显的，可以说明共混体系确实是经过反应诱导相分离产生相结构的。

表 5.5　BA-a/TBMI 在 120℃固化不同时间后界面张力

聚合物	界面张力/(mN/m)
BA-a/TBMI/咪唑-1h	0.012
BA-a/TBMI/咪唑-2h	0.714
BA-a/TBMI/咪唑-3h	3.338

5.1.4　相分离结构与性能之间的关系[4]

5.1.4.1　储能模量

图 5.18 为 BA-a、TBMI 和 BTI 共混体系固化物的储能模量随温度的变化曲线。其中，各个体系在室温下（50℃）的储能模量（E'）列于表 5.6。由图 5.18 和表 5.6 的结果可知，在室温下（50℃），BTI313、BTI213 和 BTI113 的初始储能模量分别为 4113MPa、3663MPa 和 3366MPa，比 PBA-a 的初始储能模量小，比 PTBMI 的初始储能模量大，其中，PBA-a 的初始储能模量为 4217MPa，PTBMI 的初始储能模量为 3071MPa。

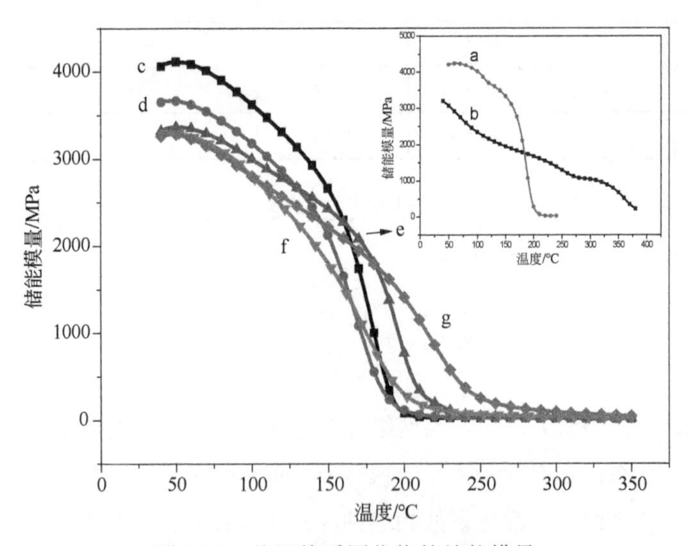

图 5.18　共混体系固化物的储能模量

a—PBA-a/3%咪唑；b—PTBMI/3%咪唑；c—BTI313；d—BTI213；e—BTI113；f—BTI123；g—BTI133

表 5.6 不同体系固化物的储能模量

体系	E'(50℃)/MPa
PBA-a/3%咪唑	4217
PTBMI/3%咪唑	3071
BTI313	4113
BTI213	3663
BTI113	3366
BTI123	3307
BTI133	3280

室温储能模量可以表示材料的刚性。对于同种材料而言，其刚性的大小主要受到固化体系交联网络的化学结构影响。交联体系中刚性基团越多，体系的交联密度越大，材料的刚性越大。BTI313（研究结果显示其为海岛结构）和 BTI213 体系具有海岛结构的相分离，基体为 PBA-a，所以其初始储能模量为连续相的储能模量，而在基体中可能还含有少量的 TBMI 和 BA-a 的共聚物，部分地取代了 BA-a 自身氢键和自身聚合组分，在 BA-a 的聚合物中起到了增塑的作用，因此其初始储能模量比 PBA-a 的初始储能模量要低。BTI113 体系为双连续结构，初始储能模量反映了两种组分综合的刚性，其中 PBA-a 连续相中由于含有两组分的共聚物而使得初始模量降低，同时 PTBMI 连续相由于自身储能模量比较低，所以共混体系的储能模量稍有降低。对于 BTI123 和 BTI133（研究结果显示其为均相结构）体系，其储能模量也介于 PBA-a 和 PTBMI 初始模量之间，而且更接近 PTBMI 的初始储能模量。这两个体系没有发生相分离，混合均匀，其中 TBMI 含量占主要部分，所以其储能模量遵循共混体系的加和作用，更加趋近于 PTBMI 的储能模量。

5.1.4.2 力学损耗因子

图 5.19 为单体及 BTI 固化物体系力学损耗因子-温度曲线，曲线的峰值温度表示固化物的 T_g。同时，从 tanδ 峰的个数也可以判断共混体系是否发生了相分离。其中，具体数据如表 5.7 所示。PBA-a 在整个测试温度范围内只有一个松弛峰，峰值温度为 200℃。PTBMI 在整个测试温度范围内没有观察到明显的松弛峰，但是将其局部放大后得到如图 5.19b′曲线所示的两个松弛峰，其中一个松弛峰的峰值温度为 75℃，高温峰的峰值温度为 354℃。在单一组分的固化物中出现两个玻璃化转变温度，主要是由 TBMI 自身的结构决定的。由 TBMI 的化学结构可知，TBMI 中间由脂肪族长链链接，所以固化后这部分结构在较低的温度下就可以运动，而固化交联的结构由于交联密度高，需要在更高的温度下（354℃）才能运动。

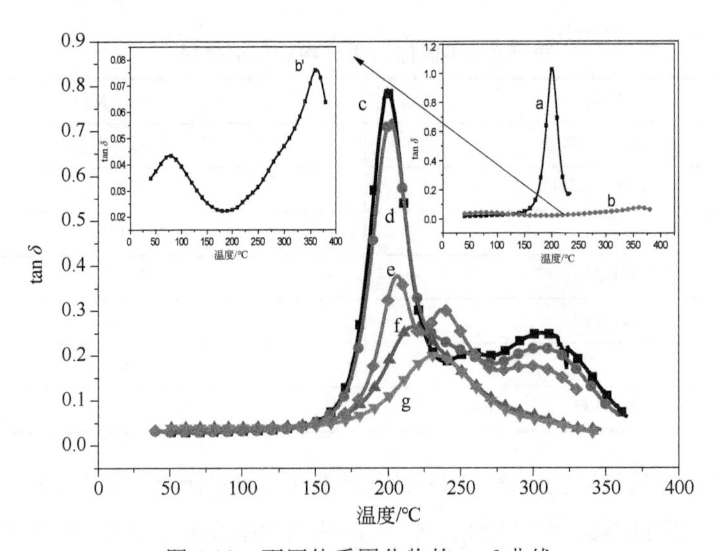

图 5.19 不同体系固化物的 tanδ 曲线

a—PBA-a/3%咪唑；b—PTBMI/3%咪唑；c—BTI313；d—BTI213；e—BTI113；f—BTI123；g—BTI133；b′—b 的放大图

表 5.7 不同体系固化物的 T_g 值

体系	T_{g1}/℃	T_{g2}/℃
PBA-a/3%咪唑	200	—
PTBMI/3%咪唑	75	354
BTI313	200	253
BTI213	199	248
BTI113	205	237
BTI123	—	233
BTI133	—	241

BTI313、BTI213 和 BTI113 的 tanδ 曲线有明显的三个峰。以 BTI313 为例进行说明。三个峰的峰值温度依次对应于 200℃、253℃和 300℃。对比单体聚合物的玻璃化转变温度可知，200℃的玻璃化转变温度对应于 PBA-a 的富集相。253℃的玻璃化转变温度对应于 PTBMI 的富集相，相比 PTBMI 在 354℃的玻璃化转变温度，这一富集相所对应的玻璃化温度有较大幅度的降低，这主要是由于在分相的过程中 PTBMI 富集相中含有较多的 PBA-a。另外，300℃的峰并没有因为组成比例变化、相结构变化而发生移动，这个峰是由共混体系固化物热分解所产生的，这一点将在后面的 TGA 分析中进一步阐述。

BTI313、BTI213 和 BTI113 在 200℃处的峰值温度并没有随着共混体系组成的变化而发生变化，而在 250℃左右的峰值温度逐渐降低，依次为 253℃、248℃和 237℃。这主要是因为在发生分相的共混体系中 PBA-a 富集相的组成比较单一，TBMI 残留在 PBA-a 富集相中的含量比较少；PTBMI 富集相的组成中残留有含量较多的 BA-a，且随着 TBMI 含量的增多残留的含量也逐渐增多，所以导致了这一结果。

BTI123 和 BTI133 的 tanδ 曲线只有一个松弛峰，分别为 233℃和 241℃，介于两种单体固化物玻璃化转变温度之间，且随着 TBMI 含量的增多，T_g 向高温方向移动，峰形结构比较对称，说明 BTI123 和 BTI133 确实没有发生分相，且基本性能也符合共混的基本原理。

5.1.4.3 冲击性能

研究热固/热固共混树脂相分离的最终目的是希望通过相结构的调控达到增韧的目的。对 BTI313、BTI213、BTI113、BTI123 和 BTI133 共混体系固化物按照国家标准 GB/T 2571—1995 中无缺口试样进行冲击试验，其中形成均相结构的不含咪唑的 BT31、BT21、BT11、BT12 和 BT13 共混体系的冲击试验是为比较而做的，得到的结果如图 5.20 所示。

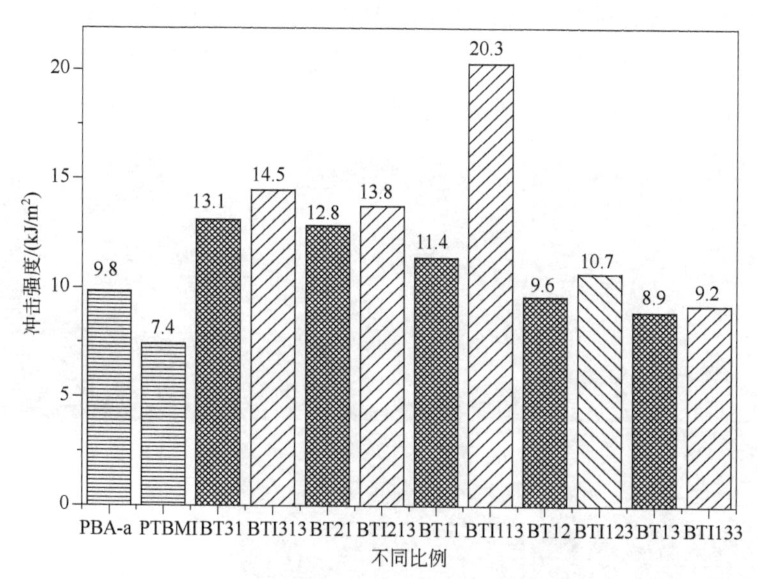

图 5.20 PBA-a、PTBMI、BA-a/TBMI 和 BA-a/TBMI/咪唑共混体系固化物的冲击强度

从图 5.20 中可以看到，PBA-a 和 PTBMI 的冲击强度分别为 9.841kJ/m^2 和 7.405kJ/m^2。PTBMI 的冲击强度明显比传统的二苯甲烷二胺型双马来酰亚胺的冲击强度高。这主要是因为 TBMI 中间脂肪族的链接起到了增韧的效果。相比 PBA-a

体系，PTBMI 的冲击强度小，这主要是因为 PTBMI 具有更高的交联密度。

BT31、BT21、BT11、BT12 和 BT13 体系的冲击强度依次为 13.1kJ/m^2、12.8kJ/m^2、11.4kJ/m^2、9.6kJ/m^2 和 8.9kJ/m^2，冲击强度随着 TBMI 含量的增多而逐渐减小，这主要是由 PTBMI 高的交联密度引起的，相比单体聚合物，冲击强度有所提高，主要是由共混树脂间的协同效应引起的。

BTI313、BTI213、BTI113、BTI123 和 BTI133 体系的冲击强度依次为 14.5kJ/m^2、13.8kJ/m^2、20.3kJ/m^2、10.7kJ/m^2 和 9.2kJ/m^2，相比单体和无催化剂体系有较大幅度的提高，其中 BTI113 提高的幅度最大。说明相分离对增韧有明显的效果，共混体系形成双连续相结构对增韧的提高有明显作用。BTI123、BTI133 的冲击强度与 BT12、BT13 的冲击强度相近是由于共混体系呈现均相，增韧效果不明显。

从测试结果也可以看到，TBMI 作为一种改性的双马来酰亚胺，其本身的韧性并不能达到令人满意的程度，也就是说通过改变马来酰亚胺中间的链接结构来提高韧性是有一定限度的。其次在热固性树脂/热固性树脂共混体系中，具有双连续相结构的固化物具有最好的增韧效果。

冲击试验样品的断口形貌分析结合固化树脂的分子结构和聚集态结构的知识，可以对增韧机理进行推断。目前主要的增韧机理包括空洞剪切屈服理论、粒子撕裂吸收能量理论、粒子引发裂纹、铆钉作用以及黏结作用等[14~18]。对冲击断面进行 FESEM 测试，得到如图 5.21 所示的结果。

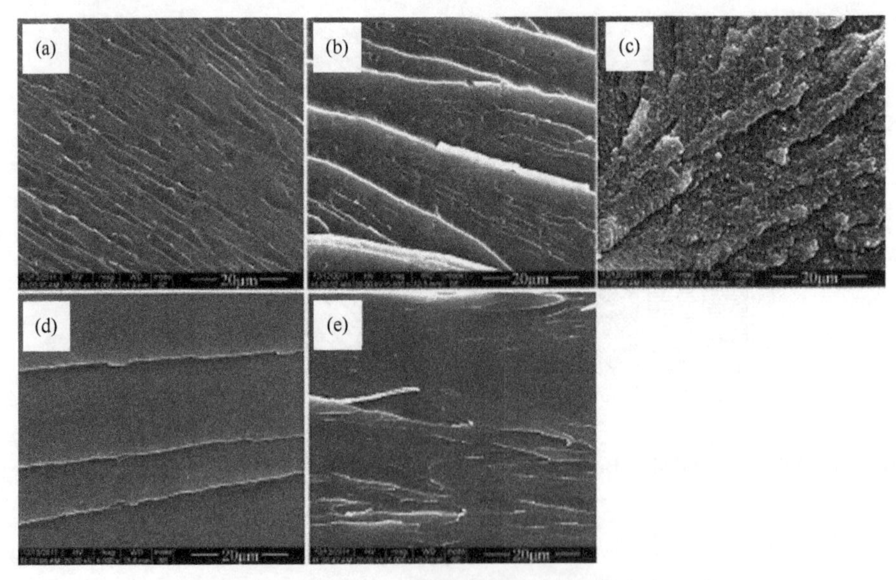

图 5.21　不同共混体系固化物冲击断面的 FESEM

（a）BTI313；（b）BTI213；（c）BTI113；（d）BTI123；（e）BTI133

从图 5.21 可以看出 BTI313 和 BTI213 体系断面裂纹多，裂纹和微裂纹遇到球状分散相时发生分叉，说明银纹前端遇到颗粒状的分散相后，可能被终止，防止银纹发展为裂纹。另外，也观察到在这两个体系中，颗粒状分散相周围存在部分空穴，这种空穴导致界面脱黏，有力学局部剪切带形成，大量剪切带的生成消耗了大量的能量。这两种增韧机理在这两个体系同时存在，注意到共混体系产生空穴的部位并不多，说明这两个体系的增韧机理以阻止裂纹增长及改变裂纹增长方向为主，以颗粒的空穴化为辅。BTI113 体系的断面更加粗糙，有明显的树脂撕裂的情况出现，同时可以看到在断裂面中存在大量的间隙，这主要是因为 BTI113 形成了双连续结构，相畴尺寸较大，在断裂过程中，银纹到达界面发生改变起到的增韧作用更加明显。对于 BTI123 和 BTI133 体系，断面裂纹较少，断面平整，呈现明显的脆性断裂，增韧的作用并不明显。图 5.22 为单体固化物的冲击断面，可以看到两种单体固化物的断面光滑平整，裂纹少而且裂纹方向单一、规整，没有出现裂纹的方向改变和多重银纹，属于明显的脆性断裂，冲击能量较小。

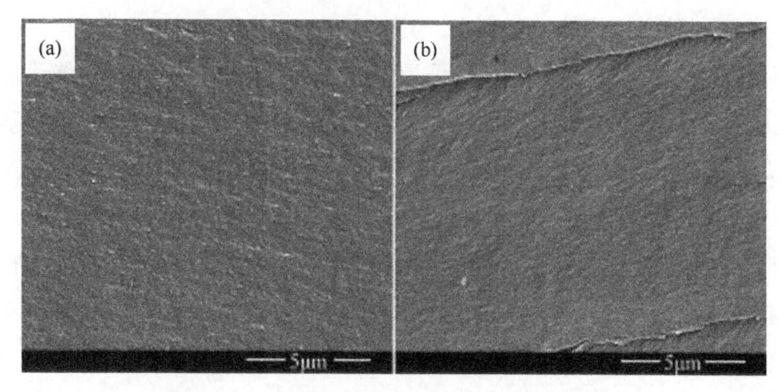

图 5.22 单体固化物的冲击断面 FESEM 图

（a）PBA-a；（b）PTBMI

5.2 固化反应顺序对相结构的影响[9]

共混体系的性能取决于两组分的化学结构及相分离程度和形态，而其中化学结构和相分离过程都受到共混体系中两组分固化反应顺序的影响。为了达到增韧的目的，热固性/热固性树脂共混体系中两组分顺序聚合形成相分离结构是必要的，但是，是不是只要两组分实现顺序聚合就一定能够发生相分离还需要进一步研究。

在传统的反应诱导相分离体系中，共混体系的固化反应顺序对最终的相结构具有一定的作用。例如，Decker 等[19]使用络合阳离子盐引发环氧发生光聚合，自由基引发丙烯酸酯光聚合，在这样的共混体系中，丙烯酸酯的聚合速率要快于环氧，体系未发生明显的相分离。Chou 和 Lee 等[20]研究了聚氨酯和不饱和聚酯的固化反应顺序对最终相结构的影响，发现最终的相结构和性能受到固化反应顺序的影响。Yang 等[1]研究了光聚合的丙烯酸酯和热固化的聚氨酯共混物固化反应顺序和相结构的关系，发现如果丙烯酸酯先聚合，则相分离会发生，反之，则共混体系呈现均相。Dean 等[21]研究了光聚合的二甲基丙烯酸酯和热固化的环氧共混物的固化反应顺序和相结构的关系，发现当二甲基丙烯酸酯先聚合则共混体系形成两相结构，当环氧先聚合则生成均相结构。

热固性/热固性树脂共混体系中，研究两组分的固化反应顺序对最终体系的相结构的影响还比较少。这主要是因为利用反应诱导相分离在热固性/热固性树脂共混体系中引入相分离结构以达到增韧的目的这一思想比较新，缺乏深入研究；另一方面，热固性/热固性树脂共混体系中两组分具有相似的固化反应机理，通过加入两种或多种不同催化剂实现两组分按照不同机理进行固化给实际应用带来了很多困难。因此，在理论和实践上通过调节热固性/热固性树脂共混体系中两组分的固化反应顺序达到对相结构的控制存在一定的难度。

本节以前面章节的研究为基础，采用多种催化剂，研究了不同种催化剂对共混体系两组分的催化效果。重点研究了其中两种催化剂分别与三甲基六亚甲基双马来酰亚胺/苯并噁嗪共混后，共混体系两组分的反应顺序及不同的反应顺序对共混体系的化学结构和相结构的影响。对具有不同化学结构和相结构的共混体系进行了热性能和韧性的表征。其中，制备工艺如前所述，为了表述方便将此共混物使用 BTI113 和 BTA113 代表，其中 B 代表双酚 A 型苯并噁嗪、T 代表 TBMI，I 代表咪唑，A 代表己二酸，O 代表乙二酸，D 代表 2-乙基-4-甲基咪唑（具体结构式如图 5.23 所示），后面的数字前两位代表两种单体的摩尔比，最后一位数字代表催化剂含量（为单体总质量的 3%）。

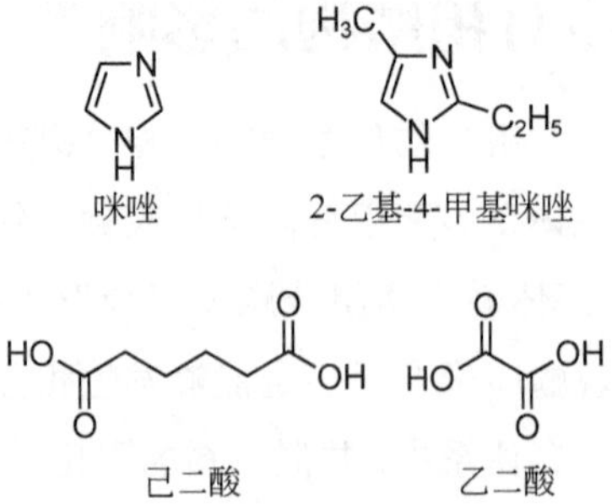

咪唑　　2-乙基-4-甲基咪唑

己二酸　　乙二酸

图 5.23　不同催化剂的结构式

5.2.1 不同催化剂作用下共混体系的固化反应机理

对 BA-a 和 TBMI 分别与不同催化剂共混后的样品进行了 DSC 测试，结果如图 5.24 所示。结合第 4 章图 4.2 中 BA-a 和 TBMI 单体的 DSC 曲线进行分析。不含催化剂的 BA-a 在 111℃有明显熔融峰，起始反应温度为 241℃，峰值温度为 261℃，反应热焓为 149.3kJ/mol；TBMI 在 88℃有熔融峰，起始反应温度为 182℃，峰值温度为 267℃，反应热焓为 139.2kJ/mol（第 4 章图 4.2）；2-乙基-4-甲基咪唑［图 5.24（a）A 曲线］、己二酸［图 5.24（a）B 曲线］、乙二酸［图 5.24（a）C 曲线］、咪唑［图 5.24（a）D 曲线］对 BA-a 均具有催化作用，均

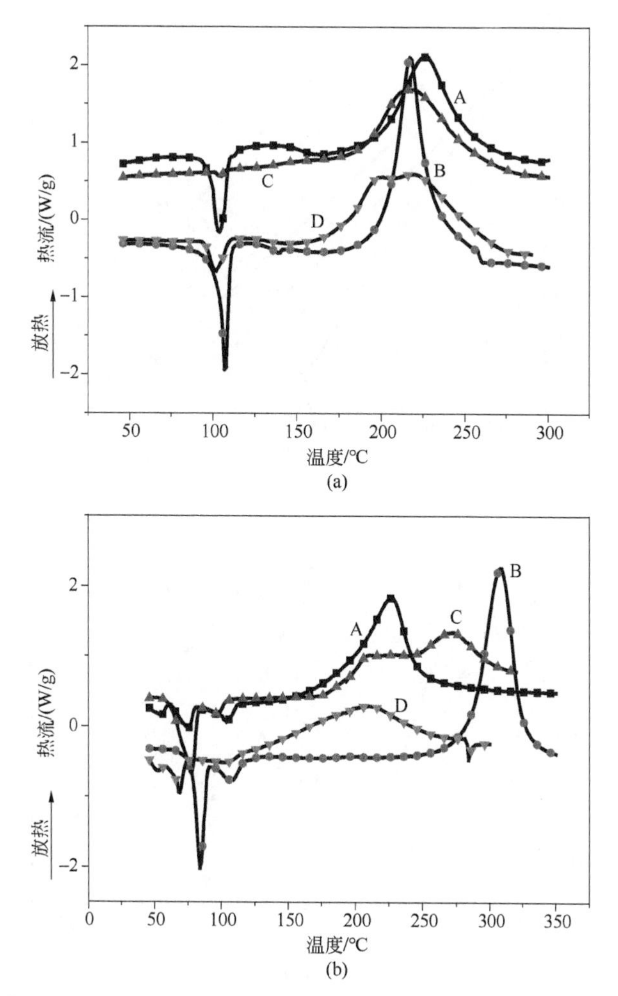

图 5.24 BA-a/催化剂（a）和 TBMI/催化剂（b）的 DSC 曲线

A—2-乙基-4-甲基咪唑；B—己二酸；C—乙二酸；D—咪唑

使 BA-a 的起始固化温度降到 170℃左右，峰值温度降到 220℃左右。其中咪唑类催化剂［图 5.24（a）D 曲线］使得 BA-a 的起始固化温度降到 160℃，且固化反应的放热区间比较宽。己二酸体系［图 5.24（b）B 曲线］不仅没有催化 TBMI 的聚合，还使得 TBMI 体系的起始固化温度升高到 250℃，固化峰值温度升高到 315℃。其他体系的催化剂对 TBMI 均有比较明显的催化作用。

采用不同的升温速率测试单体/催化剂体系的固化放热峰值温度，利用 Kissinger 方法[22]得到如图 5.25 所示曲线，不同催化剂/单体体系反应活化能数据列于表 5.8。从表 5.8 中可以看到，TBMI/咪唑体系的聚合反应活化能为 44kJ/mol，比

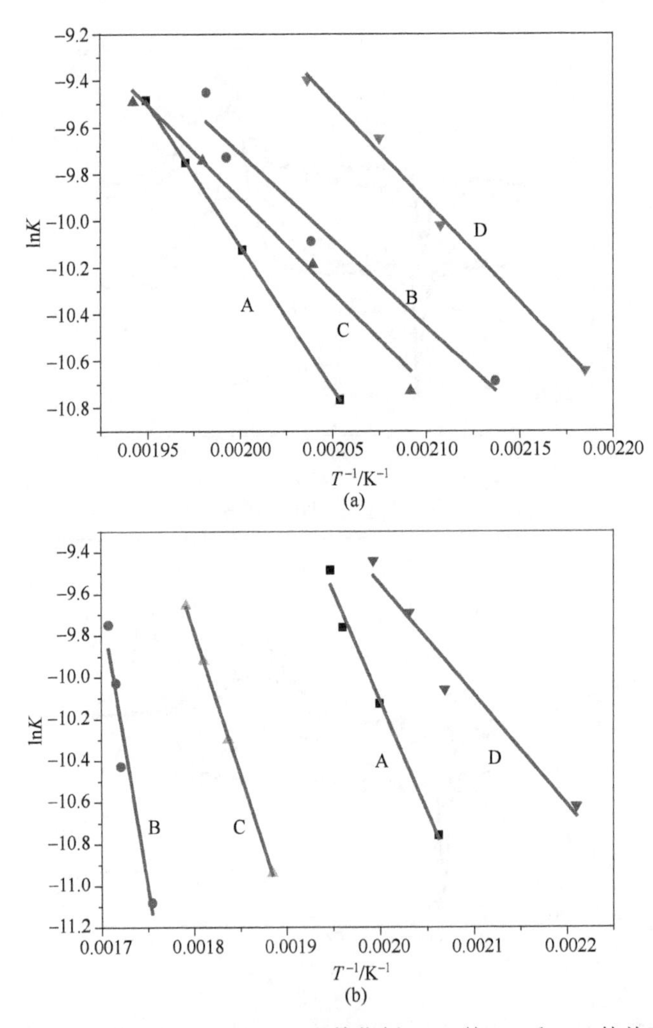

图 5.25　BA-a/催化剂（a）和 TBMI/催化剂（b）的 ln$K$ 和 1/T 的关系曲线

A—2-乙基-4-甲基咪唑；B—己二酸；C—乙二酸；D—咪唑

表 5.8　不同单体在不同催化剂作用下的活化能（E_a）　单位：kJ/mol

体系	咪唑	2-乙基-4-甲基咪唑	乙二酸	己二酸	无催化剂
BA-a	71.173	93.77	61.801	66.948	95.61
TBMI	44.064	87.9	113.888	221.2	98.73

BA-a/咪唑的活化能 71kJ/mol 小很多，同样，TBMI/2-乙基-4-甲基咪唑体系的聚合反应活化能为 88kJ/mol，比 BA-a/2-乙基-4-甲基咪唑体系的活化能 101.7kJ/mol 也小很多，说明在咪唑类催化下，TBMI 比 BA-a 更容易反应，这一结果与前面的研究结果相同。从两种咪唑对单体的催化活性差异来看，咪唑对两组分的催化差异大，对于形成相分离结构更有利，因此选择咪唑作为咪唑类催化剂的代表进行研究。

BA-a/草酸体系的聚合活化能为 62kJ/mol，比 TBMI/草酸体系的活化能 114kJ/mol 小，同样，BA-a/己二酸体系的聚合活化能为 67kJ/mol，比 TBMI/己二酸体系的活化能 221kJ/mol 小，说明酸类催化剂对 BA-a 的催化效果更好，两者共混之后，BA-a 先发生反应。而其中己二酸对两种单体催化效果的差异性大，对于形成相分离结构更有利，因此选择己二酸作为酸类催化剂的代表进行研究。

在选定了催化剂后，首先采用 DSC 对 BTA113 共混体系的固化行为进行了考察。如图 5.26a 曲线所示，BA-a/3%己二酸体系的起始固化温度为 170℃，峰值温度为 217℃，固化反应热焓为 170.1kJ/mol，相比 BA-a 单体的起始固化温度（241℃）和峰值温度（261℃）有明显降低，说明己二酸对 BA-a 具有明显的催化作用。而

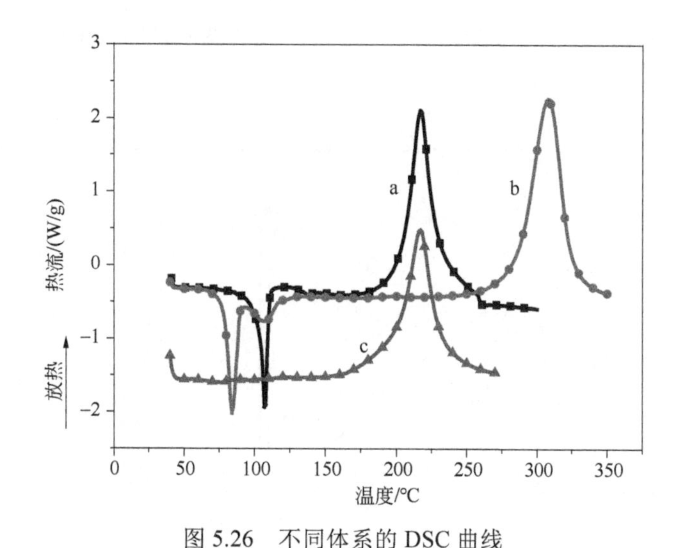

图 5.26　不同体系的 DSC 曲线

a—BA-a/3%己二酸；b—TBMI/3%己二酸；c—BTA113

TBMI/3%己二酸体系起始固化温度为250℃，峰值温度为308℃（图5.26b曲线），固化反应热焓为154.4kJ/mol，相比TBMI单体的起始固化温度（182℃）和峰值温度（267℃）有所升高，说明己二酸抑制了TBMI的聚合。BTA113体系（图5.26c曲线）起始固化温度为168℃，峰值温度为217℃，固化反应热焓为139.8kJ/mol，并且整个固化反应呈现单峰。两种组分按照等摩尔比共混后，如果两者之间没有共聚反应，理论的反应热焓为162.3kJ/mol，比实测值要大，说明BTA113体系中除了两组分各自的均聚反应，还存在其他类型的反应。

Liu等[23]在研究双酚A型苯并噁嗪（BA-a）和二苯甲烷二胺型双马来酰亚胺（BMI）之间的催化作用时指出，BMI对BA-a不具有催化作用，而开环的BA-a对BMI具有催化作用，但是在文章中并没有指出催化作用的机理。Takeichi等[24]报道的BA-a和BMI的共混体系固化反应也呈现单峰，认为BA-a先发生反应，生成的酚羟基可以与BMI发生聚合，形成醚键结构。

结合前人的研究成果及图5.26的实验数据，可以知道BTA113体系的固化反应顺序应该是BA-a在己二酸的催化作用下先发生聚合，随后开环的BA-a催化TBMI反应，使得体系呈现单一的固化放热峰。对BTI113固化反应的研究及反应机理在前面部分已有详细的描述。

为了进一步确定BTA113体系的固化反应顺序，对不同阶段固化后的样品进行了红外表征（图5.27）。943cm^{-1}、1237cm^{-1}和1500cm^{-1}处分别代表苯并噁嗪中噁嗪环的特征吸收峰、C—O—C的特征吸收峰和苯环的三取代吸收峰。3098cm^{-1}处为TBMI中═C—H的弯曲振动峰，1187cm^{-1}处为两者之间共聚产生的C—O—C结构。

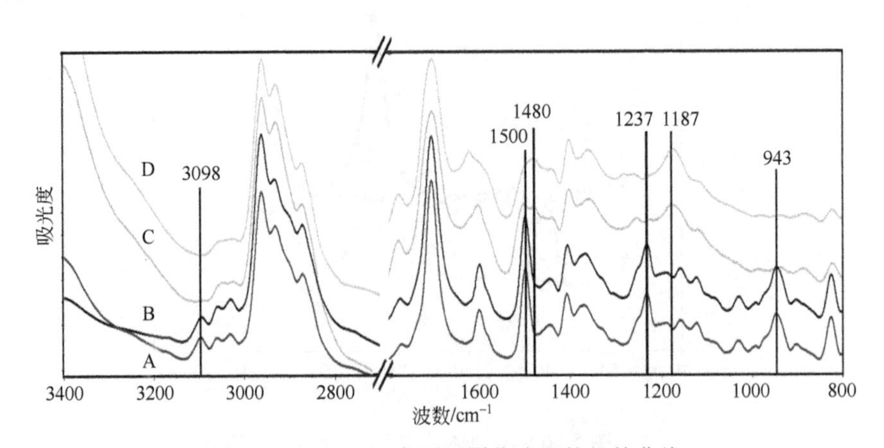

图5.27　BTA113在不同固化阶段的红外曲线

A—室温；B—120℃/4h；C—120℃/4h，160℃/4h；D—120℃/4h，160℃/4h，200℃/2h

在 BTA113 体系中（图 5.27），943cm^{-1}、1237cm^{-1} 和 1500cm^{-1} 处代表苯并噁嗪的吸收峰和 3098cm^{-1} 处代表双马来酰亚胺的吸收峰。在较低的固化反应温度（120℃）时，峰的强度没有变化，说明两者在 120℃都未发生反应。随着固化反应温度的升高（160℃），943cm^{-1}、1237cm^{-1} 和 1500cm^{-1} 处的吸收峰逐渐减小，同时 1480cm^{-1} 处出现苯环 1,2,3,5-四取代吸收峰。说明苯并噁嗪在这一温度下发生了开环聚合反应。同时，3098cm^{-1} 处的吸收峰迅速减小，说明双马来酰亚胺发生了聚合。经历了 200℃/2h 后，943cm^{-1}、1237cm^{-1}、1500cm^{-1} 和 3098cm^{-1} 处的峰完全消失，说明 BA-a 和 TBMI 已经反应完全。同时，在 1187cm^{-1} 的 C—O—C 的吸收峰强度随着 3098cm^{-1} 处 TBMI 的吸收峰强度的减小而增强，说明 BA-a 和 TBMI 两者之间存在共聚反应，其固化反应顺序如图 5.28 所示。

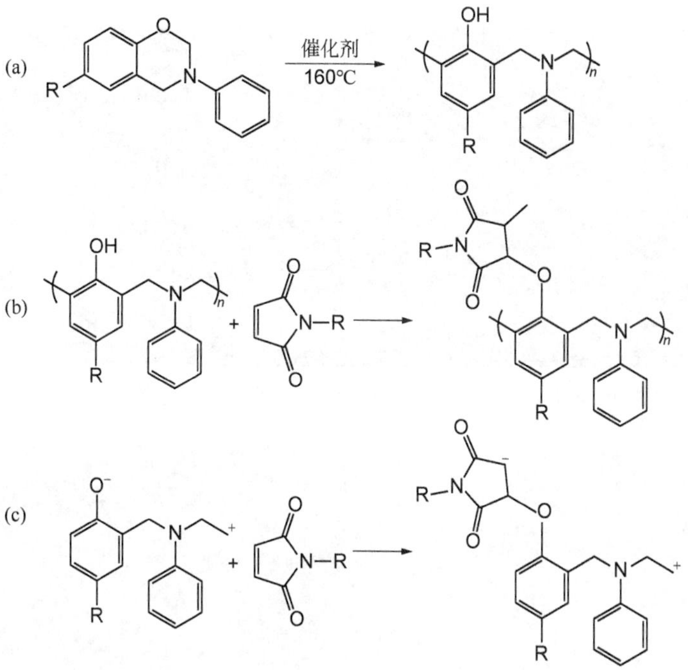

(a) 催化剂 160℃

(b)

(c)

图 5.28 （a）己二酸催化 BA-a 的固化反应；（b）—OH 与 TBMI 之间的共聚反应；（c）—O$^-$催化 TBMI 的固化反应

综合 DSC 和红外的结果可知，BTA113 体系中由于 BA-a 先反应［图 5.28（a)］，产生的酚羟基会与 TBMI 形成交联结构［图 5.28（b)］，此外还存在 BA-a 开环过程中催化 TBMI 的聚合［图 5.28（c)］，这样的反应过程使得两组分之间存在较多共聚反应，限制了共混体系的运动；而对于 BTI113 的固化反应顺序及固化机理已经在 5.1.3.1 中进行了详细的论证与解释。对比可知，BTI113 体系与 BTA113 体系在固化反应顺序和固化机理方面的主要区别是，BTI113 体系中 TBMI 先发生反应，而后 BA-a 发生反应，其中 TBMI 和 BA-a 之间的共聚反应较少。

5.2.2 不同催化剂作用下共混体系固化物的相结构及性能

不同的固化反应顺序会对材料固化后的相结构产生影响。图 5.29 为 BTA113 和 BTI113 固化物断面的 FESEM 图。BTA113 固化物在液氮中淬断断面［图 5.29（a)］平整，没有明显相分离结构出现。BTI113 固化物在液氮中淬断断面［图 5.29（b)］粗糙不规整、不光滑，存在明显的互锁结构，断裂面有明显褶皱。为了进一步确认不同体系固化后的相结构，对完全固化后的样品切片，然后进行 TEM 测试，结果如图 5.30 所示。从图 5.30 中可以看到，BTA113 固化后切片整体均一透明，呈现均相结构［图 5.30（a)］，BTI113 体系呈现双连续结构［图 5.30（b)］。

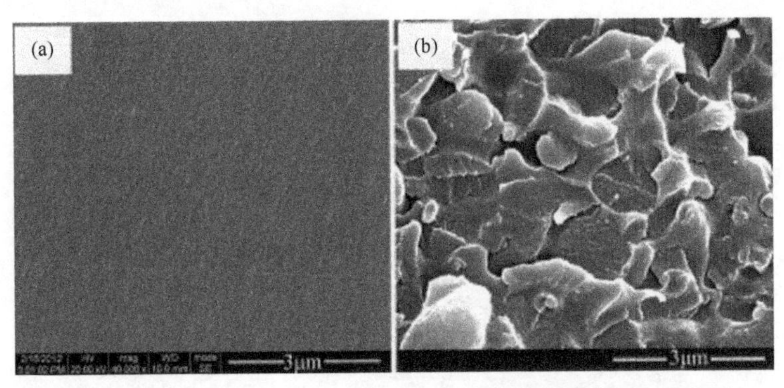

图 5.29　BTA113（a）和 BTI113（b）固化后断面的 FESEM 图

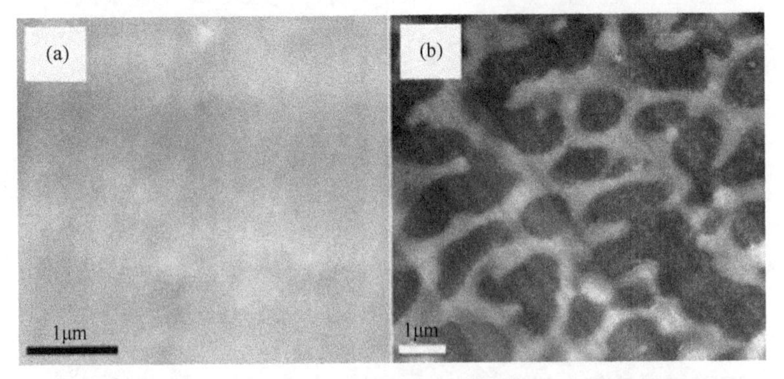

图 5.30　BTA113（a）和 BTI113（b）固化后断面的 TEM 图

图 5.31 为 BA-a/3%（质量分数）咪唑、BTI113 和 BTA113 的 tanδ 曲线，可以看到 BA-a/3%（质量分数）咪唑体系呈现单峰，峰值温度为 201℃。BTA113 呈现单峰，峰值温度为 197.7℃，说明 BTA113 体系没有发生相分离。BTA113 体系的

T_g要比 BA-a/3%（质量分数）咪唑体系的 T_g稍低，这主要是由 BTA113 体系中含有较多醚键结构造成的。BTI113 出现两个峰值，分别为 205.6℃和 235.4℃,说明共混体系存在两相结构。BTI113 的两个 T_g 均高于 BA-a/3%（质量分数）咪唑体系，且从峰高可以判断 BTI113 体系的交联密度大。

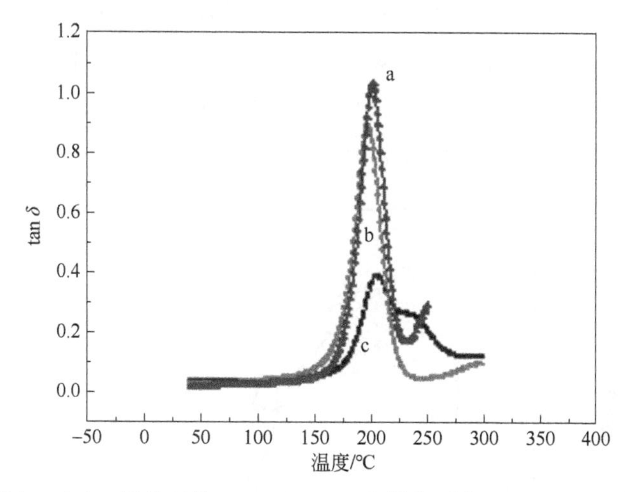

图 5.31　PBA-a（a）、固化后的 BTA113（b）和固化后的 BTI113（c）的 tanδ 曲线

可以看到不同的固化反应顺序可以形成不同的化学结构和相结构，并影响到材料的热性能。BTA113 和 BTI113 在固化过程中相结构的变化可以通过图 5.32 进行说明。在 BTA113 体系中［图 5.32（a)］，BA-a 先发生反应，产生的中间体会催化 TBMI 的反应，同时可以与 TBMI 发生共聚反应，限制了两种组分的扩散，最终形成均相结构；在 BTI113 体系中［图 5.32（b)］，TBMI 先发生反应，BA-a 后发生

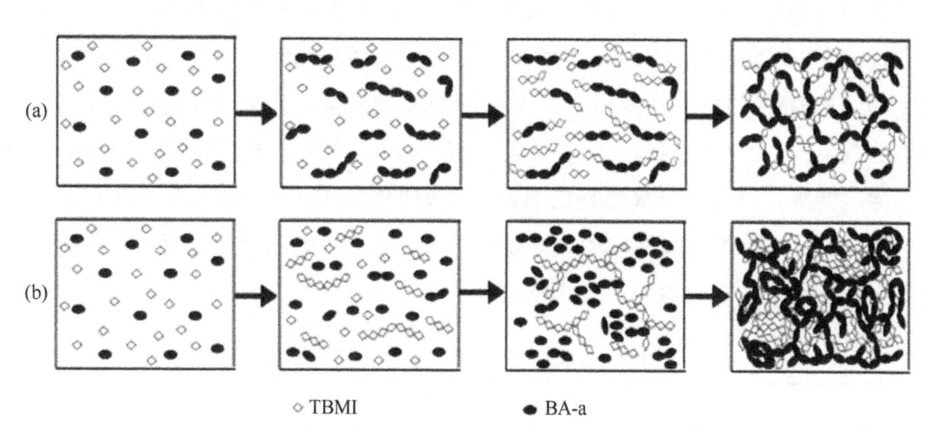

图 5.32　固化反应顺序对相结构影响的作用机理

（a）BTA113；（b）BTI113

反应，两者之间的共聚反应比较少，其中一种组分分子量增大达到热力学上的不相容后就可以通过扩散实现相分离。

不同体系固化物的储能模量如图 5.33 所示。可以看到不同的固化顺序导致体系的初始模量存在差异，其中固化后 BTA113 的初始储能模量为 4239MPa，固化后 BTI113 的初始储能模量为 3020MPa。形成均相的 BTA113 体系由于 PBA-a 本身的刚性强，使得整体的刚性接近 PBA-a；而 BTI113 体系的刚性相比 PBA-a 的刚性要弱，这主要是因为共混体系形成相分离结构，存在两相的界面，使得材料的刚性降低，这一点与热塑增韧热固性树脂相似。

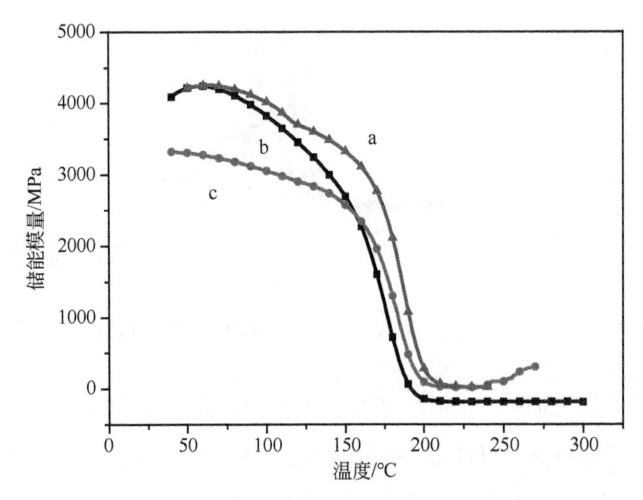

图 5.33　PBA-a（a）、BTA113 固化物（b）和 BTI113 固化物（c）的储能模量

不同的相结构对固化物的韧性具有明显的影响，采用弯曲挠度和冲击强度对两种体系的韧性进行了表征，结果如表 5.9 所示。从表 5.9 可以看出，BTA113 体系的弯曲挠度为 6.25mm，BTI113 体系的弯曲挠度为 6.62mm，PBA-a 的弯曲挠度为 4.32mm，PTBMI 的弯曲挠度为 3.17mm，可以发现共混体系的弯曲挠度比单体弯曲挠度的数值高，说明共混体系的韧性具有明显改善。冲击强度方面的数据也有相同的规律。此外，具有相分离结构的 BTI113 弯曲挠度和冲击强度比未发生分相的体系要大，说明具有相分离结构的体系韧性更好。这主要是因为相分离结构的存在改变了裂纹扩展的方向，吸收了更多的能量。

表 5.9　不同体系的弯曲挠度和冲击强度

体系	PBA-a	PTBMI	BTA113	BTI113
弯曲挠度/mm	4.32	3.17	6.25	6.62
冲击强度/(kJ/m^2)	9.8	7.4	17.1	20.3

5.3 咪唑含量对共混体系相结构的影响

上一小节通过调整催化剂的种类达到了有效控制最终相分离结构的目的，为了进一步对相分离结构进行控制，研究了咪唑含量对相结构的影响。

选择共混体系 BT31，改变这一体系中咪唑的含量，研究咪唑含量对共混体系相形态的影响。这一体系的优点是固化反应的初期和最终状态都可以通过 FESEM 进行表征，利于分析。在 BT31 体系中加入固化剂咪唑的含量分别为总质量的 1%、3%和 5%，采用前述的固化工艺，即 120℃/4h、160℃/4h、200℃/2h 进行固化，最终样品在液氮中淬断，进行 FESEM 表征，得到如图 5.34 所示的结果。

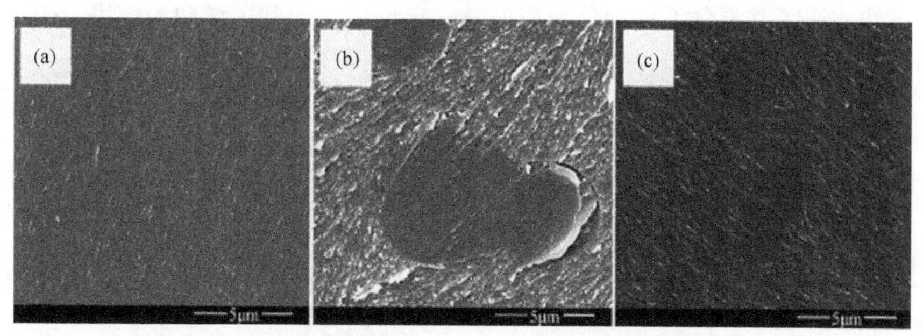

图 5.34　BT31 体系中不同咪唑含量固化物的 FESEM 图

（a）1%咪唑；（b）3%咪唑；（c）5%咪唑

从图 5.34 可以看出随着咪唑含量的增多，共混体系的相结构经历了从未分相到分相的过程。当咪唑的含量为 1%时，共混体系呈现均相结构；当咪唑的含量为 3%和 5%时，共混体系呈现海岛状结构分散，且在催化剂的含量为 5%时，海岛结构更多。为了使这一现象更明显，对这两个体系的放大倍数进行了调整，得到如图 5.35 所示的结果。

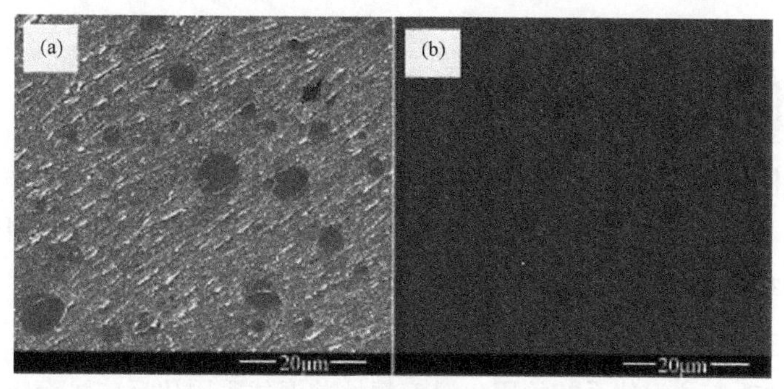

图 5.35　BT31 体系中不同咪唑含量固化物的 FESEM 图（与图 5.34 尺度不同）

（a）3%咪唑；（b）5%咪唑

从图 5.35 可以比较明显地看出在咪唑含量为 5%的体系中，海岛结构更多，这主要是因为高含量咪唑对 TBMI 催化效果的提升幅度比对 BA-a 的催化效果的提升幅度要高。所以，TBMI 在高含量咪唑体系中反应速率提升幅度较大，可以更快地从基体中分散出来，形成更多的分散相结构。

对共混体系固化物进行 DMA 表征，其中 tanδ 曲线如图 5.36 所示。从图 5.36 可以看出，BTI315 和 BTI313 共混体系呈现双峰，说明共混体系确实发生了相分离，其中，在 200℃附近的 T_g 对应于共混体系中 PBA-a 的富集相，在 250℃附近的 T_g 对应于共混体系中 PTBMI 的富集相；而 BTI311 体系第二个峰不明显，形成了均相结构。低温处的峰（200℃附近），随着咪唑含量的增加而降低，主要是由于咪唑的加入虽然加速了共混体系的固化反应但是一定程度上起到了增塑的作用，降低了固化物交联密度。

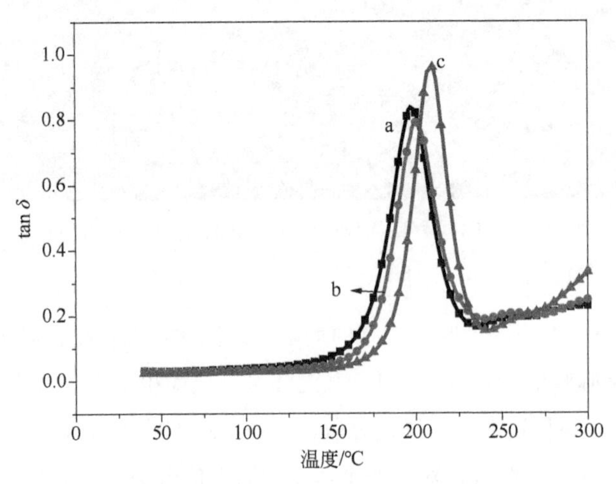

图 5.36 BT31 体系中不同咪唑含量固化物的 tanδ 曲线

a—BTI315；b—BTI313；c—BTI311

5.4 固化工艺对共混体系固化物相结构的影响[4]

在热固性树脂/热固性树脂共混体系中［双酚 A 型苯并噁嗪（BA-a）和三甲基六亚甲基双马来酰亚胺（TBMI）］，组成变化、催化剂种类的选择、催化剂含量的多少等可以有效地改变共混体系的反应类型、反应速率，进而影响共混体系的热力学和动力学参数，达到对体系相结构的有效控制。相比两组分组成变化和催化剂种类变化，通过改变共混体系初始固化温度调控共混体系固化反应进而影响体系的热力学和动力学特征制备具有不同相结构的固化物是一种简单、有效的方法。

Remiro 等[25,26]通过改变聚甲基丙烯酸甲酯（PMMA）/环氧树脂（epoxy）在低温的预聚时间，制备了相分离程度不同的共混体系，并发现在低温预聚时间长相分离程度高，反之相分离程度低。Butta 等[27]制备了氨基封端的丁腈橡胶（ATBN）/环氧树脂的共混物，发现在低温固化后的固化物具有不均一结构，而高温固化后的固化物不均一结构更加明显。Jansen 等[3]通过调整聚苯醚（PPE）/环氧树脂固化温度与初始固化物之间的 T_g 差值，可以有效地调节相形态碰撞融合，进而控制固化物相形态及尺寸。

本节继续选用 BA-a/ TBMI/咪唑为研究对象，通过调整初始固化反应温度，制备了具有不同相结构的固化物，利用固化反应动力学研究、流变测试、热力学参数计算及冲击性能测试分析讨论了不同初始固化反应温度产生不同相结构的原因及不同相结构对材料性能的影响。研究结果显示，BA-a/TBMI/咪唑在初始固化温度低（120℃）的情况下，最终固化物形成双连续相结构，而当初始温度升高（140℃）时，固化物的相结构变得模糊，当初始固化温度进一步升高（160℃）时，形成均相结构。不同相结构的产生可能是由热力学参数的差异、两组分共聚反应的多少、共混体系的固化反应速度和相分离速度的相对大小决定的。此外，具有相分离结构的固化体系表现出好的综合性能。

5.4.1 不同初始固化温度下的相结构

树脂共混体系制备工艺如前所述，具体固化工艺分别按照 120℃/4h、160℃/4h、200℃/2h，140℃/4h、200℃/2h 和 160℃/4h、200℃/2h 三种固化工艺进行制备。

图 5.37 为 BTI113 体系在不同初始温度固化后，样品在液氮中淬断后的 FESEM 图。从图 5.37（a）可以看出，经初始温度 120℃/4h 固化后的试样断面粗糙不平整，呈现两相结构，其对应的刻蚀后的试样［图 5.37（a_1）］显示 BTI113 体系中刻蚀掉的组分呈现连续状态且与剩余部分形成双连续相结构。而将经历过 120℃/4h、160℃/ 4h 和 200℃/2h 固化后的样品在液氮中淬断后，其断面呈现粗糙不规整、不光滑的形貌，断裂面有明显褶皱，表明存在明显的互锁结构［图 5.37（b）］。

从图 5.37（b）可以看出，经过初始温度 140℃/4h 固化后的试样断面均一，未发现明显的两相结构，其对应的刻蚀后的试样［图 5.37（b_1）］呈现出明显的褶皱，且褶皱的纹路呈现双连续相结构。而最终经历过 140℃/4h、200℃/2h 固化后的样品液氮中淬断断面［图 5.37（d）］均匀地分布着抛物线状的结构，未发生明显分相。BTI113 经过初始温度 160℃/4h 固化后的试样在液氮中淬断后的断面平整均一［图 5.37（c）］，且其对应样品断面经过四氢呋喃刻蚀后的表面形貌也呈现均一的结构［图 5.37（c_1）］。经过 160℃/4h、200℃/2h 固化后样品液氮中淬断断面［图 5.37（f）］均匀地分布着抛物线状的结构，未发生明显分相。对比初始固化温度为 140℃和 160℃固化后的样品，可以发现，虽然初始阶段两体系相结构存在一定的差异，但是最终断面形貌相近，无法从 FESEM 准确判断在 140℃和 160℃两种初始固化温度下，相结构的差异。

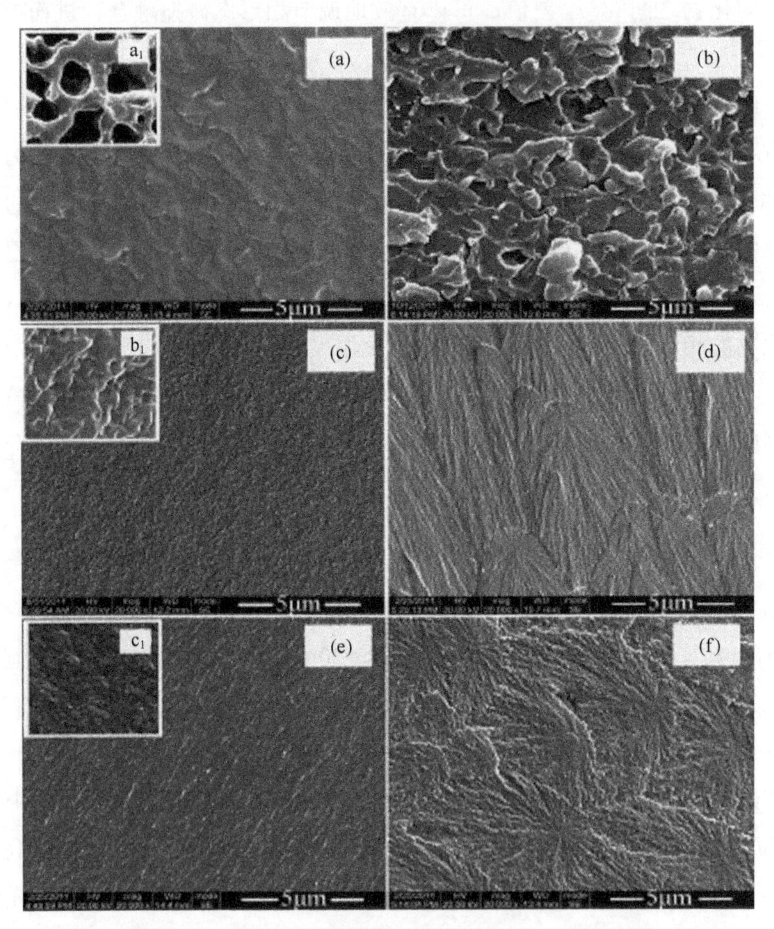

图 5.37　BTI113 不同固化工艺固化后的 FESEM 图

（a）在 120℃固化 4h 后；（a_1）图（a）试样经 THF 刻蚀 1h 后；（b）在 120℃固化 4h，160℃固化 4h，200℃固化 2h 后；（c）在 140℃固化 4h 后；（b_1）图（b）试样经 THF 刻蚀 1h 后；（d）在 140℃固化 4h，200℃固化 2h 后；（e）在 160℃固化 4h 后；（c_1）图（c）试样经 THF 刻蚀 1h 后；（f）在 160℃固化 4h，200℃固化 2h 后

为了进一步表征共混体系在经过不同初始固化温度固化后的相形态，采用 TEM 分别对经过三种初始固化温度固化后的样品进行表征（图 5.38）。从图中

可以看到：在初始温度为 120℃时［图 5.38（a)］，共混体系固化后形成双连续结构。在初始温度为 140℃时［图 5.38（b)］，共混体系固化后会出现明暗的区域，但是明暗区域的界限与经过 120℃固化后的样品相比并不明显，说明初始固化温度为 140℃时，固化物仍然形成了相分离结构，但是相形态结构不明显。初始固化温度为 160℃时，共混体系固化后呈现均一的亮度，说明体系为均相结构。

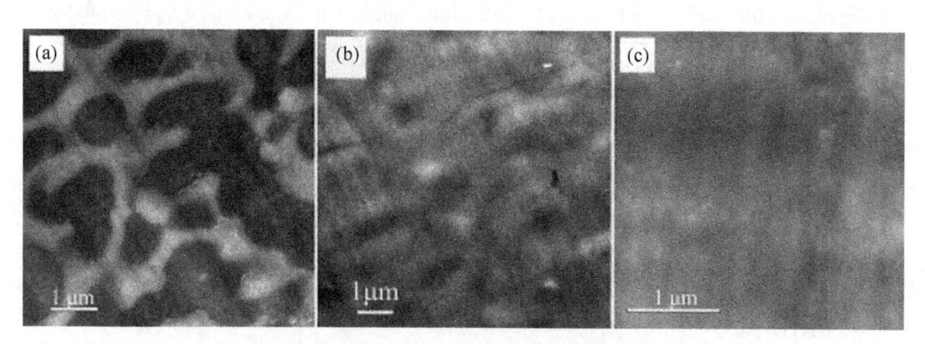

图 5.38 不同固化工艺下固化后的断面 TEM 图

（a）120℃/4h，160℃/4h，200℃/2h；（b）140℃/4h，200℃/2h；（c）160℃/4h，200℃/2h

为了进一步确认不同初始固化温度下，最终相结构的差异性，采用 DMA 对固化后的样品进行了表征。其中，单体固化后的 tanδ 曲线（图 5.39 曲线 a、b）是为比较而作的。

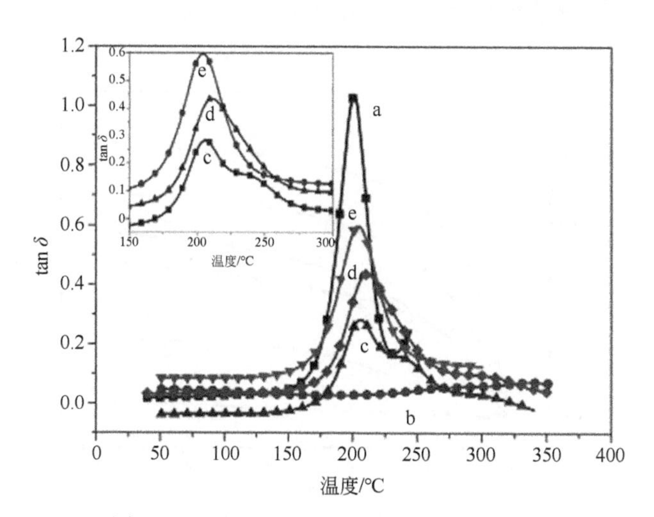

图 5.39 不同工艺固化后样品的 tanδ 曲线

a—PBA-a；b—PTBMI；c—BTI113 固化工艺为 120℃/2h，160℃/4h，200℃/2h；d—BTI113 固化工艺为 140℃/4h，200℃/2h；e—BTI113 固化工艺为 160℃/4h，200℃/2h

具体数据如表 5.10 所示，PBA-a 的玻璃化转变温度为 200℃（曲线 a），PTBMI 的玻璃化转变温度为 354℃（曲线 b）。初始固化温度为 120℃时，BTI113 固化物的 tanδ 曲线（曲线 c）可以说明其具有双连续结构。初始固化温度为 140℃时，BTI113 固化物的 tanδ 曲线（曲线 d）呈现不对称的单峰，峰值温度为 211℃，在 230℃左右有一个不明显的肩峰。说明该共混体系具有一定的相分离结构，但是相分离程度相比在 120℃低温固化后的样品要小，这一结果与图 5.38 中 TEM 结果相符合。初始固化温度为 160℃时，BTI113 固化物的 tanδ 曲线（曲线 e）呈现对称的单峰，峰值温度为 211℃，说明该共混体系未发生相分离。

表 5.10　不同体系的 T_g 数据

体系	T_{g1}/℃	T_{g2}/℃
PBA-a/3%咪唑	200	—
PTBMI/3%咪唑	75	354
BTI113-120℃	205	237
BTI113-140℃	211	230（肩峰）
BTI113-160℃	211	—

5.4.2　不同固化工艺下共混体系的固化反应特点及黏度变化

不同的初始固化温度直接影响了体系的固化反应（包括固化反应顺序和可能的共聚反应）及黏度变化，为了探究不同工艺对相分离产生的影响，首先对不同初始固化温度下单体/3%咪唑体系进行了恒温 DSC 表征。其转化率随时间的变化曲线如图 5.40 所示。

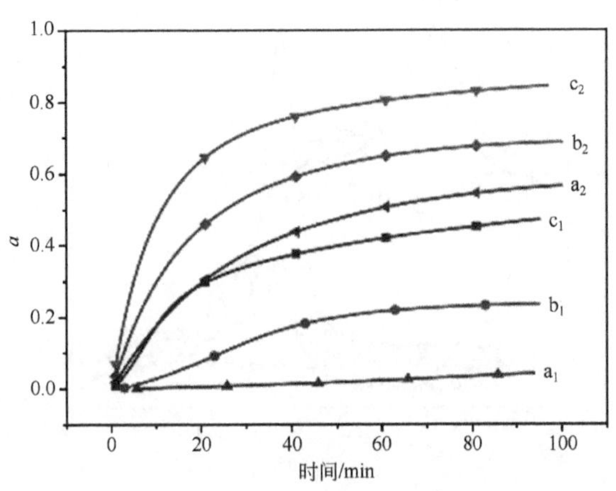

图 5.40　不同体系在不同温度下转化率随时间变化曲线

a_1—BA-a/3%咪唑，120℃；a_2—TBMI/3%咪唑，120℃；b_1—BA-a/3%咪唑，140℃；b_2—TBMI/3%咪唑，140℃；c_1—BA-a/3%咪唑，160℃；c_2—TBMI/3%咪唑，160℃

从图 5.40 中可以看到，不同初始固化温度下，单体/3%咪唑转化率随时间的变化呈现明显区别。在 120℃时，BA-a/3%咪唑（图 5.40 曲线 a_1）转化率低，反应 90min 时的转化率只有 0.03；TBMI/3%咪唑（图 5.40 曲线 a_2）转化率在初始阶段迅速增大，当达到 20min 时，转化率达到 0.3，随着时间的延长转化率进一步增大，当达到 90min 时，转化率达到 0.58。与 120℃单体/咪唑转化率不同的是，在 140℃时，BA-a/3%咪唑（图 5.40 曲线 b_1）初始转化率有明显增大，反应达到 40min 时，转化率达到 0.2，随着固化反应的进行转化率的增大幅度不大。TBMI/3%咪唑（图 5.40 曲线 b_2）转化率随着固化时间的延长迅速增大，当反应 20min 时，转化率达到 0.4 以上，随着固化反应的进行，转化率进一步增大，当达到 90min 时，转化率达到 0.7。在 160℃时，BA-a/3%咪唑（图 5.40 曲线 c_1）初始转化率迅速增大，反应 20min 时，转化率达到 0.3，随着时间的延长转化率进一步增大，当达到 90min 时，转化率达到 0.43。TBMI/3%咪唑（图 5.40 曲线 c_2）转化率随着固化时间的延长急剧增大，当反应 20min 时，转化率达到 0.7 以上，随后转化率增大变慢，当达到 90min 时，转化率达到 0.87。

可以看到，随着初始固化温度的提高，BA-a 在反应初期的固化转化率随着时间的延长而升高。在 120℃时，反应 20min 后，BA-a 基本没有发生开环反应；在 140℃时，反应 20min 后，BA-a 的固化转化率达到 0.1；在 160℃时，反应 20min 后，BA-a 的固化转化率达到 0.25。初始固化温度的升高，使得共混体系中有更多的 BA-a 在反应初期发生开环，BA-a 对 TBMI 的催化作用和共聚反应加剧，产生更多的共聚产物，不利于相分离的产生。这一结论与第 4 章的研究结果是一致的。

对两种单体在不同温度下的反应速率差值作图，得到图 5.41 所示的结果。可以看出，TBMI 反应速率与 BA-a 反应速率的差值$\left(\Delta\frac{\mathrm{d}a}{\mathrm{d}t}\right)$大于 0，说明 TBMI 反应速率要快于 BA-a 反应速率。随着固化温度的升高，初始$\Delta\frac{\mathrm{d}a}{\mathrm{d}t}$增大。当初始固化温度为 160℃时，$\Delta\frac{\mathrm{d}a}{\mathrm{d}t}$为 0.028；当初始固化温度为 140℃时，$\Delta\frac{\mathrm{d}a}{\mathrm{d}t}$为 0.026；当初始固化温度为 120℃时，$\Delta\frac{\mathrm{d}a}{\mathrm{d}t}$为 0.018。但是，初始固化温度越高，$\Delta\frac{\mathrm{d}a}{\mathrm{d}t}$减小越迅速。14min 以后，120℃固化条件下的$\Delta\frac{\mathrm{d}a}{\mathrm{d}t}$成为最大，并且长时间保持较大值，而 140℃和 160℃固化条件下，$\Delta\frac{\mathrm{d}a}{\mathrm{d}t}$迅速减小到接近 0，说明随着时间的延长，在较高的初始固化温度下（140℃和 160℃），两组分反应速率相近，同时增长，利于生成共聚产物而影响相分离结构的产生。

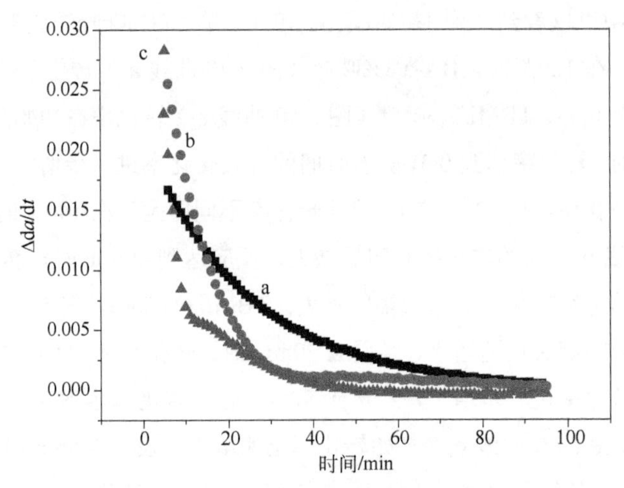

图 5.41　TBMI/3%咪唑和 BA-a/3%咪唑体系在不同温度下的反应速率差

a—120℃；b—140℃；c—160℃

结合图 5.40 可知，不同的初始固化温度固化 90min 后，共混体系在 120℃固化时，两组分转化率的差值是 0.55，140℃固化情况下，两组分转化率的差值为 0.50，160℃固化情况下，两组分转化率的差值为 0.34。120℃反应速率较大的差值，使得共混体系两组分最终的转化率差值最大，所以两组分的分子量的差距增大，热力学不对称性是三种情况下最大的，最有利于实现图 5.37 所示的相分离结构。

在较低温情况下（120℃），TBMI 和 BA-a 初始转化率差值较大，且这一差值一直保持一个较高值，其中，BA-a 单体始终处于低转化率状态，当共混体系随着反应的进行达到热力学上的不相容时，作为小分子状态存在的 BA-a 还具有流动扩散的能力，有利于相分离的发生；在较高温情况下（140℃、160℃），TBMI 和 BA-a 初始转化率的差值较大，但是随后这一差值迅速缩小，两种单体转化率同时迅速增长，且随着初始固化反应温度的升高，这种趋势更加明显。当共混体系随着反应的进行达到热力学上的不相容时，两种组分的转化率都比较高，任何一组分的流动扩散就变得特别困难。此外，高温情况下，BA-a 的大量开环导致共混体系中共聚产物增多，一定程度上限制了共混体系的运动，不利于相分离的发生。因此，共混体系在低温情况下单体易于流动扩散，易形成相分离，随着初始固化温度的升高，两种单体短时间内分子量迅速增长缠结，共聚反应增多，难于流动扩散，所以随着初始固化温度的升高相分离变得越来越难。

其次，相分离的过程开始于转化率达到浊点，结束于转化率达到凝胶点。在浊点时，体系达到热力学上的不相容开始发生分相，达到凝胶点时体系整体冻结而使相结构不再变化。为了进一步研究不同初始固化温度造成不同相结构的原因，假设BTI113体系达到浊点时固化反应转化率为X_{cp}，达到凝胶点时的固化反应转化率为X_g。位于这两个转化率之间的时间就可以定义为从发生相分离到相形态固定的时间，如图5.42所示。可以看到在较低初始固化温度（120℃，图5.42曲线a），浊点时的转化率（X_{cp}）为27%～33%，凝胶点（由后面的流变测试得到）时的转化率（X_g）为44%。从发生分相到凝胶的时间间隔t_1约为30min，这段时间比较长，利于相分离的发生。在较高初始固化温度（140℃、160℃）情况下，X_{cp}要比假设的图5.42所示的值高，而热固性树脂发生凝胶时的转化率X_g在不同温度下是接近的，共混体系相分离从发生到固定的时间间隔要小于图5.42所示相分离时间间隔t_2和t_3，即随着初始固化温度的升高，相分离产生到终止的时间间隔要逐渐减小，因此，随着初始固化温度的升高，体系发生凝胶的速度加快，当这一速度接近或超过相分离的速度时，体系的相结构就会因为发生得不彻底或未发生而出现模糊的相结构或均一结构。

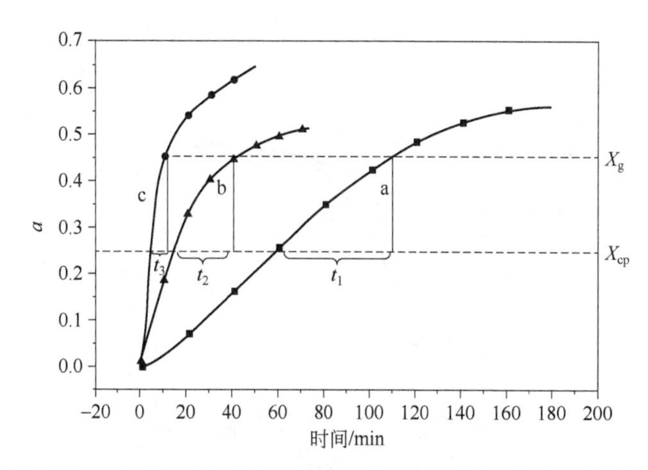

图5.42　BTI113在不同初始固化温度下的转化率随时间的变化趋势

a—BTI113初始固化温度为120℃；b—BTI113初始固化温度为140℃；c—BTI113初始固化温度为160℃；t_1—120℃时相分离开始到固定的时间间隙；t_2—140℃时相分离开始到固定的时间间隙；t_3—160℃时相分离开始到固定的时间间隙

由上面的描述及相分离过程的相关研究可知，热固性树脂/热固性树脂共混体系在相分离过程中涉及凝胶和玻璃化转变。其中，凝胶化时间表示热固性树脂在一定的温度下初步形成交联网络结构所需要的时间。如果相分离过程发生在共混体系的凝胶前，则相分离能够顺利发生，反之，体系凝胶后，组分不易运动，难以形成相分离结构。因此凝胶点的确定对于研究相分离过程具有重要的指导作用。对

BTI113 体系不同温度下的凝胶点采用流变的方法进行了测试，等温流变测试结果中储能模量(G')和损耗模量(G'')交点所对应的时间可以用来表示树脂体系的凝胶化时间，结果如图 5.43 所示，具体数值列于表 5.11。由图中 G'和 G''交点处所对应的时间（表 5.11）可知，BTI113 体系在 120℃的凝胶化时间最长，为 4959s，140℃的凝胶化时间次之，为 1148s，160℃的凝胶化时间最短，为 324s。从 BTI113 体系不同温度下的凝胶化时间可以看到，升高温度提高了共混体系的反应速度，缩短了体系的凝胶化时间。

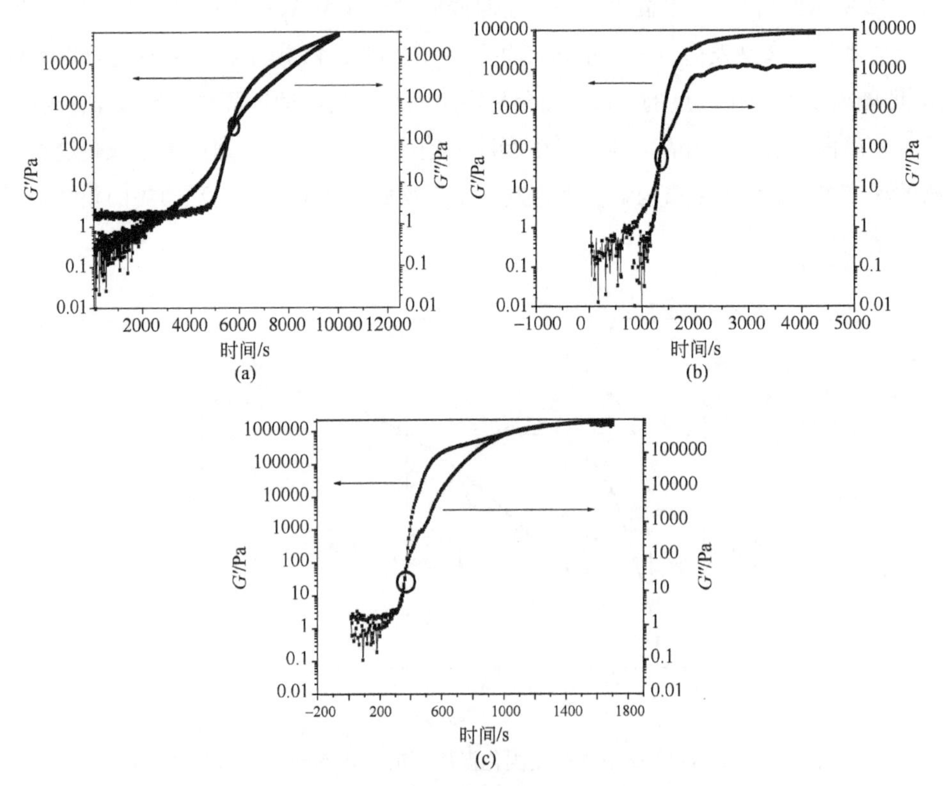

图 5.43　BTI113 在不同初始固化温度下的流变行为

（a）120℃；（b）140℃；（c）160℃

表 5.11　BTI113 在不同初始固化温度下的凝胶时间（利用平板小刀法测试）

温度/℃	120	140	160
时间/s	4959	1148	324

此外，共混体系的固化反应速率直接影响到体系黏度的变化趋势，而黏度的变化又直接决定了能否形成相分离结构。从图 5.44 曲线 a 可见，在较低的初始固

化温度下（120℃），复合黏度在长时间(>4800s)保持低值，小于 3Pa • s。共混体系达到热力学上的不相容时，体系的流动性好（凝胶化时间为 4959s），分子可以通过扩散实现图 5.37 所示的相分离结构。在较高温的情况下（图 5.44 曲线 b 和曲线 c），共混体系在 1148s 和 324s 后凝胶（图 5.43），复合黏度迅速增长。此条件下，在达到热力学上不相容的瞬间，体系的黏度迅速增长导致共混体系迅速被冻结，难于发生相分离，且这种趋势随着初始固化温度的升高而变得明显。因此，不同初始固化温度下，相分离速度与黏度增长速度之间的相对快慢决定了最终能否形成相分离结构。

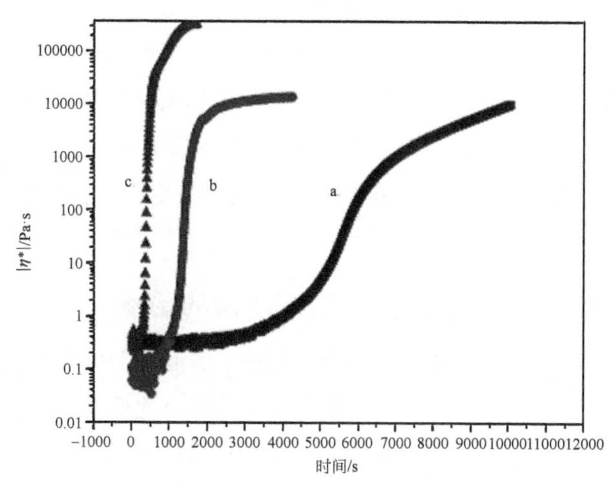

图 5.44　BTI113 在不同的初始固化温度下的复合黏度

a—120℃；b—140℃；c—160℃

不同的初始固化温度还会对共混体系的热力学相容性参数产生一定的影响。在 5.1.3.2.1 部分计算得到，共混体系 BT 在室温下的χ_1=0.6424，实际的应用中χ_1也可以表达成式（5-5）所示的关系。

虽然无法知道共混体系 BT 在不同温度下具体的χ_1值，但是由式（5-5）可以看出，共混体系的χ_1随着温度的升高有逐渐减小的趋势。在 120℃恒温固化情况下，初始状态$\chi_1<\chi_{1c}$，所以共混体系初始状态是相容的。随着反应的进行共混体系的分子量增大，使得χ_{1c}逐渐减小，当$\chi_1>\chi_{1c}$时，共混体系在热力学上不再相容，发生分相，说明共混体系属于反应诱导相分离，是由于反应导致分子量增大而发生相分离的。随着初始固化温度的升高（140℃、160℃），χ_1值逐渐减小，达到$\chi_1>\chi_{1c}$，也就是热力学上的不相容需要更高的分子量即更高的转化率才能实现。升高初始固化温度使得共混体系两组分的相容性变好，发生分相时的转化率提高，更难发生相分离。

不同的聚集态结构对最终韧性的作用是不同的，对不同体系固化后浇铸体的冲击强度进行了测试。具有均相结构的固化物冲击强度为 15.2kJ/m^2，而具有不明显相结构的固化体系的冲击强度为 17.4kJ/m^2，具有分相结构的冲击强度为 20.3kJ/m^2。相比均一结构的固化物，分相结构具有更好的韧性，主要是因为体系中存在相界面，裂纹在扩展过程中遇到界面而发生转向，消耗了更多的能量。

5.5 单体化学结构对相结构的影响[28]

前面的章节中，成功制备了具有海岛结构、双连续结构的双酚 A 型苯并噁嗪/热固性树脂共混体系。对相分离过程进行了跟踪，并对两组分的热力学参数、动力学因素进行了讨论。研究发现在 BA-a/TBMI 体系中通过调整初始固化温度、改变催化剂种类、组成比例，可以改变两组分的相对固化反应速率和固化反应顺序，拉大两组分间的动力学不对称性实现在 BA-a/TBMI 体系中对最终固化物相结构进行有效控制的目的。本部分将从所使用单体的化学结构入手，讨论单体化学结构对相分离结构的影响。

5.5.1 不同化学结构单体对固化物相结构的影响

选用二胺型苯并噁嗪（P-ddm）为原料，制备了具有相分离结构的 P-ddm/TBMI/咪唑的共混体系。通过与 BA-a/TBMI/咪唑体系进行对比研究，探索了化学结构差异对相结构、固化反应的影响及相互关系，并从化学结构对热力学参数、动力学因素影响的角度对这一体系的相结构更易于制备的现象进行了解释。通过对比 BA-a 和 P-ddm 的化学结构（图 5.45），可以发现，BA-a 体系中苯环之间依靠异丙基连接，P-ddm 体系中苯环之间依靠亚甲基连接。这种结构上的差异对固化物相结构的影响还未见报道。另外，P-ddm 树脂比 BA-a 难以结晶，因此关于 P-ddm 的研究也少有报道。然而，其力学性能优异，对其进行相分离的研究可以制备出力学性能更加突出的树脂体系，可以进一步作为基体树脂应用于高性能纤维增强树脂基复合材料中。

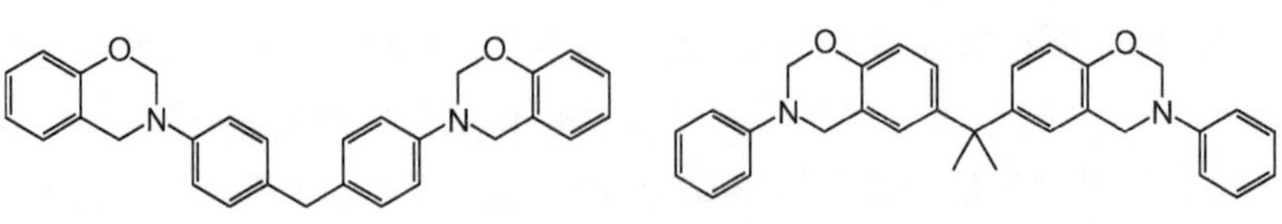

P-ddm　　BA-a

图 5.45　P-ddm、BA-a 的结构式

将重结晶的P-ddm和BA-a分别与TBMI按照摩尔比为1∶2的比例熔融混合，搅拌至透明，降至室温备用。将质量为共混体系质量3%的咪唑溶于丙酮中，分别与共混物在室温下共混。将三元体系分别记为PTI123和BTI123。单体P-ddm、BA-a分别与咪唑的共混也按照上述方法进行。具体制备工艺如5.1部分所述。

PTI123固化物呈现不透明状，而BTI123固化物呈现透明状，初步说明PTI123固化物具有相分离结构。图5.46、图5.47为固化物断面的激光共聚焦显微镜（CLSM）图和TEM图。其中，BTI123固化物的相结构为图5.46（b）和图5.47（b），对其具体描述已在本书中进行了详细的介绍。对比固化物BTI123体系的CLSM图，可以看到PTI123固化物呈现黑白互穿的情况，证明PTI123确实发生了相分离。从图5.47（a）中可以看到，固化物PTI123呈现双连续相结构，其中暗的区域对应于PP-ddm富集相，亮的区域对应于PTBMI富集相，具体原因前已述及。这一体系固化物的TEM图像两组分的颜色差异并不明显，说明在PP-ddm的富集相中可能含有部分PTBMI，而PTBMI富集相中也含有部分PP-ddm。

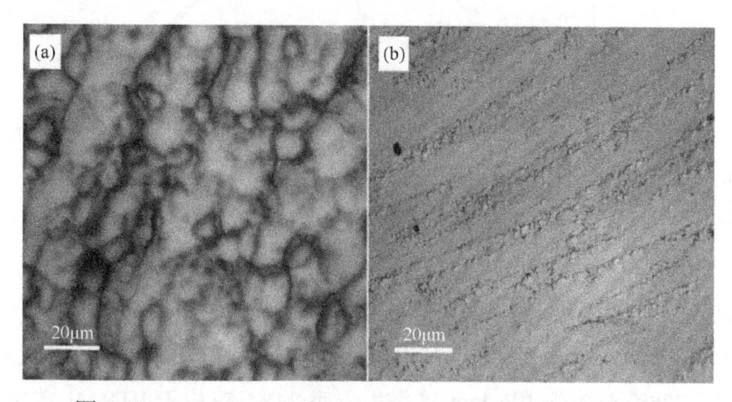

图5.46　PTI123（a）和BTI123（b）固化后的CLSM图

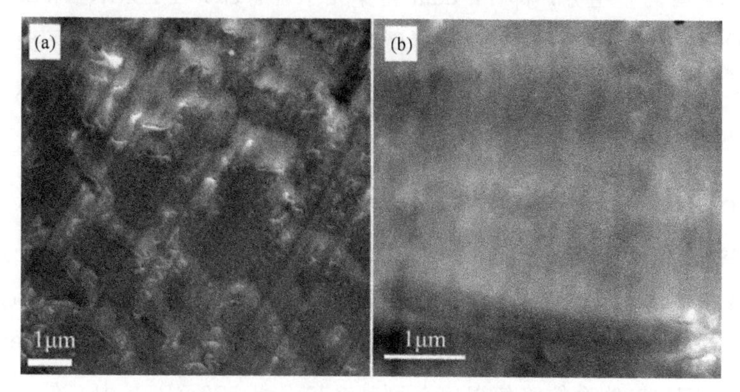

图5.47　PTI123（a）和BTI123（b）固化后的TEM图

图 5.48 是固化物 PTI123、BTI123、PBA-a、PP-ddm 和 PTBMI 的 tanδ 曲线。从图 5.48 中曲线 a、b 和 c 可以看出，PBA-a、PP-ddm 都只有一个 T_g，分别为 200℃和 211℃，PTBMI 有两个 T_g，分别为 77℃和 362℃。从图 5.48 中曲线 A、B 可以看出，PTI123 固化物具有两个 T_g，分别为 208℃和 245℃，BTI123 固化物具有一个 T_g，为 217℃。这一结果进一步说明 PTI123 具有相分离结构，而 BTI123 是均相结构。

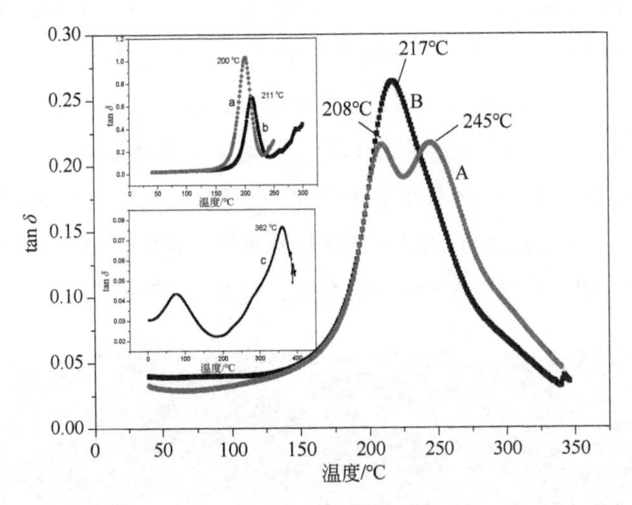

图 5.48　PTI123（A）、BTI123（B）、PBA-a（a）、PP-ddm（b）和 PTBMI（c）的 DMA 曲线

进一步观察固化物 PTI123 的 T_g 可以发现，208℃所对应的 T_g 比 PP-ddm 的 T_g 低 3℃，而 245℃所对应的 T_g 比 PTBMI 的高温 T_g 低 117℃。说明在固化物 PTI123 两相结构中，208℃对应于 PP-ddm 富集相，而 245℃对应于 PTBMI 富集相，且在富集相中都含有另一组分，即 PP-ddm 富集相中含有部分 PTBMI，PTBMI 富集相中含有部分 PP-ddm。这一结果与 TEM 图中两相的色差较小一致。为了探究 PTI123 和 BTI123 具有不同相结构的原因，本部分将重点以 PTI123 为研究对象（BTI123 体系前已述及），对其相分离的原因进行解释。

5.5.2　不同化学结构单体共混体系固化反应差异

图 5.49 是 BTI113 和 PTI113 的 DSC 曲线及对应的 DSC 微分曲线。从图中可以看到，BTI113 和 PTI113 的 DSC 曲线中均含有两个固化反应峰。其中，BTI113 体系的峰值温度分别为 180℃和 220℃，依次对应于 TBMI 的固化反应和 BA-a 的固化反应。PTI113 体系的峰值温度分别为 172℃和 220℃，其中，低温峰峰宽比

BTI113 体系宽，且峰形更加不对称；高温峰与 BTI113 体系相似。同时，从对应的微分曲线（图 5.49 曲线 a′和曲线 b′）可以看出，BTI113 体系微分曲线中两个对称峰规则，而 PTI113 体系低温峰对应的微分曲线不对称且在主峰后有小峰出现；高温峰对应的微分曲线两个体系是相同的。说明 PTI113 体系低温峰对应的固化反应与 BTI113 体系不同，而高温峰所对应的固化反应相近。在低温峰对应的固化反应除了 TBMI 体系的固化以外，可能含有较多的 P-ddm 的反应。为了进一步证明这一推测，对 PTI113 体系的分阶段固化样品进行了 FTIR 测试，结果如图 5.50 所示。

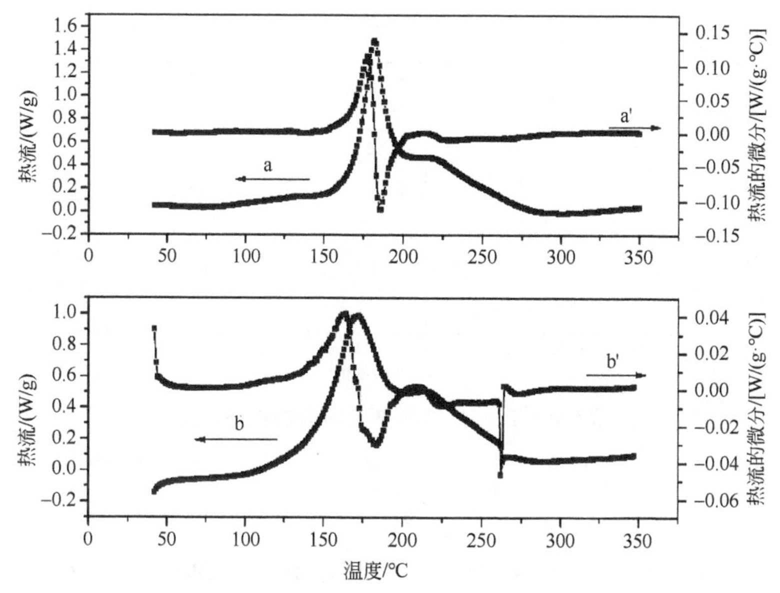

图 5.49 BTI113（a）和 PTI113（b）的 DSC 曲线和对应的微分曲线 BTI113（a′）、PTI113（b′）

图 5.50 中曲线 a 在 943cm^{-1}、1228cm^{-1}、1500cm^{-1} 和 1489cm^{-1} 处的吸收峰分别对应于苯并噁嗪中噁嗪环、C—O—C、苯环三取代和二取代的吸收峰，3019cm^{-1} 处的吸收峰对应于双马来酰亚胺环中 C═C—H 的吸收峰。943cm^{-1}、1228cm^{-1}、1489cm^{-1} 和 1500cm^{-1} 处的吸收峰在 120℃固化 4h（曲线 a）后，峰强度有小幅度减小，随后（曲线 c、d、e）峰强迅速减小，到固化反应完成后完全消失。说明 PTI113 体系中苯并噁嗪从 120℃开始就有少量发生反应，升温到 160℃后迅速反应，到 200℃反应完全。3019cm^{-1} 处的吸收峰在固化反应初期（曲线 b）大幅减小，随后（曲线 c、d、e）减小幅度变化不大，说明双马来酰亚胺在反应初期就大量消耗。此外，1273cm^{-1} 处对应于 Ar—O—C 的吸收峰强度随着固化反应的进行逐渐增强，但是增强的幅度不大，说明 PTI113 体系中两种单体之间存在少量的共聚反应。

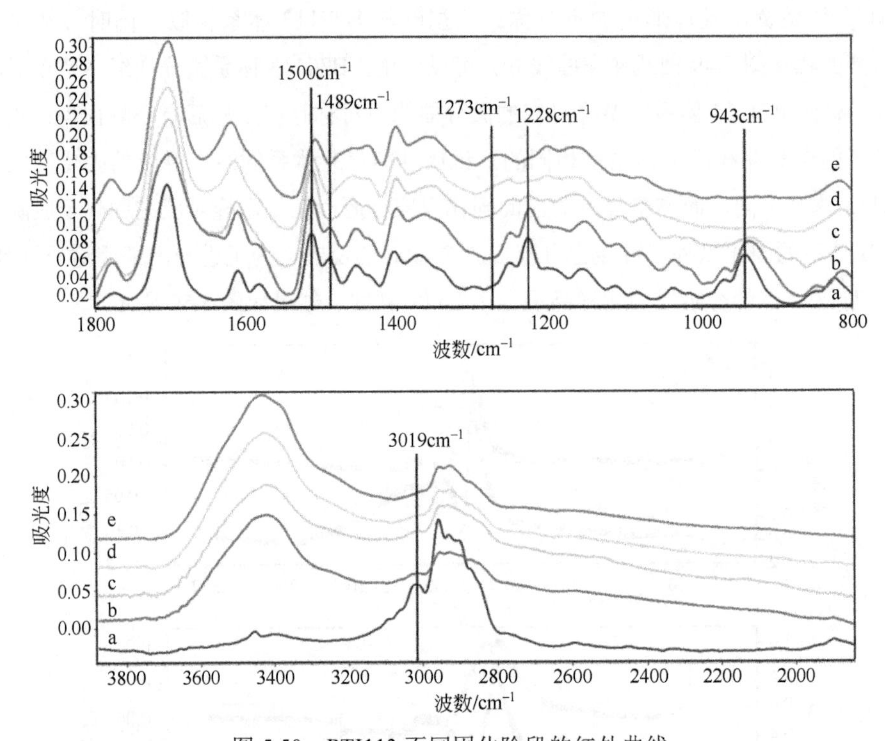

图 5.50　PTI113 不同固化阶段的红外曲线

a—室温；b—120℃/4h；c—120℃/4h，160℃/2h；d—120℃/4h，160℃/2h，180℃/2h；
e—120℃/4h，160℃/2h，180℃/2h，200℃/2h

该共混体系具体的反应步骤如图 5.51 所示。其中，TBMI 在催化剂的作用下在 120℃情况下首先大量反应，P-ddm 在 120℃也有少量开始反应［图 5.51（a)]，随后 P-ddm 在 160℃大量开环交联［图 5.51（b)]，剩余少量未反应的 TBMI 和 P-ddm 开环形成的酚羟基形成醚键结构［图 5.51（c)]。

催化剂
120℃

催化剂
120℃
很少

(a)

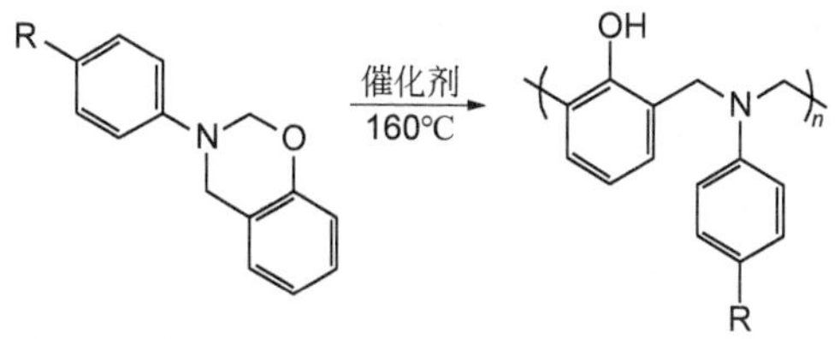

(b)

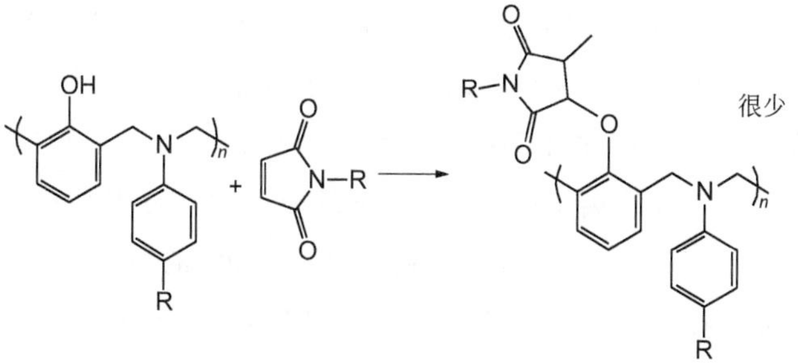

(c)

图 5.51　PTI113 的固化反应机理

（a）在 120℃时咪唑催化 TBMI 和 P-ddm 的反应；（b）160℃时咪唑催化 P-ddm 的反应；（c）开环的 P-ddm 与 TBMI 之间的反应

5.5.3　不同化学结构单体对热力学参数的影响

对共混体系的相分离过程与固化反应、化学流变行为关系的研究显示了不同比例共混体系形成不同相分离结构的影响因素来自于相分离速率与固化反应速率的相对快慢，然而其热力学上的差异应是决定相分离能否发生的前提。参照 5.1.3.2.1 部分的计算方法对 BTI123 和 PTI123 的χ_1进行计算，结果如表 5.12 所示。

表 5.12　室温下 BTI123 和 PTI123 的χ_1值

体系	BTI123	PTI123
χ_1	0.501	0.048

从表 5.12 中可以看出，在室温时，BTI123 的χ_1为 0.501，PTI123 的χ_1为 0.048，说明 PTI123 体系相容性要更好。对 BTI123 和 PTI123 体系进行分析，可以发现两种共混体系中，唯一有区别的就是两种苯并噁嗪结构上的差异（图 5.45）。其中，P-ddm 苯环之间是亚甲基，而 BA-a 苯环之间是异丙叉。异丙叉结构中，—CH_3结构体积排斥作用非常明显，使得 BA-a 的自由体积较大。这样的结构使得 BTI123 体系在初始状态相容性比 PTI123 体系要差，即χ_1要大。

此外，可以看到 BTI123 和 PTI123 在室温状态的χ_1值都非常小，是互溶的体系，这与体系在共混后呈现透明均相状态相一致，而 PTI123 体系最终固化物呈现分相结构，说明体系 PTI123 经历了反应诱导相分离过程。结合 5.1.3.2.1 部分的公式分析，可知在 120℃恒温固化情况下，初始状态$\chi_1<\chi_{1c}$，所以共混体系初始状态是相容的。随着反应的进行共混体系的分子量增大，使得χ_{1c}逐渐减小，当$\chi_1>\chi_{1c}$时，共混体系在热力学上不再相容，发生分相。

前期的研究显示，BTI123 未发生分相的原因是 TBMI 含量的增多使得固化反应加速，而同时 BA-a 在 120℃时低的分子量增长速度，使得 BTI123 体系长时间在热力学上处于稳定状态，所以最终呈现均相结构。从热力学的计算可以看到，PTI123 体系在初始状态下相容性比 BTI123 体系好，那么为什么在相同的成型条件下 PTI123 体系最终具有相分离结构？为了探究这一问题，对 BA-a/3%（质量分数）咪唑和 P-ddm/3%（质量分数）咪唑体系进行了 120℃的恒温 DSC 扫描，结果如图 5.52 所示。可以看到，BA-a/3%咪唑体系在 120℃恒温阶段反应非常少，这一结果与前期的研究结果一致。P-ddm/3%咪唑体系在 120℃恒温时初始阶段就大量反应。120℃恒温 100min 后，扫描样品的剩余热焓并计算 120℃转化率为 21%。

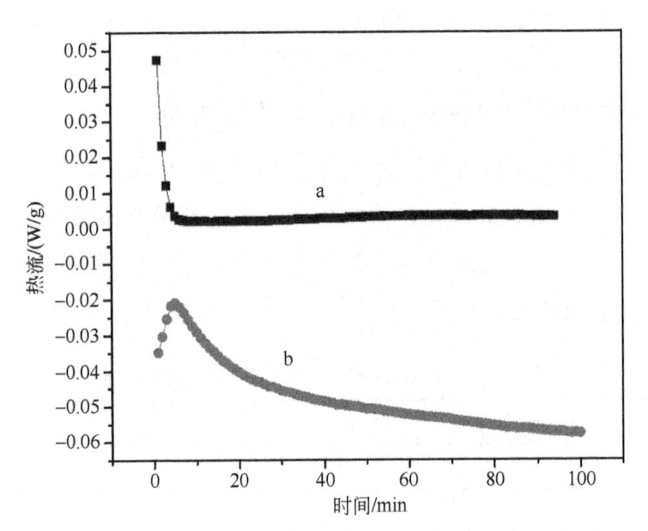

图 5.52　BA-a/3%（质量分数）咪唑（a）和 P-ddm/3%（质量分数）咪唑（b）在 120℃的恒温 DSC 曲线

对比 PTI123 和 BTI123 体系可以发现，其反应的主要区别是反应初期苯并噁嗪参与反应的数量。结合式（5-3）进行分析，可以发现，在 PTI123 体系中，反应初期大量的 P-ddm 和 TBMI 反应，两组分的分子量增长速度要比 BTI123 体系快，所以χ_{1c}的减小速度也要快，能够在短时间内使得体系中$\chi_1>\chi_{1c}$，达到热力学上的不稳定。

为了进一步证明上面的结论，对 P-ddm、BA-a 和 TBMI 分别与 3%（质量分数）咪唑共混体系在 120℃的接触角进行了测试，并按照 Wu 方程[29]进行计算，得到 P-ddm 与 TBMI 的界面张力随着时间的变化曲线，如表 5.13 所示。从表中可以看到，在 120℃时，共混体系界面张力随着固化时间的延长而增大，其中，BA-a/TBMI 体系表面张力从 0.012mN/m 增大到 3.338mN/m（表 5.5），P-ddm/TBMI 体系表面张力从 1.430mN/m 增大到 3.011mN/m。对比 BA-a/TBMI 和 P-ddm/TBMI 体系，可以发现，反应 1h 后，P-ddm/TBMI 体系的界面张力比较大，这与 P-ddm 初始阶段大量反应的结论是一致的，在热力学上 PTI123 比 BTI123 体系更容易进入不稳定状态，从而产生分相的趋势。

表 5.13　BA-a/TBMI 和 P-ddm/TBMI 共混体系在 120℃固化不同时间的表面张力

共混体系	界面张力/(mN/m)
P-ddm/TBMI-1h	1.430
P-ddm/TBMI-2h	2.280
P-ddm/TBMI-3h	3.011

5.5.4　不同化学结构单体共混体系的流动能力

在 120℃时，相比 BTI123 体系，PTI123 体系在热力学上更加不稳定，发生分相的可能性更大，然而最终能否发生分相还与体系的流动能力有关。为了对 PTI123 体系发生分相的原因进行进一步探索，对 PTI123 和 BTI123 体系不同温度下的黏度进行了表征，结果如图 5.53 所示。从图 5.53 可以看到，PTI123 和 BTI123 体系在 100℃、110℃和 120℃条件下，黏度均会迅速增大。相同温度下，PTI123 体系黏度增长比 BTI123 体系黏度增长快，说明其反应速度更快，更容易实现凝胶。

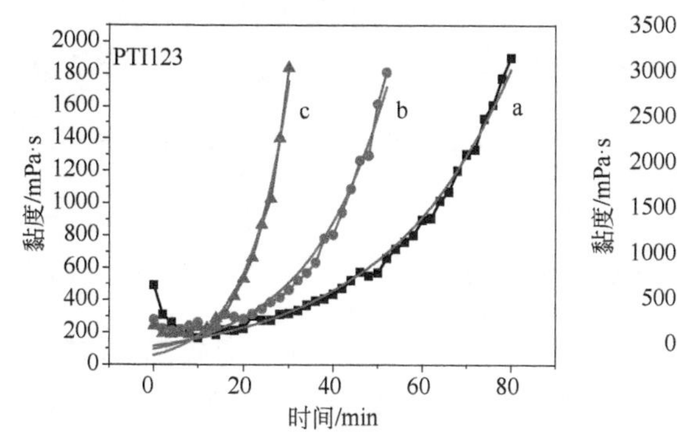

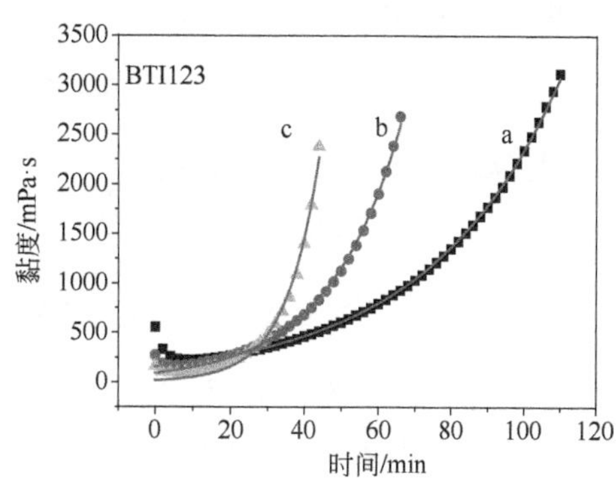

图 5.53　PTI123 和 BTI123 在不同温度下的黏度曲线

a—100℃；b—110℃；c—120℃

热固性树脂的化学反应引起了化学黏度的变化，即流变学的变化。因此可以通过对热固性树脂化学流变学中相关参数的求解来研究热固性树脂体系自身的物理特性。目前，广泛采用的热固性树脂的化学流变学可以使用多种数学模型，如经验或半经验模型[30]。本书采用双 Arrhenius 模型[31, 32]对共混体系初始状态的流变学进行了拟合。

在热固性树脂的固化过程中，温度 T 的升高有利于树脂分子的运动，导致黏度 η 的降低；而温度的升高会使体系的固化度增大，体系交联更快，交联点更多，分子链运动受阻，导致黏度 η 升高。热固性树脂体系最终的 η 由双 Arrhenius 公式决定，其中双 Arrhenius 公式为式（5-13）。

$$\eta(T,t)=\eta_{\infty}\exp\left(\frac{E_{\eta}}{RT}\right)\exp\left[k_{\infty}t\exp\left(\frac{E_k}{RT}\right)\right] \quad (5\text{-}13)$$

式中，η_{∞} 表示树脂体系在温度无限高的理想状态下的初始黏度；E_{η} 为 Arrhenius 活化能；k_{∞} 为 η_{∞} 的模拟量；E_k 为 E_{η} 的动力学模拟量。参数 η_{∞}、E_{η}、k_{∞}、E_k 都是与温度 T 和时间 t 无关的常数。

对式（5-13）两边取对数，得到双 Arrhenius 公式的变形式（5-14），即：

$$\ln\eta(T,t)=\ln\eta_{\infty}+\frac{E_{\eta}}{RT}+k_{\infty}t\exp\left(\frac{E_k}{RT}\right) \quad (5\text{-}14)$$

设

$$\ln G=\ln\eta_{\infty}+\frac{E_{\eta}}{RT} \quad (5\text{-}15)$$

$$\ln I=\ln k_{\infty}+\frac{E_k}{RT} \quad (5\text{-}16)$$

并带入式（5-14）得到：

$$\ln\eta(T,t)=\ln G+It \quad (5\text{-}17)$$

即在温度一定的条件下，黏度的自然对数 $\ln\eta$ 与时间 t 为线性关系。将式（5-17）变换后得到式（5-18）：

$$\eta(T,t)=\exp(\ln G+It) \quad (5\text{-}18)$$

采用式（5-18）对图 5.53 中各个温度下的黏度曲线进行拟合，具体拟合曲线如图 5.53 所示，拟合度均在 0.99 以上，说明该方程确实可以很好地模拟该共混体系，其中拟合所得参数具有可信性。将得到的不同温度下的 G 和 I 值，然后带入到式（5-15）和式（5-16）中，可以得到体系的 E_{η} 和 E_k，具体数值列于表 5.14 中。

表 5.14　共混体系的 E_η和 E_k

体系	E_η	E_k
PTI123	41.1	72.2
BTI123	133.6	85.9

其中，E_η反映了分子从一个位置运动到另一个位置的难易。E_η越大，分子的流动扩散越困难，而 E_η越小，分子的流动扩散就越容易。从表 5.14 可以看出，PTI123 体系的 E_η为 41.1，比 BTI123 小，说明 PTI123 体系流动扩散能力更强。造成这一现象的主要原因是两种共混体系中苯并噁嗪的结构。如前所述，P-ddm 和 BA-a 在结构上存在差异。异丙叉结构的存在使得在相分离过程中 BA-a 更容易与 TBMI 发生缠绕和阻碍，影响两种分子之间的流动扩散，其要实现分相就需要更高的黏流活化能。

为了进一步对比 PTI123 和 BTI123 体系中，P-ddm 和 BA-a 的流动性，对 P-ddm 和 BA-a 在 TBMI 中的流动性进行了计算机模拟，计算了两种组分分别在 TBMI 中的均方旋转半径（MSD）变化趋势，结果如图 5.54 所示。可以看到，随着模拟时间的延长，P-ddm 和 BA-a 在共混体系中的 MSD 值均逐渐增大，且 P-ddm 的 MSD 值大于 BA-a，说明 P-ddm 在共混体系中的流动性确实要好。

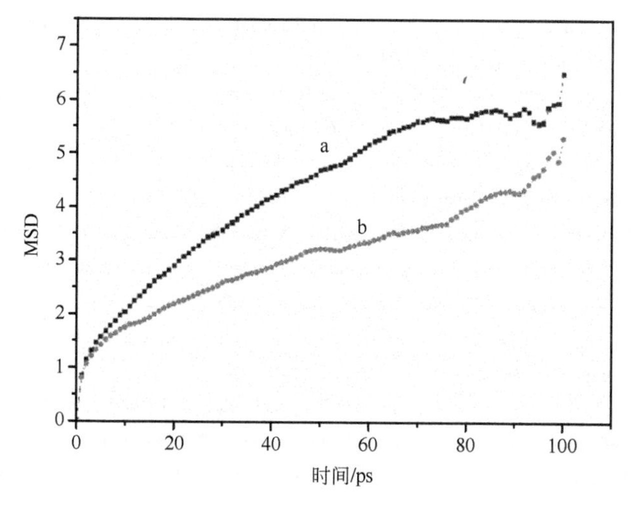

图 5.54　PTI123 体系中 P-ddm 的均方旋转半径（a）和 BTI123 体系中 BA-a 的均方旋转半径（b）

由于固化反应的差异，PTI123 在热力学上发生分相的可能性要比 BTI123 大；由于苯并噁嗪结构的差异，PTI123 体系流动性能要优于 BTI123 体系。因此，对比 BTI123 和 PTI123 两体系，可以得到结论，苯并噁嗪结构的差异是导致共混体系是否发生分相的一个重要因素。

5.6 小结

热固性树脂作为树脂基复合材料的基体随着航空航天工业的发展得到广泛的关注，其自身的脆性是亟待解决的问题。本章节以苯并噁嗪树脂的增韧为例，系统地总结了笔者在热固性树脂增韧方面从事的工作。笔者设计了在苯并噁嗪中引入第二组分，通过反应诱导相分离的方法制备满足 RTM 成型工艺、韧性改善的、其他性能不损失的基体树脂的思路。从调整两组分的热力学相容性及有利于最终热固性树脂/热固性树脂相分离结构表征方面考虑，选择新型双马来酰亚胺(TBMI)作为第二组分。调节两组分的组成比例、固化反应顺序、催化剂含量、固化工艺等来增加两组分聚合过程中的动力学不对称性，成功地制备了具有相分离结构的、韧性得到明显改善的热固性树脂/热固性树脂共混体系。建立了分子结构、化学结构、聚集态结构多层次结构之间的联系，为热固性树脂的增韧提供了一种新的可借鉴的思路。

参考文献

[1] Yang J, Winnik M A, Ylitalo D, et al. Polyurethane-polyacrylate interpenetrating networks: 1. Preparation and morphology. Macromolecules, 1996, (29): 7047-7054.

[2] Udagawa A, Sakurai F, Takahashi T. In situ study of photopolymerization by fourier transform infrared spectroscopy. Journal of Applied Polymer Science, 1991, (42): 1861-1867.

[3] Jansen B, Meijer H,. Lemstra P. Processing of (in) tractable polymers using reactive solvents: Part 5: Morphology control during phase separation. Polymer, 1999, (40): 2917-2927.

[4] Wang Z, Ran Q, Zhu R, et al. Reaction-induced phase separation in a bisphenol A-aniline benzoxazine-*N*, *N'*-(2, 2, 4-trimethylhexane-1, 6-diyl) bis (maleimide)–imidazole blend: the effect of changing the concentration on morphology. Physical Chemistry Chemical Physics, 2014, (16): 5326-5332.

[5] Wang Z, Ran Q, Zhu R, et al. A novel benzoxazine/bismaleimide blend resulting in bi-continuous phase separated morphology. RSC Advances, 2013, (3): 1350-1353.

[6] Phelan J C, Sung C S P. Cure characterization in bis (maleimide)/diallylbisphenol A resin by fluorescence, FT-IR, and UV-reflection spectroscopy. Macromolecules, 1997, (30): 6845-6851.

[7] Girard-Reydet E, Sautereau H, Pascault J P, et al. Reaction-induced phase separation mechanisms in modified thermosets. Polymer, 1998, (39): 2269-2279.

[8] Kim B S, Chiba T, Inoue T. Morphology development via reaction-induced phase separation in epoxy/poly (ether sulfone) blends: morphology control using poly (ether sulfone) with functional end-groups. Polymer, 1995, (36): 43-47.

[9] Wang Z, Cao N, Miao Y, et al. Influence of curing sequence on phase structure and properties of bisphenol A-aniline benzoxazine/*N*, *N'*-(2, 2, 4-trimethylhexane-1, 6-diyl) bis (maleimide)/imidazole blend. Journal of Applied Polymer Science, 2016, (133): 43259-43267.

[10] Flory P J. Principles of polymer chemistry. USA: Cornell University Press, 1953.
[11] Hildebrand J H. Solubility of Non-electrolytes. USA: Reinhold Pub., 1936.
[12] 江明. 高分子合金的物理化学. 成都: 四川教育出版社, 1990.
[13] Small P. Some factors affecting the solubility of polymers. Journal of Chemical Technology and Biotechnology, 1953, (3): 71-80.
[14] Merz E, Claver G, Baer M. Studies on heterogeneous polymeric systems. Journal of Polymer Science Part A: Polymer Chemistry, 1956, (22): 325-341.
[15] Newman S, Strella S. Stress-strain behavior of rubber-reinforced glassy polymers. Journal of Applied Polymer Science, 1965, (9): 2297-2310.
[16] 吴培熙, 张留城. 聚合物共混改性. 北京: 中国轻工业出版社, 1996.
[17] Bucknall C B. Fracture and failure of multiphase polymers and polymer composites. Failure in Polymers, 1978: 121-148.
[18] Bucknall C, Clayton D, Keast W E. Rubber-toughening of plastics. Journal of Materials Science, 1972, (7): 1443-1453.
[19] Decker C, Viet T N T, Decker D, et al. UV-radiation curing of acrylate/epoxide systems. Polymer, 2001, (42): 5531-5541.
[20] He D, Chou S Y, Kim D W, et al. Enhanced ionic conductivity of semi-IPN solid polymer electrolytes based on star-shaped oligo (ethyleneoxy) cyclotriphosphazenes. Macromolecules. 2012, (45): 7931-7938.
[21] Dean K M, Cook W D. Azo initiator selection to control the curing order in dimethacrylate/epoxy interpenetrating polymer networks. Polymer International, 2004, (53): 1305-1313.
[22] Kissinger H E. Reaction kinetics in differential thermal analysis. Analytical Chemistry, 1957, (29): 1702-1706.
[23] Liu Y L, Yu J M. Cocuring behaviors of benzoxazine and maleimide derivatives and the thermal properties of the cured products. Journal of Polymer Science Part A: Polymer Chemistry, 2006, (44): 1890-1899.
[24] Takeichi T, Saito Y, Agag T, et al. High-performance polymer alloys of polybenzoxazine and bismaleimide. Polymer, 2008, (49): 1173-1179.
[25] Remiro P, Marieta C, Riccardi C, et al. Influence of curing conditions on the morphologies of a PMMA-modified epoxy matrix. Polymer, 2001, (42): 09909-09914.
[26] Remiro P, Riccardi C, Corcuera M, et al. Design of morphology in PMMA-modified epoxy resins by control of curing conditions: I. Phase behavior. Journal of Applied Polymer Science, 1999, (74): 772-780.
[27] Butta E, Levita G, Marchetti A, et al. Morphology and mechanical properties of amine-terminated butadiene-acrylonitrile/epoxy blends. Polymer Engineering & Science, 1986, (26): 63-73.
[28] Wang Z, Li L, Fu Y, et al. Reaction-induced phase separation in benzoxazine/bismaleimide/imidazole blend: Effects of different chemical structures on phase morphology. Materials & Design, 2016, (107): 230-237.
[29] Wu S. Calculation of interfacial tension in polymer systems. Journal of Polymer Science: Polymer Symposia, 1971, 19-30.
[30] 陈淳, 苏玉堂. 热固性树脂的化学流变性. 玻璃钢/复合材料, 2005, 31-32.
[31] Halley P J, Mackay M E. Chemorheology of thermosets——an overview. Polymer Engineering & Science, 1996, (36): 593-609.
[32] 路遥, 段跃新, 梁志勇, 等. 钡酚醛树脂体系化学流变特性研究. 复合材料学报, 2002, (19): 33-37.

Chapter 06

第6章 热固性树脂增韧在复合材料应用中存在的问题及解决方法

6.1 复合材料的Ⅰ型和Ⅱ型层间断裂韧性

复合材料断裂韧性作为反应复合材料连接处的重要指标，是连接处抵抗裂纹扩展能力的体现与度量，表征材料阻止裂纹的能力，是度量材料韧性好坏的一个定量指标。裂纹扩展方式分三种：张开型（Ⅰ型断裂）、面内剪切型（Ⅱ型断裂）和面外剪切型（Ⅲ型断裂）[1]，具体断裂方式如图 6.1 所示。

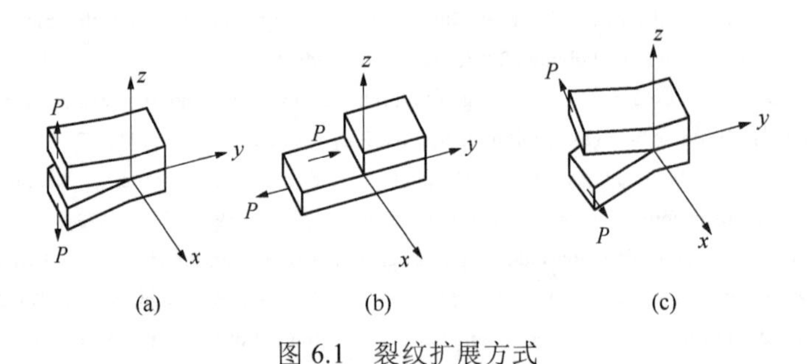

图 6.1　裂纹扩展方式

（a）第Ⅰ型（张开型）；（b）第Ⅱ型（滑开型）；（c）第Ⅲ型（断开型）

复合材料层合板层间Ⅰ型断裂韧性的试验方法参考中华人民共和国航空行业标准 HB 7718.1—2002，使用端部开口双悬臂梁（DCB）试验方法进行测试。具体试验加载装置如图 6.2 所示。在复合材料一端布置人工裂纹，在布置裂纹的一端装置铰链与上下板黏结，使用试验夹头夹持铰链并通过位移控制加载。预制裂纹长度为 60mm，每隔 10mm 进行标记，记录裂纹扩展至此标记线处时的裂纹长度及相应的载荷和张开位移，按照式（6-1）计算相应的临界应变释放率来表征断裂韧性。

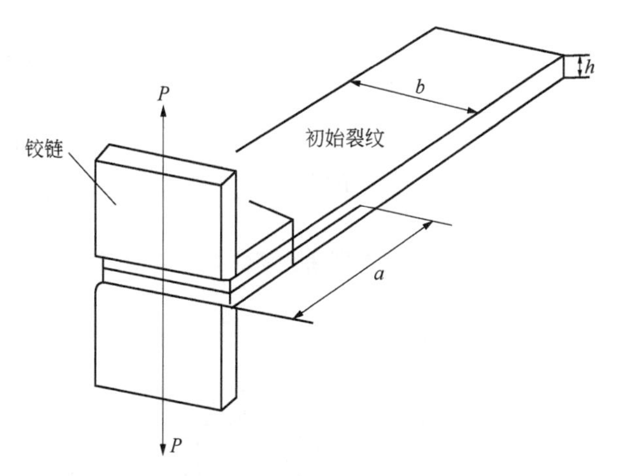

图 6.2 端部开口双悬臂梁试验加载装置

$$G_{\mathrm{I\,C}}=\frac{mP\delta}{2ab} \tag{6-1}$$

式中，$G_{\mathrm{I\,C}}$是Ⅰ型层间临界应变能释放率；P、δ 分别为某一裂纹长度对应的载荷和总张开位移；a 为裂纹长度；b 为试样宽度；m 为柔度曲线拟合系数，由下式进行计算得出：

$$m=\frac{\sum_{i=1}^{k}(\lg a_i \lg C_i)-\frac{1}{k}\left(\sum_{i=1}^{k}a_i\right)\left(\sum_{i=1}^{k}C_i\right)}{\sum_{i=1}^{k}(\lg a_i)^2-\frac{1}{k}\left(\sum_{i=1}^{k}a_i\right)^2} \tag{6-2}$$

式中，k 为单个样品上的标记数；a_i为裂纹扩展至第 i 条标记线处时对应的裂纹长度；C_i为对应的柔度，$C_i=\frac{\delta_i}{P_i}$。

复合材料层合板层间Ⅱ型断裂韧性的试验方法参考中华人民共和国航空行业标准 HB 7718.2—2002，使用端部缺口弯曲（ENF）试验方法进行层合板Ⅱ型断裂韧性测试。具体加载装置如图 6.3 所示。

在复合材料层合板的一端端部预制初始裂纹，使用试验机三点弯曲夹具，用位移控制向下加载，当裂纹扩展 5mm 左右时，卸载，取下试样。试件个数为 5 个。测试过程中，取裂纹初始扩展时的最大载荷及对应挠度计算Ⅱ型裂纹扩展临界应变

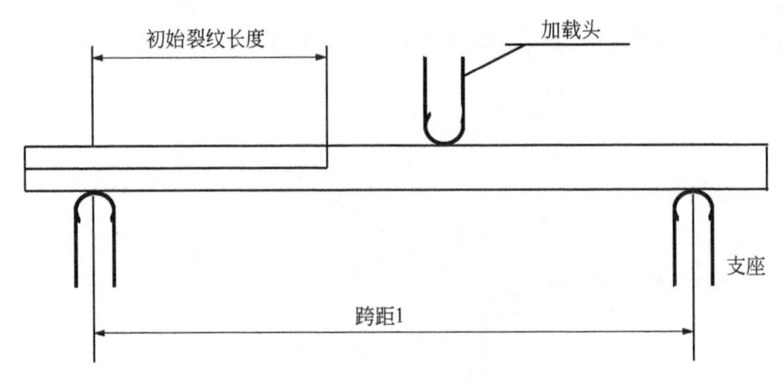

图 6.3　层合板Ⅱ型断裂韧性测试加载装置

能释放率来表征断裂韧性，计算公式如下：

$$G_{\mathrm{II\,C}}=\frac{9P\delta' a_0^2}{2b\left(\frac{3}{8}L^3+3a_0^3\right)} \qquad (6\text{-}3)$$

式中，P 为裂纹初始扩展时的临界载荷；δ'为对应的加载点挠度；a_0 为初始裂纹长度，取开口一端支撑点处至预制裂纹尖端处的长度；b 为试件宽度；L 为跨距。

复合材料的韧性除常用Ⅰ型和Ⅱ型层间断裂韧性表征外，还用冲击后剩余压缩强度（CAI）来表征，相应的测试标准首先出现在 1985 年 NASA 的标准文件中，并以此对复合材料进行了分类或划分：脆性树脂基复合材料的 CAI 值一般小于 138MPa；弱韧性改性树脂基复合材料的 CAI 值大约为 138～192MPa；韧性树脂基复合材料的 CAI 值大约为 193～255MPa；高韧性树脂基复合材料的 CAI 值一般应高于 256MPa[2,3]。热固性树脂是树脂基复合材料中一类重要的基体，特别是在高性能树脂基复合材料地制备与应用中。在 20 世纪 70 年代末，高性能树脂基复合材料开始大规模地进入飞机的次承力结构中，包括飞行控制面板如副翼、升降舵、方向舵和扰流板等。在推广应用的过程当中人们发现，高性能树脂基复合材料中基体树脂的脆性是造成复合材料低速冲击分层损伤以及由这个损伤带来的压缩强度大幅度降低的一个重要原因[2]，因此对热固性树脂的增韧一直是复合材料领域的一个重要课题。

6.2 “离位”增韧

前面的章节中，详细介绍了各种增韧的方法及原理，但是近期的研究发现，这些增韧方法并不能将基体树脂的增韧效果有效地转化到连续纤维增强的复合材料中，大多数热固性基体材料在增韧后，其本体树脂的断裂韧性 G_{IC} 可以提高近 10

多倍，而由其组成的复合材料的层间断裂韧性则提高不多[2]。如 Kim 等[4]测得的复合材料的 I 型断裂韧性随树脂材料的 I 型断裂韧性变化就不是非常明显。基于此，从提高复合材料冲击后压缩性能（CAI）的角度入手，益小苏等[2,5]创新性地提出了“离位”增韧的思想。

这一思想的核心是将提高整个基体树脂韧性的那种机制（均匀整体增韧）精确定域在层状复合材料的层间。这一思想中最关键的两个技术就是“韧化结构”与“定域技术”。其中，“离位”是指在多组分、多相体系里，事先将某一组分移动到特定位置，形成“非均匀或结构化”的初始空间状态，然后通过化学反应、相分离运动、外场诱导等技术方法，只在这个位置或附近，形成某一个新组成、新相或新形态，使得这个最终状态基本保持“非均匀或结构化”的初始空间状态[6]。从复合原理上讲，是将增韧相从复相的基体树脂中分离，让它精确定域在层状复合材料的层间。从技术层面讲，“离位”增韧的关键是控制热塑性/热固性复相树脂界面上的扩散和相变，形成高韧性、层状化的相反转等韧化结构。

以环氧树脂基“离位”增韧复合材料为例[2,3]。益小苏等制备了 EP（环氧树脂）/PAEK（聚芳醚酮）/EP“三明治”结构连续过渡模型，对应了一个环氧树脂颗粒尺寸和热塑性增韧剂含量的梯度分布。这个定域在碳纤维层间的环氧树脂微结构的分布特征是：热塑性组分的浓度在层间中心层位置达到最大值（24%～25%），而分相形成的热固性树脂颗粒的直径在这个中心层位置逼近最小值（约 1～2μm）。这一结果表明，“离位”制备层间增韧复合材料的技术路线是可行的，能够得到预想的双连续韧化材料微结构[7,8]。

“离位”增韧思想在保持传统热固性树脂基复合材料固有的高刚度、高强度、与纤维的高界面结合力等优异性能的基础上，实现了在层间将增韧微结构精准放置，对提高复合材料受到树脂控制的层间剪切强度、CAI 等性能具有突出的作用。

6.3 复合材料层间增韧

如何抑制复合材料的分层损伤，提高层间韧性是树脂基复合材料研究的重中之重。笔者采用微米 Al_2O_3 粒子[9]，通过喷雾技术和 RTM 成型工艺制备层间增韧复合材料，研究了不同 Al_2O_3 面密度对改性复合材料 Ⅱ 型层间断裂韧性的影响，并进一步研究了增韧改性对复合材料其他力学性能的影响。

采用的原料如下：环氧树脂，CYDF-175，岳阳巴陵华兴石化有限公司；环氧树脂固化剂，CYDHD-501，岳阳巴陵华兴石化有限公司；单向碳纤维布，T700，宜兴恒通碳纤维织造有限公司；微米 Al_2O_3 粒子，3μm，无锡拓博达钛白制品有限公司；聚四氟乙烯薄膜，0.03mm 厚，江苏新锐塑料科技股份有限公司。

试样制备分为如下步骤。

（1）微米 Al_2O_3 表面处理　将乙醇和水以 80∶20（体积比）进行混合，用醋酸将 pH 值调至 5 左右，加入定量硅烷偶联剂 KH550 在 30℃下水解 30min；加入微米 Al_2O_3，在 45℃磁力搅拌 1h，让水解的硅烷偶联剂与微米 Al_2O_3 反应一定时间；之后，用乙醇溶液冲洗 4 次，抽滤、干燥、研磨、筛分后即得 KH550 处理微米 Al_2O_3。

（2）微米 Al_2O_3 层间增韧复合材料的制备　将表面改性微米 Al_2O_3 加入蒸馏水中，超声处理 1h，磁力搅拌 30min，分散均匀后，采用喷雾技术将其均匀地喷洒在单向碳纤维布表面，随后将碳纤维布置于 110℃的烘箱中干燥 3h，采用 VARTM 成型工艺制备微米 Al_2O_3 粒子层间增韧复合材料。

为了使微米 Al_2O_3 在环氧树脂基体中分散得更均匀，增强其与基体的结合力，提高增韧改性效果，实验采用 KH550 对微米 Al_2O_3 进行表面处理。在图 6.4 中，由未处理微米 Al_2O_3 的红外吸收光谱可以看出，在 3500cm^{-1} 左右有一个明显的吸收峰，这是羟基的特征吸收峰，说明微米 Al_2O_3 粒子在偶联剂处理前表面吸附有大量的羟基。由 KH550 处理后的微米 Al_2O_3 红外吸收光谱可以看出，在 1000cm^{-1} 左右有一个明显的吸收峰，此峰为—Si—O—长链特征峰。这是由于硅烷偶联剂发生水解后生成的硅醇 X—Si—$(OH)_3$ 与微米 Al_2O_3 表面的羟基—OH 发生缩合反应生成的产物中含有—Si—O—导致的，这说明硅烷偶联剂 KH550 成功接枝到了微米 Al_2O_3 的表面。

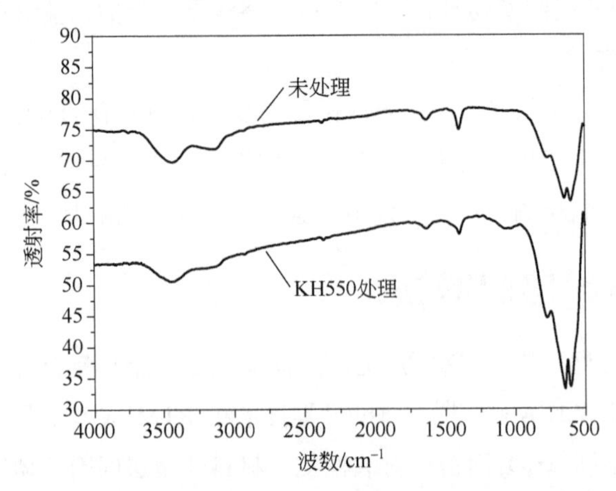

图 6.4　偶联剂处理前后微米氧化铝颗粒的红外曲线

对制备的复合材料进行Ⅱ型层间断裂韧性的表征，结果如图 6.5 和图 6.6 所示。由图 6.5 可以看出，未加入微米 Al_2O_3 增韧时，Ⅱ型层间断裂的临界载荷和挠度分别为 721N 和 1.12mm；加入微米 Al_2O_3 增韧后，当面密度分别为 $5g/m^2$、$10g/m^2$、$15g/m^2$、$20g/m^2$ 和 $25g/m^2$ 时，Ⅱ型层间断裂的临界载荷分别为 891N、956N、1085N、993N 和 870N，挠度分别为 1.15mm、1.20mm、1.32mm、1.30mm 和 1.26mm。可见，微米 Al_2O_3 的加入，使碳纤维/环氧树脂复合材料Ⅱ型层间断裂的临界载荷和挠度均明显提高，层间韧性得到改善。

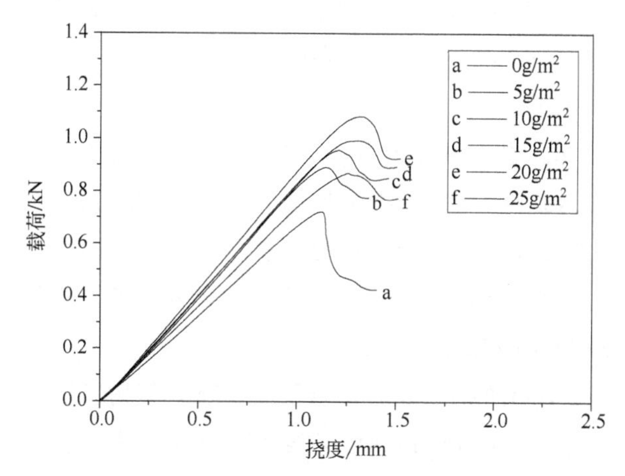

图 6.5　不同微米 Al_2O_3 面密度下的载荷-挠度曲线

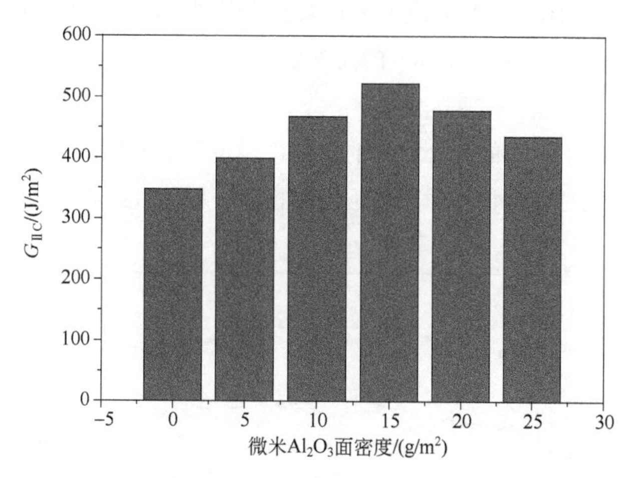

图 6.6　Ⅱ型层间断裂韧性随微米 Al_2O_3 面密度的变化关系

未添加微米 Al_2O_3 改性时，试样的载荷-挠度曲线在载荷下降前始终为线性，反应出环氧树脂的脆性特征，当载荷超过峰值之后，载荷突然大幅度下降，裂纹发生失稳扩展。而加入微米 Al_2O_3 改性后，在载荷下降前，试样的载荷-挠度曲线初始为线性，之后则出现了明显的非线性特征，在该阶段含有微米 Al_2O_3 粒子的层间区域开始影响整个层合板的性能。与未改性复合材料相比，改性复合材料临界载荷峰值附近的曲线相对平坦，表明微米 Al_2O_3 粒子的存在延迟了裂纹失稳扩展的发生。未改性复合材料的载荷从峰值处的 721N 下降至 305N 时停止, 降幅为 295N，而当微米 Al_2O_3 的面密度分别为 5g/m^2、10g/m^2、15g/m^2、20g/m^2 和 25g/m^2 时，改性复合材料的载荷从峰值处的 891N、956N、1085N、993N 和 870N 分别下降至 776N、843N、956N、1085N、993N 和 870N, 降幅分别为 115N、113N、161N、103N 和 102N, 这说明微米 Al_2O_3 层间增韧试样的层间区域有效控制了裂纹失稳扩展的程度, 阻止了更大面积分层损伤的发生。

由图 6.6 可以看出，未加入微米 Al_2O_3 增韧时，碳纤维/环氧树脂复合材料的Ⅱ型层间断裂韧性为 348J/m^2。微米 Al_2O_3 增韧后，当面密度分别为 5g/m^2、10g/m^2、15g/m^2、20g/m^2 和 25g/m^2 时，复合材料的Ⅱ型层间断裂韧性分别增加至 399J/m^2、467J/m^2、522J/m^2、477J/m^2 和 435J/m^2，其Ⅱ型层间断裂韧性分别增加了 14.7%、34.2%、50.0%、37.1%和 25.0%。

可见，层间微米 Al_2O_3 的存在明显改善了碳纤维/环氧树脂复合材料的Ⅱ型层间断裂韧性，且在面密度小于 15g/m^2 时，随着面密度的增大，层间增韧效果逐渐提高，而当面密度大于 15g/m^2 时，Ⅱ型层间断裂韧性有所下降。这可能是因为在较高的面密度下，层间微米 Al_2O_3 出现了较大的团聚现象，进而形成缺陷，致使层间增韧效果下降。因此，当微米 Al_2O_3 的面密度为 15g/m^2 时Ⅱ型层间断裂韧性改善效果最好。

此外，对层间增韧后的复合材料的弯曲性能进行了表征，结果如图 6.7 所示。可以看出，未改性时复合材料的弯曲强度和模量分别为 682MPa 和 69.4GPa，当微

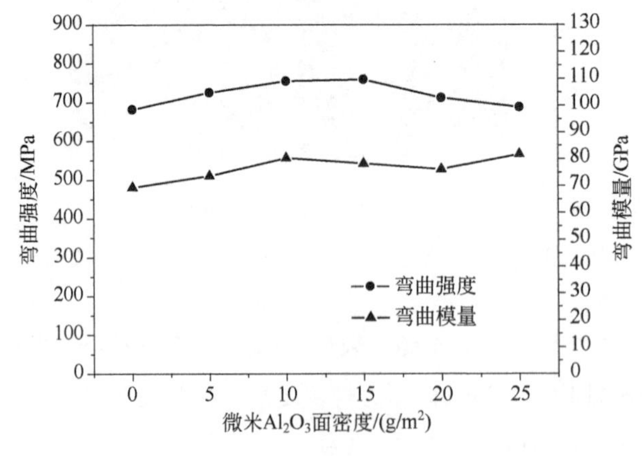

图 6.7　复合材料弯曲性能随微米 Al_2O_3 面密度的变化关系

米 Al_2O_3 的面密度分别为 5g/m^2、10g/m^2、15g/m^2、20g/m^2 和 25g/m^2 时，弯曲强度分别增加至 726MPa、755MPa、759MPa、712MPa 和 698MPa，弯曲模量分别增加至 73.7GPa、80.4GPa、78.3GPa、76.2GPa 和 81.7GPa。微米 Al_2O_3 的加入使复合材料的弯曲模量和强度均稍有增大，但增大并不显著。且随着面密度的逐渐增大，弯曲模量表现出逐渐增大的趋势，这主要是由于刚性 Al_2O_3 粒子本身的模量远高于树脂基体。而弯曲强度则表现出先上升后下降的趋势，当面密度小于 15g/m^2 时，随着面密度的增大，弯曲强度逐渐增大，而当面密度大于 15g/m^2 时，弯曲强度有所下降，这同样可能与较高面密度下形成的较大团聚体有关。因为团聚体内部空隙较多，粒子之间的结合力较弱，当受到外力作用时，其内部会出现粒子之间的滑移现象，此时基体的破坏就会先从团聚体开始，致使复合材料的改性效果有所下降[10]。可见，采用刚性微米 Al_2O_3 粒子层间增韧复合材料时，其弯曲性能稍有提升，这与热塑性粒子层间增韧复合材料会使弯曲性能有所下降不同，它很好地保留了复合材料的弯曲性能。

对层间增韧后的复合材料的冲击性能表征如图 6.8 所示。可以看出，未改性时复合材料的冲击强度为 118.2kJ/m^2，当微米 Al_2O_3 的面密度分别为 5g/m^2、10g/m^2、15g/m^2、20g/m^2 和 25g/m^2 时，复合材料的冲击强度分别增大至 133.5kJ/m^2、151.5kJ/m^2、161.7kJ/m^2、135.7kJ/m^2 和 123.9kJ/m^2。可以发现，微米 Al_2O_3 的加入明显改善了复合材料的冲击性能，且随着面密度的逐渐增大，冲击性能表现出先上升后下降的趋势，在面密度为 15g/m^2 时，复合材料的冲击性能最好，这与改性复合材料的弯曲强度变化趋势相似。可能是由于较高面密度下形成的较大团聚体会降低复合材料的改性效果。

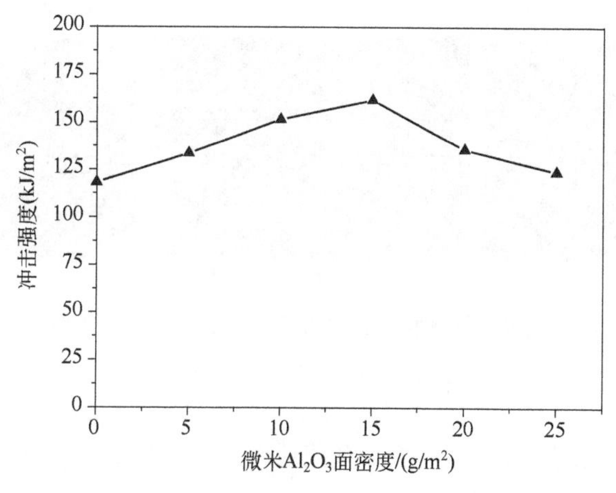

图 6.8　复合材料冲击性能随微米 Al_2O_3 面密度的变化关系

为了进一步建立结构与性能之间的关系，对复合材料Ⅱ型层间断裂试样的断面进行了SEM测试，如图6.9所示。由图6.9（a）可以看出：未改性时，复合材料断面上树脂基体出现锯齿形受剪切变形的特征，但锯齿形基体相对较少，且断面总体平滑，纤维与树脂基体的界面结合力较弱，呈现出脆性断裂特征。由图6.9（b）～（f）可以看出，微米Al_2O_3改性后，复合材料中锯齿形基体更加明显，且纤维表面附着有更多的基体，纤维与基体的结合力加强，断裂面变得粗糙，复合材料的断裂表面积增加，因此裂纹在扩展过程中需要消耗更多的能量，Ⅱ型层间断裂韧性增加。产生这种现象的原因可能是裂纹在扩展过程中，遇到分布在纤维表面附近的Al_2O_3粒子时，裂纹前端会发生偏移，并产生大量的微裂纹。而裂纹的偏移过程及大量微裂纹的形成会吸收一定的能量，从而有效降低纤维表面的应力集中，阻止裂纹沿纤维/基体的界面扩展[11]，使裂纹更多地在层间区域扩展，而层间Al_2O_3粒子的存在则使得裂纹的扩展路径变得更加曲折，因而断裂表面积增加，层间韧性得到改善。此外，还可以发现，在基体表面存在一些孔洞，这可能是裂纹传播过程中Al_2O_3粒子从基体中拔出及与基体脱粘造成的，而Al_2O_3粒子的拔出和脱粘同样需要吸收一定的能量，使得Ⅱ型层间断裂韧性得到改善。由图6.9（e）和（f）可以发现，在较高面密度下，微米Al_2O_3粒子出现了一定的团聚现象，这可能是导致改性效果下降的原因。

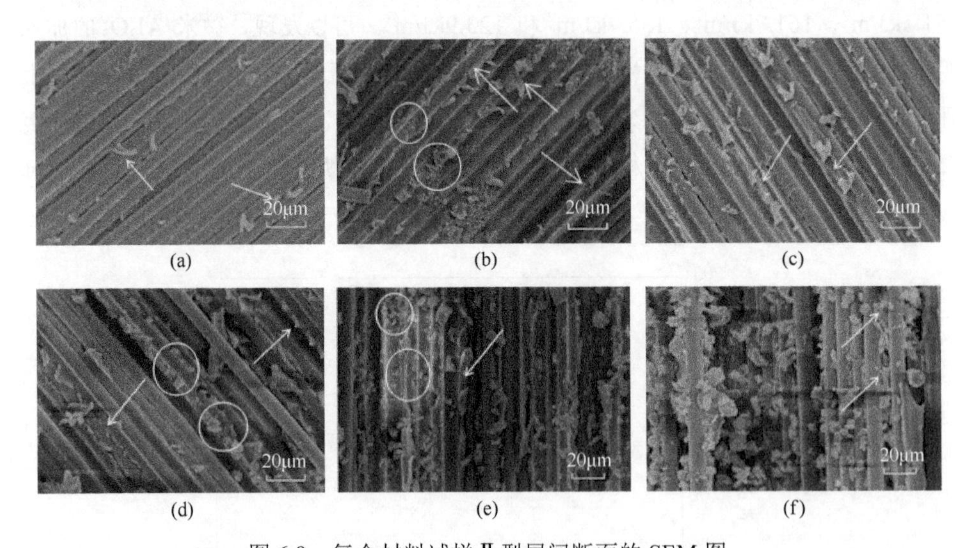

图6.9　复合材料试样Ⅱ型层间断面的SEM图

（a）$0g/m^2$；（b）$5g/m^2$；（c）$10g/m^2$；（d）$15g/m^2$；（e）$20g/m^2$；（f）$25g/m^2$

此外，笔者还采用相同的方法，系统地研究了纳米Al_2O_3粒子、微米Al_2O_3和纳米Al_2O_3不同比例复配后对碳纤维增强环氧树脂复合材料层间增韧的效果，并得到了如下结论[12]：①微米 Al_2O_3、纳米 Al_2O_3 以层间铺层的方式存在于层间时，树脂在纤维中的一维轴向渗透率会明显下降，且随着面密度的逐渐增加渗透率逐渐下降。与微米 Al_2O_3 层间增韧复合材料相比，纳米 Al_2O_3 层间增韧复合材料具有更低的渗透率。②从层间增韧的效果而言，纳米 Al_2O_3 可以实现少量添加（面密度为 $10g/m^2$），Ⅱ型层间断裂韧性大幅度提高（达到 $557J/m^2$）。比微米 Al_2O_3 和复配体系的层间增韧效果要更加优异（微米 Al_2O_3 面密度为 $15g/m^2$ 时，复合材料Ⅱ型层间断裂韧性最高达到 $522J/m^2$；微米、纳米 Al_2O_3 复配比例为 1∶3，面密度为 $15g/m^2$ 时，复合材料Ⅱ型层间断裂韧性最高达到 $537J/m^2$）。③层间微米、纳米及复配 Al_2O_3 的存在都可以有效抑制裂纹在基体中的扩展，提高纤维与树脂基体间的结合性能，明显改善复合材料的层间韧性，其增韧机理与裂纹发生偏移、大量微裂纹的形成、Al_2O_3 颗粒从基体中拔出及 Al_2O_3 颗粒与基体发生脱粘等现象有关。④层间微米、纳米及复配 Al_2O_3 的引入均可使复合材料的储能模量、耐热性（T_g）有所提升。

6.4 夹芯结构复合材料层间增韧

从前期的研究及项目实施过程中的积累，笔者发现对复合材料层间结构的设计可以有效地实现复合材料层间的增韧。因此，在近期的研究工作中，笔者设计了夹芯结构中芯材和皮层之间的界面层，对相关结构的设计及相对应的性能进行了研究[13]。

夹芯结构复合材料因其高比强度和比刚度而广泛应用于风机叶片、汽车、船舶和轨道交通等领域[14]。夹芯结构由低密度的芯材与两层具有高强度的蒙皮组成，其中蒙皮主要承担弯曲、扭转和各种面内载荷，芯材主要负责传递平面剪切和压缩载荷。在夹芯结构的设计中，可以通过选择具有不同性能的蒙皮和芯材来调整整体性能以适应实际使用的需要，包括能量吸收率[15]、热导率[16]、阻燃隔热性能或其他力学性能[17]。夹芯结构为上述性能要求提供了一种切实可行的结构选择。

夹芯结构复合材料具有各向异性，并且多相共存，不同相间性能差异较大，因此它在服役过程中最容易发生的失效形式是面-芯界面分层[17]。界面分层不仅造成严重的脱层损伤，还使得结构的抗弯能力大幅度下降[17,18]，结构分层区域更容易发生局部弯曲等变形行为，影响夹芯结构的整体性能[19]。夹芯结构发生面-芯分层的主要原因是界面韧性不足，因此对复合材料夹芯结构面-芯界面的增韧研究成为了该领域的关注焦点。

常见的夹芯结构面-芯界面增韧技术是 Z-pin 法。该方法通过在夹芯结构厚度方向增加纤维柱，连接蒙皮与芯材，起到缝纫和固定的作用，从而提升界面韧性[20~23]。

但是这种工艺面临着两大难题：首先，纤维柱的加入大幅度增加了结构的复杂程度和加工难度，提高了夹芯结构的制造成本，延长了夹芯结构的加工周期；其次，加入的纤维柱容易造成材料的初始损伤，破坏蒙皮中纤维的取向与连续性，这些都会对整体结构性能产生负面的影响[24,25]。

短纤维增韧法是一种在 Z-pin 法的基础上发展出的新型增韧方法。Sohn、Walker 和 Hu[26~28]提出了使用短纤维对纤维增强高分子基复合材料进行界面增韧。他们将低密度的纤维薄毡插入碳纤维/环氧树脂复合材料层合板的层间，成功地改进了材料层合板准静态Ⅰ型和Ⅱ型层间断裂韧性。在层合板的界面增韧中，作者对比了相同质量分数下芳纶纤维、碳纤维和热塑性树脂纤维的增韧效果，其中芳纶纤维具有更佳的增韧效果。

孙士勇[29,30]等将短纤维层间增韧运用到碳纤维/环氧树脂-泡沫铝夹芯结构复合材料中，研究了不同芯材表面粗糙度对短纤维界面增韧效果的影响。研究表明粗糙的芯材表面有助于芳纶纤维的自由端嵌入铝泡沫的表面腔内，产生更好的增韧效果。作者建立了微观上的短纤维能量耗散随机分析模型，宏观上含界面裂纹的双悬臂梁有限元模型，清晰地解释了界面短纤维的桥联作用。但是，这一系列研究在将层合板的增韧方法运用于泡沫夹芯结构中的过程中直接采用前人在层合板增韧中的结论，缺乏对不同种类短纤的增韧效果进行对比。

孙直[31,32]等研究了在碳纤维/环氧树脂-泡沫铝夹芯结构复合材料体系中不同长度和不同面密度的短芳纶纤维对界面增韧性能的影响。作者通过准静态三点弯曲测试、双悬臂梁测试和具有预制裂纹的面内平压测试对夹芯结构的性能进行表征。作者还创新性地提出了一种制备纤维薄毡的方法，用于制备可用于界面增韧的短纤维薄毡。实验结果表明，6mm 的短纤长度和 12g/m^2 的面密度具有最高效的增韧效果。在夹芯板的制备过程中，作者采用了一体成型的模压法，这种成型方法存在的主要问题是难以有效控制制品的纤维含量，并且容易出现缺胶区域，进而影响测试结果。可以发现，短纤维增韧法在大幅度提升夹芯结构面-芯界面韧性的同时几乎不增加夹芯结构的重量和结构复杂程度，也不会造成结构初始损伤。除此之外，这种增韧方法操作简便易行，成本低廉，加工周期短，与常规的夹芯结构制备方法没有明显差异。因此，使用短纤维对夹芯结构界面进行增韧是一种具有广泛应用前景的增韧方法。

针对上述研究中存在的问题，笔者采用真空辅助树脂传递模塑法（VARTM）一体成型具有短纤维界面增韧的夹芯结构复合材料，采用不同种类的短纤维，在相同纤维长度和纤维面密度的条件下对玻璃纤维/环氧树脂-PVC 硬质闭孔泡沫夹芯结构复合材料进行界面增韧，这种成型方法可以稳定控制夹芯板纤维含量并减少局部缺陷对制品性能的影响[33]。在抽胶过程中，压力的作用有助于短纤维压入泡沫表面腔内，从而形成牢固的桥联结构。通过简支梁冲击测试和三点弯曲测试衡量其力学性能。用扫描电镜对复合材料冲断面进行观察以确定桥联现象的产生。考虑到短纤维增韧效果不仅与其自身力学性能相关，树脂对短纤维的浸润性对增韧效果也具有很大影响，我们采用单丝接触角对不同种类纤维的增韧效果进行解释。

采用的原料：树脂固化体系选择巴陵石化公司生产的 CYDF-175 环氧树脂和 CYDHD-501 胺类固化剂，按照 10∶3 的比例配制。蒙皮纤维采用恒石公司生产的 E-BX800 双轴无碱玻璃纤维布，面密度为 800g/m^2。芯材使用 AIREX 公司的 C70.55 硬质闭孔 PVC 泡沫。VARTM 工艺所采用的辅助材料由科拉斯科技有限公司提供。采用的界面短纤维原料分别为芳纶纤维 Kevlar-49、碳纤维、玻璃纤维，上述三种纤维购于科斯拉科技有限公司。

短纤维薄毡的制备：制备三种不同短纤维薄毡，分别为芳纶纤维薄毡、碳纤维薄毡、玻璃纤维薄毡。首先，将纤维长丝裁剪至 6mm 并置入丙酮溶液中浸泡。对浸泡的短纤维超声处理 2h，以减小纤维表面胶衣层对实验结果的影响，再经过 2h 的机械搅拌使短纤维均匀分散且具有随机取向，待纤维沉降于容器底部后烘干，将短纤维取出待用。所制备不同种类的纤维薄毡面密度均为 3g/m^2。

夹芯板的制备：用丙酮对 PVC 泡沫和纤维布表面清洗后烘干备用。将 PVC 泡沫的四周沿厚度方向裁剪出梯度以便于实现树脂对夹芯结构的整体浸润（图 6.10）。蒙皮采用 4 层双轴玻璃纤维布，成型后厚度为 2.5mm，PVC 闭孔泡沫芯材厚度为

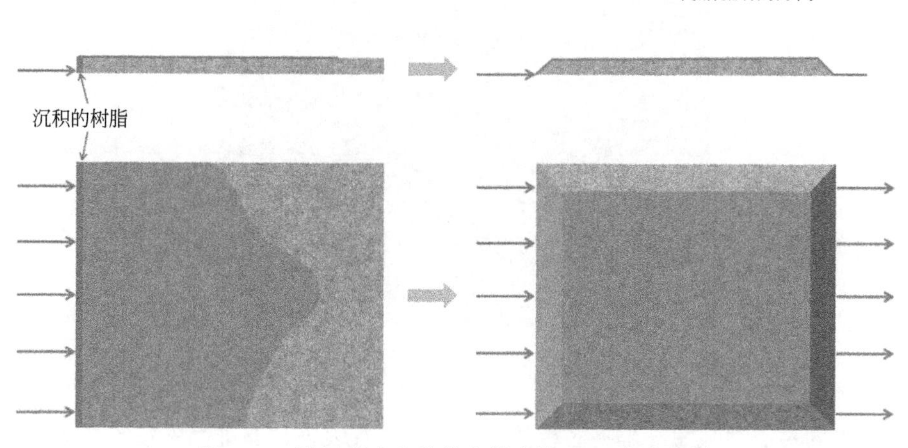

图 6.10　沿厚度方向裁剪出梯度的 PVC 泡沫芯材

5mm。制备出的夹芯板厚度为10mm。夹芯板制备过程如图6.11所示：在涂有脱模剂的单面模具上依次铺设玻璃纤维布、短纤维薄毡、PVC 泡沫、短纤维薄毡、玻璃纤维布组成夹芯结构。图6.12所示为在PVC泡沫芯材上均匀分布的芳纶短纤维，根据所制备夹芯板的需要选择是否加入薄毡和加入的薄膜种类；在夹芯结构上依次铺设脱模布、透气毡和导流网；然后在两侧预留进胶口和抽胶口的同时将上述工装进行抽真空处理，完成工装后保压一段时间以确保真空度满足制备工艺需求；将配制好的胶液搅拌均匀后对蒙皮、短纤维和泡沫芯材进行一体浸润。完成浸润后将工装加热至60℃，保温4h完成固化。制备出的具有短纤维界面增韧的夹芯板相比于空白样板质量增加了0.06%。

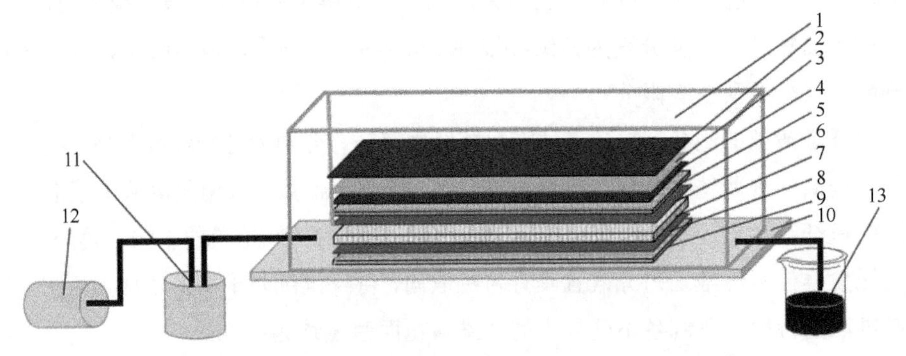

图6.11　一体成型具有短纤增韧的夹芯板VARTM工装

1—真空袋；2—导流网；3—透气毡；4—拆封袋；5，9—纤维布；6，8—短纤维毡；7—PVC泡沫；10—模具；11—缓冲罐；12—真空泵；13—使用的环氧树脂

图6.12　PVC泡沫芯材上均匀分布的芳纶短纤维

对不同种类增强短纤维夹芯板的弯曲性能进行表征，其准静态三点弯曲载荷-位移曲线如图6.13所示。该曲线不是所有测试的平均值，而是能量吸收值与整个

组平均能量吸收值最接近的单个测试曲线[31]。从图中可以看出，空白试样在屈服后所承受的载荷逐渐下降，直至失效。以碳纤维界面增韧夹芯板的载荷-位移曲线为代表分析具有短纤维界面增韧的夹芯板在弯曲过程中的行为。首先，具有短纤维界面增韧的夹芯板发生屈服的载荷远大于空白试样。其次夹芯板在弯曲过程中发生第一次屈服（曲线 A）前，夹芯板发生塑性形变，此时，上层蒙皮发生失效。而载荷在第一次屈服（曲线 A）后略微下降，之后随着位移增大继续上升。最终，在达到第二次屈服（曲线 B）后夹芯结构整体失效，夹芯板失效时所承受的载荷远高于第一次屈服时所承受的载荷。这主要是因为加入界面增强短纤维不仅可以提高靠近冲头一侧蒙皮的弯曲承载能力，而且当这一侧蒙皮失效时，通过桥联短纤维提供额外的能量、载荷传递，可以使得远离冲头一侧的蒙皮迅速发挥作用，继续提供整个夹芯结构的承载能力直至失效。

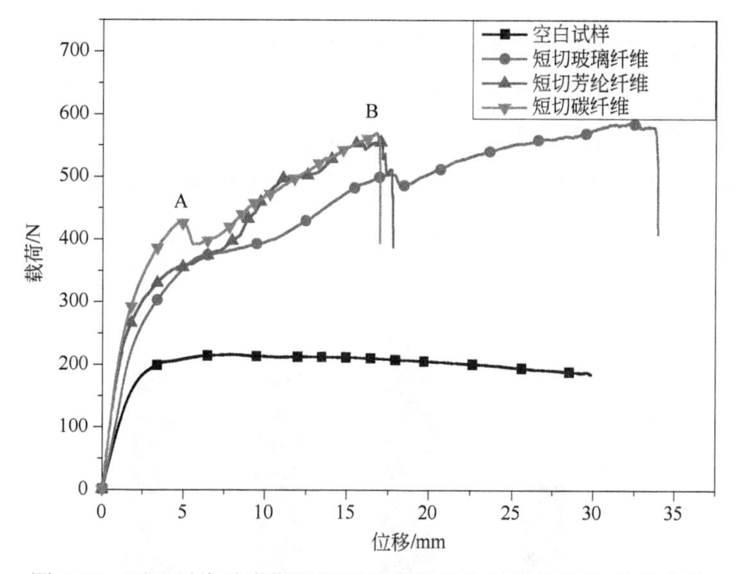

图 6.13　不同纤维种类增强界面的夹芯复合材料的载荷-位移曲线

对图 6.13 中曲线进行积分可以得到具有不同种类增韧短纤维的夹芯板在准静态三点弯曲试验中的能量吸收情况，结果如图 6.14 所示。使用短纤维界面增强的夹芯板吸收能量都远高于空白试样，其中加入玻璃短纤维的夹芯板不仅可以承担更高载荷而且可以产生更大弯曲极限位移，所以能量吸收值最大，对比空白试样能量吸收提升了 161%，而加入了碳短纤维和芳纶短纤维的夹芯板能量吸收分别提升了 23%和 24%。

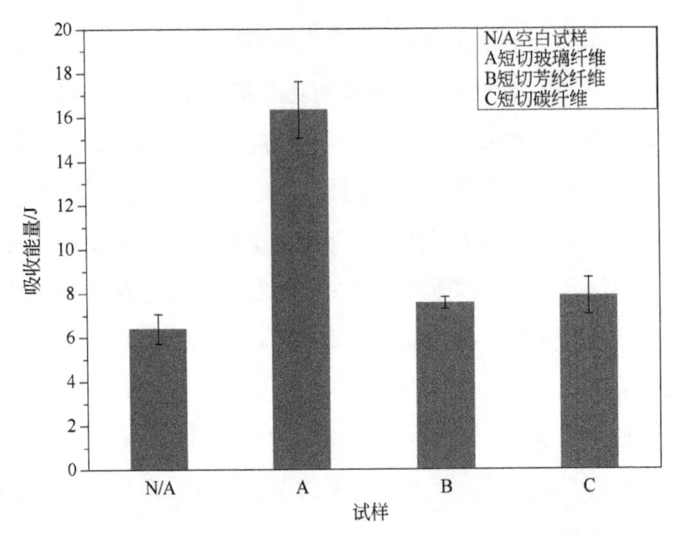

图 6.14　不同纤维种类增强界面的夹芯复合材料的三点弯曲试验中的吸收能量

通过准静态三点弯曲测试所得的弯曲强度如图 6.15 所示，使用短纤维界面增强的夹芯板弯曲强度都远高于空白试样，而三种不同界面增强纤维间的差别并不明显。玻璃短纤维界面增强的夹芯板弯曲强度最高，比空白试样提升了 100%，而采用碳短纤维和芳纶短纤维界面增强的夹芯板弯曲强度分别提升了 91%和 89%。

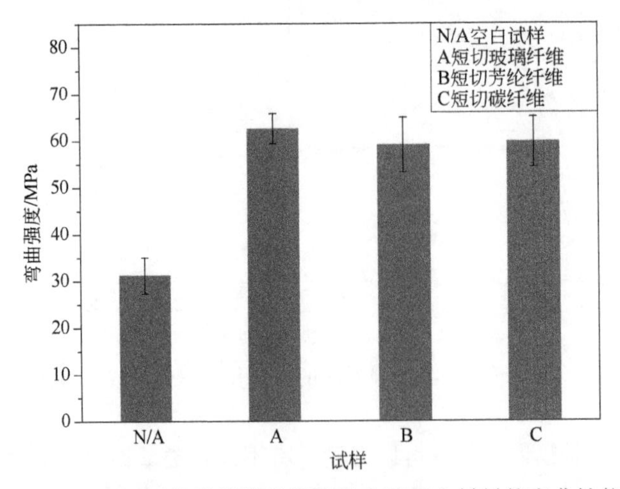

图 6.15　不同纤维种类增强界面的夹芯复合材料的弯曲性能

对不同种类增强短纤维夹芯板的冲击韧性进行了表征，结果如图 6.16 所示。可以看到，加入界面增强短纤维后，夹芯板的冲击韧性有了大幅度提高，但不同短纤维间的差别并不明显，其中玻璃短纤维界面增强的夹芯板冲击韧性最好，相比于空白试样提升了 45%。

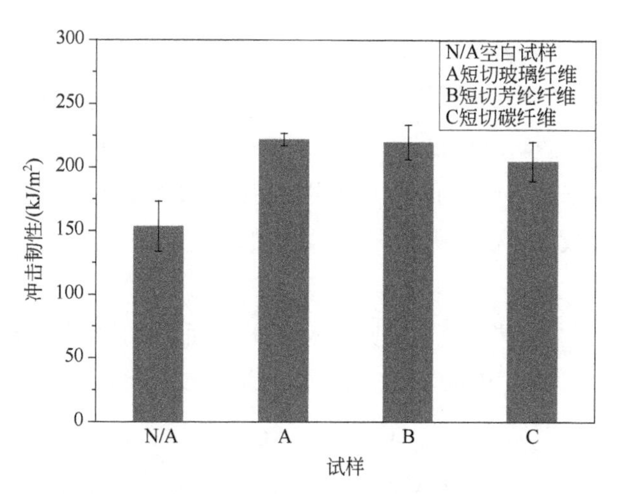

图 6.16 不同纤维种类增强界面的夹芯复合材料的冲击性能

为了解释不同结构性能的变化趋势，采用扫面电镜对夹芯板冲击断面进行观察。图 6.17（a）为具有短纤维界面增韧的夹芯结构复合材料靠近蒙皮一侧冲断面。在样条发生破坏前，蒙皮与界面增强短纤维间可以形成紧密的配合，处于界面处的增强短纤维贯穿了固化后的树脂，形成一种短纤维随机分布取向的复合材料。而从图 6.17（b）中可以看出，界面增强短纤维与 PVC 泡沫芯材间在破坏前也形成了紧密的配合，并且短纤维易形成垂直于泡沫孔壁的结构，根据文献中的研究成果[20,31]，在泡沫铝芯材中形成类似的结构可以起到更好的增韧效果。图 6.17（c）展示了断裂后附着在蒙皮上界面增强短纤维的形貌，可以发现，短纤维及附着在短纤维上的树脂之间发生了缠结，并且端头部分被压入蒙皮纤维中，这种结构在承受外界载荷的过程中能够产生机械自锁，除了传递载荷与能量之外还将起到稳固定型的作用，增大界面所能承受的最大载荷[34]。因为这种结构的形成，导致具有界面短纤维的夹芯板具有更优异的冲击和弯曲性能。

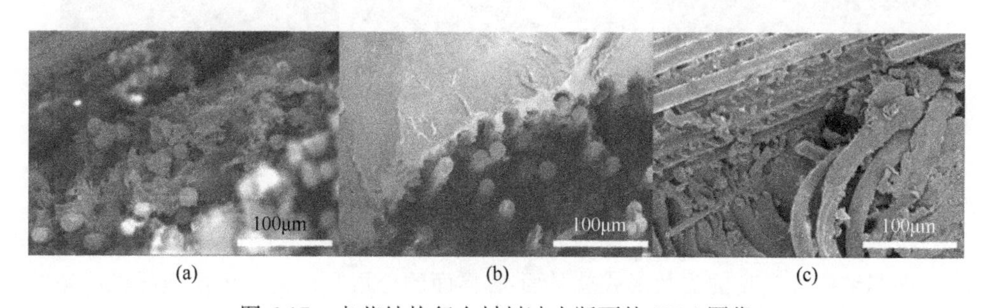

图 6.17 夹芯结构复合材料冲击断面的 SEM 图像

（a）界面层靠近蒙皮一侧；（b）界面层靠近芯材一侧；（c）界面层短切纤维

传统的研究中芳纶纤维由于其高韧性、低密度而被认为是常见纤维中用于面-芯结构界面增韧的最佳选择[33,35]。但我们的实验表明，在玻璃纤维/环氧树脂-PVC硬质闭孔泡沫夹芯结构复合材料体系中，玻璃短纤维的界面改性效果在同样面密度3g/m^{2}和同样纤维长度6mm的条件下较芳纶短纤维更好。由此，可以推断夹芯结构面-芯界面改性的效果不仅与所加入纤维本身的性能相关，还与其他因素存在一定关系。

实际上，在承受外界载荷时，夹芯板面-芯界面失效所吸收的能量G主要分为树脂基体吸收的能量G_m和界面短纤维吸收的能量G_f，即式（6-4）[31]。

$$G = G_m + G_f \tag{6-4}$$

其中，界面短纤维吸收的能量G_f包括纤维剥离前吸收的能量G_p、剥离纤维的弹性应变能G_e和拔出纤维与树脂基质间的摩擦能G_{fr}，即式（6-5）[31]。

$$G_f = G_p + G_e + G_{fr} \tag{6-5}$$

由上式可知，界面增韧纤维的能量吸收量除了与纤维本身的性质有关外还与纤维的剥离长度和纤维与树脂间的摩擦性能相关，而这些性能与树脂对纤维的浸润性紧密相关。

从所制备的短纤维薄毡上取样，测试所用树脂体系对单根纤维的浸润性，测试结果如图 6.18 所示。玻璃纤维接触角明显小于芳纶纤维和碳纤维的接触角。接触角越小表明树脂对纤维的浸润性越好，树脂体系对不同纤维的浸润性与之前测试所得的力学性能规律是相符的，这表明浸润性越好的纤维在面-芯界面处产生的增强效果越好。

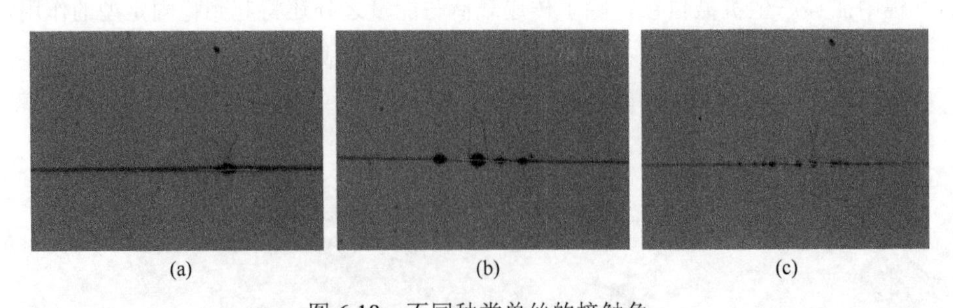

图 6.18　不同种类单丝的接触角

（a）玻璃纤维；（b）芳纶纤维；（c）碳纤维

夹芯结构最常见的失效形式就是面-芯界面的分层和破裂，采用短纤维薄毡的方法可以有效地增强复合材料夹芯结构的冲击韧性、弯曲强度和能量吸收量，减少界面分层与破裂，是一种具有广阔应用前景的界面补强手段。采用 VARTM 一体成型夹芯结构，保证纤维含量稳定，制备工艺简便易行。采用准静态三点弯曲试验和简支梁冲击试验对比了具有短纤维界面增韧的夹芯结构复合材料与空白试样间的冲击韧性、弯曲强度和能量吸收量，证明了加入短纤维薄毡进行界面改性不仅提高了夹芯结构的韧性，而且强度也有明显提升，同时结构整体质量仅提升 0.06%。界面处短纤维形成了紧密的桥联结构。提出并用实验说明了浸润性是短纤维界面增韧效果的重要影响因素之一。在玻璃纤维/环氧树脂-PVC 硬质闭孔泡沫夹芯结构复合材料体系中使用玻璃短纤维界面改性的效果最好，提升了夹芯板的冲击韧性 45%，弯曲强度 100%，能量吸收量 161%。

基于以上的研究，笔者在界面采用不同分布情况的短纤维，在相同纤维长度和纤维面密度的条件下对玻璃纤维/环氧树脂-PVC 硬质闭孔泡沫夹芯结构复合材料进行界面改性。研究了界面短纤维不同分布情况和不同面密度所造成的性能差异。

原料如前所述。

短切纤维毡的制备：为了表征过度缠结的界面短纤维对夹芯结构性能的影响，制备了两种不同分散形貌的纤维薄毡。一种较简单的处理方式是将碳纤维裁剪至 6mm 长，并置于装有丙酮和乙醇的混合溶液中浸泡，对浸泡的碳短纤维超声处理 2h 后取出，烘干并经过手工撕松后待用。另一种方法则是在超声处理后再经过 2h 的机械搅拌，将混合溶液蒸干后，碳纤维沉降在托盘底部，将托盘密封后待用。为了确保纤维不会受到在溶液中浸泡时间不同的影响，适当地增加第一种方法中纤维的空置时间。按上述两种方法分别制备出 20g/m^2、50g/m^2 和 100g/m^2 三种面密度的短纤维薄毡。

夹芯板的制备：用丙酮对纤维布和泡沫芯材的表面进行清洗，烘干后待用。芯材厚度为 5mm，蒙皮采用 4 层双轴玻璃纤维布，成型后蒙皮厚度为 2.5mm，夹芯材料总厚度为 10mm。将环氧树脂和固化剂按照 10∶3 的比例配制，采用 VARTM 法对夹芯结构进行一体浸润，完成浸润后将整体加热至 60℃保温 4h，制备出的夹芯板如图 6.19 所示，第一种处理方法得到的短纤维在经过树脂的流动浸润后形成了大面积不均匀的缠结，呈菌落状，而第二种处理方法得到的短纤维经过树脂浸润后，分散情况基本没有变化，呈均匀状。

对不同层间结构的复合材料夹芯结构进行弯曲性能表征，结果如图 6.20 所示。该曲线不是所有测试的平均值，而是能量吸收值与整个组平均能量吸收值最接近的单个测试曲线。由图可知，加入界面改性的碳纤维使得夹芯板发生二阶屈服，提高了夹芯板弯曲失效过程中的极限载荷。而其中均匀分散的短纤维毡相比于菌落分散

图 6.19　具有不同分布情况界面短纤维的夹芯板

（a）菌落型；（b）均匀型

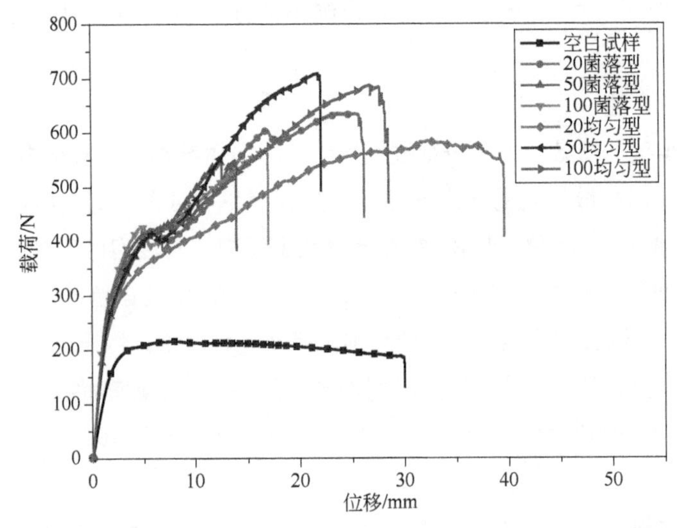

图 6.20　界面短纤维不同分布情况下夹芯复合材料的载荷-位移曲线和失效模式

的短纤维毡更加有助于夹芯板承担更大的极限载荷并发生更大的极限位移。泡沫层在测试过程中，弯曲失效和压缩失效同时发生，而与泡沫相粘接的蒙皮对相应的形变起到了有效的控制。在刚性蒙皮和软芯材间剪切应力的有效传递可以提供大量的能量吸收。对图 6.20 中曲线进行积分得到夹芯板在弯曲过程的能量吸收量，如图 6.21 所示。其中，加入面密度为 20g/m^2 界面短纤维的夹芯板能够吸收更大的能量，菌落型和均匀型对比于空白试样分别提升了 100%和 185%。对比两种具有不同分散情况界面短纤维的夹芯板能量吸收量可以发现，具有均匀分散型短纤维的夹芯板在各个面密度下的能量吸收量都高于具有菌落分散型短纤维的夹芯板。

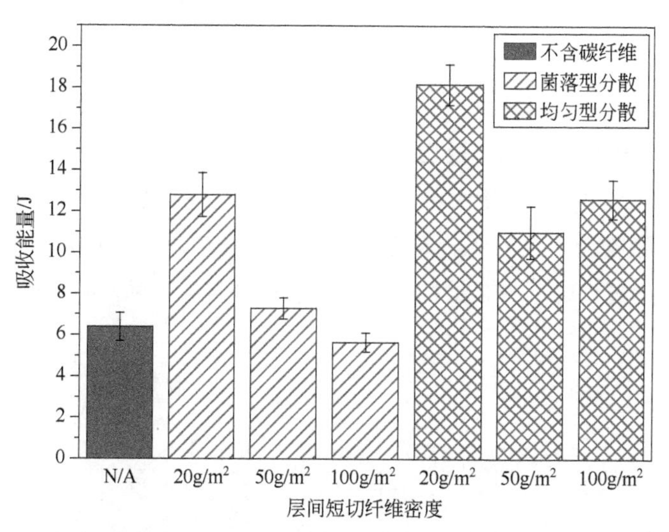

图 6.21　界面短纤维不同分布情况下夹芯复合材料的三点弯曲测试过程中的吸收能量

图 6.22 所示为夹芯板的弯曲强度。对于两种分散情况的界面短纤维，均是在面密度为 $50g/mm^2$ 时具有最大的弯曲强度，其中菌落型和均匀型对比空白试样分别提升了 92%和 121%。夹芯板的弯曲强度随面密度的增大有先上升后下降的趋势。同时，具有均匀分散型短纤维的夹芯板在各个面密度下的弯曲强度都高于具有菌落分散型短纤维的夹芯板。这表明均匀分散型的短纤维在提升夹芯板弯曲性能上更加高效。

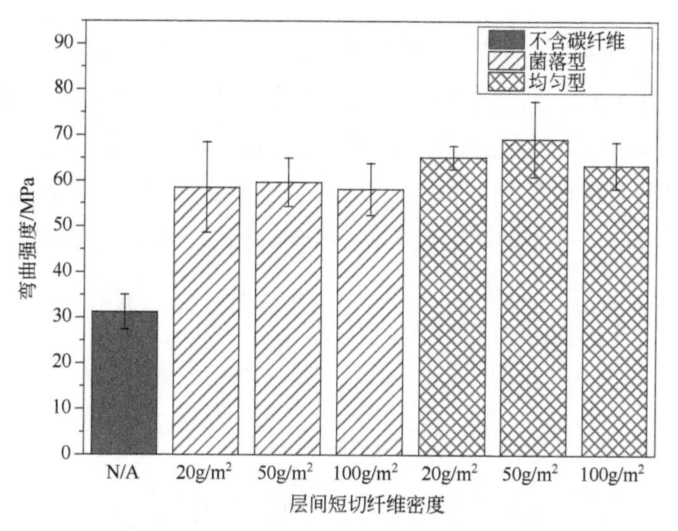

图 6.22　界面短纤维不同分布情况下夹芯复合材料的弯曲强度

对不同界面结构的夹芯复合材料的冲击性能进行测试，结果如图 6.23 所示。可以看到，两种界面短纤维分散情况的夹芯板均在面密度为 20g/m^2 时具有最大的冲击韧性，对比空白试样分别提升了33%和 47%。在各个面密度条件下的冲击韧性，具有均匀分散型短纤维的夹芯板均高于具有菌落分散型短纤维的夹芯板。同时可以发现，随着短纤维面密度的增大，夹芯板的冲击性能逐渐下降。与之前能量吸收量与面密度的关系吻合，这表明一定面密度的短纤维有助于提升夹芯结构的机械性能，但当面密度过大时，夹芯结构的机械性能提升将会下降，甚至低于空白试样。

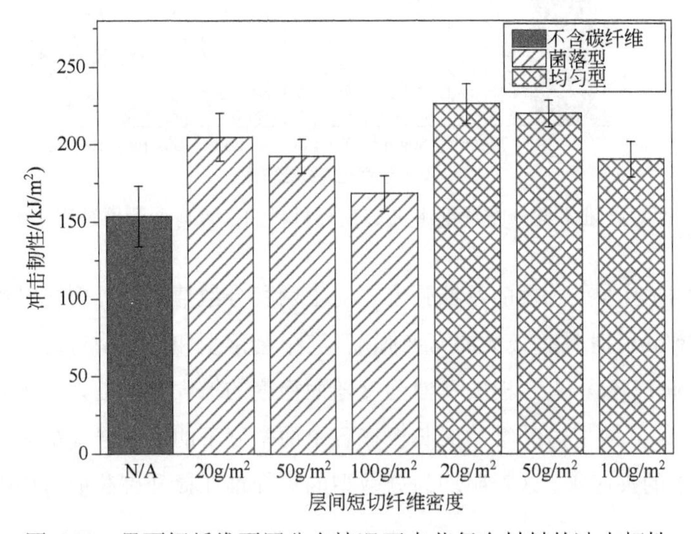

图 6.23　界面短纤维不同分布情况下夹芯复合材料的冲击韧性

对夹芯结构机械性能的测试结果表明，随着界面纤维密度的增大，夹芯板的机械性能呈现出先上升后下降的趋势，这可能是由于纤维间发生过度的缠结，减少了桥联的数量与质量。另外，过度缠结的纤维也会造成材料表面不平整，造成应力集中。根据已有的力学模型进行分析，夹芯板面-芯界面失效所吸收的能量 G 主要分为树脂基体吸收的能量 G_m 和界面增强短纤维吸收的能量 G_f，如前所述式（6-4）和式（6-5）。

对于单根纤维而言：

$$G_p = \frac{\pi D^2 \sigma_{bf}^2}{12 E_f} L_{pe} \tag{6-6}$$

$$G_e = \frac{1}{2} \iint \frac{\pi D}{E_f} \left(\frac{L_{pu} \tau_{fr}}{D} + \frac{3\tau_f}{8} \sqrt{\frac{2\pi(2-\gamma_m)E_f}{G_m}} \right)^2 \mathrm{d}D\mathrm{d}L_{pe} \tag{6-7}$$

$$G_{fr}=\int_0^{L_{pu}}\pi D\tau_{fr}L\mathrm{d}L=\frac{1}{2}\pi D\tau_{fr}L_{pu}^2 \tag{6-8}$$

式中，L_{pe}为增强短纤的剥离长度；L_{pu}为增强短纤保留在树脂基质中的长度；σ_{bf}为短纤维拉伸长度；E_f为短纤维杨氏模量；τ_{fr}为短纤与树脂间的摩擦剪应力；τ_f为短纤与树脂间的剪切强度；G_m为树脂基质的剪切模量；γ_m为树脂基质泊松比；G_p为纤维剥离前产生的能量；G_e为剥离纤维的弹性应变能；G_{fr}为拔出纤维与树脂基质间的摩擦能。

由于加入的短纤的分布情况与取向具有随机分布，式（6-8）无法准确地定量计算最终的增强效果，但可以提供一种对于纤维增强效果影响因素的定性分析。对于相同面密度的增强短纤维，纤维数量与纤维长度之间为倒数关系，而总的增强效果是单根纤维能量吸收与纤维数量的乘积，又因为单根纤维的能量吸收量是纤维长度的三次多项式，所以对于相同面密度的增强短纤维应当存在一个最佳的纤维长度，使得整体性能最好。

采用扫描电镜观察冲断样条的各个侧面，如图6.24所示。图中玻璃纤维蒙皮、环氧树脂和碳短纤维三者之间黏结均较好，未发现明显脱粘现象，在垂直于断裂面［图 6.24（a)］的方向，具有随机取向的短纤维从垂直于平面方向穿过表层玻纤，与蒙皮间形成紧密的配合。图6.24（b）为与芯材脱离后的蒙皮内侧，可以发现多

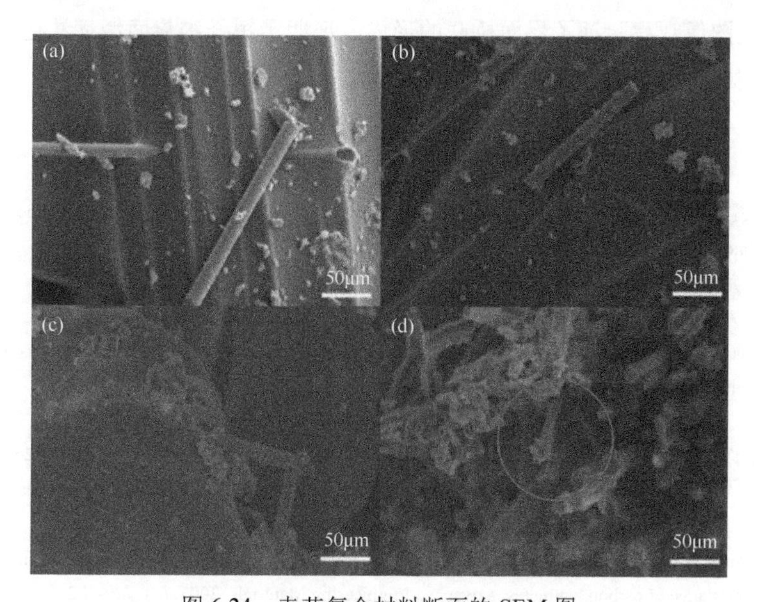

图 6.24　夹芯复合材料断面的SEM图

（a）夹芯增强界面的短切纤维；（b）界面层靠近蒙皮一侧；（c）界面层靠近芯材一侧；（d）纤维断裂拔出的自由端

数短纤维在断裂后残留在蒙皮一侧，这可能是由于短纤维在成型压力的作用下容易穿透玻璃纤维布上的孔洞，在失效过程中发生变形，从而将一端压入蒙皮中，形成图中所示结构。图 6.24（c）为面-芯脱离后的泡沫表面，从图中可以看到，环氧树脂包覆的短纤维一端从泡沫的孔洞中伸出，另一端嵌入泡沫表层的低洼处，与芯材间形成连接。图 6.24（d）中画圈区域的短纤维有明显的末端弯曲、变细的特征。这表明在界面层失效过程中，短纤维桥从树脂中剥离、拔出，吸收部分能量的同时形成连接裂纹两侧的桥联结构，传递能量与载荷，起到界面增韧的作用，随着界面裂纹的进一步扩张，短纤维受拉伸应力而发生断裂，桥联结构最终被破坏。

通过对比有无界面短纤维毡的夹芯板的机械性能可以得到结论，在夹芯结构的面-芯界面处添加一定面密度的短纤维可以有效地提升其机械性能与能量吸收量，但面密度过大容易造成短纤维间的过度缠结。过度缠结使纤维空间位阻增大，难以形成有效的桥联结构，导致夹芯板机械性能的下降。对于添加界面碳短纤维的玻璃纤维/环氧树脂-PVC 硬质闭孔泡沫夹芯结构复合材料而言，面密度为 20g/mm^2 的短纤维对于夹芯板的冲击韧性和弯曲强度提升最明显，面密度为 50g/mm^2 的短纤维对于夹芯板的弯曲能量吸收量提升最明显。对比两种分散情况的短纤维对于夹芯结构的改性效果可以发现，均匀分散型的短纤维在各个面密度条件下均具有更好的增强效果，这可能是由于菌落型的短纤维会产生类似于高面密度纤维毡中的过度缠结。通过 SEM 图像观察验证了界面桥联的形成，证明了短纤维界面增韧法适用于玻璃纤维/环氧树脂-PVC 硬质闭孔泡沫夹芯结构。

参 考 文 献

[1] Bianchi F, Koh T, Zhang X, et al. Finite element modelling of z-pinned composite T-joints. Composites Science and Technology, 2012, (73): 48-56.

[2] 益小苏. 先进树脂基复合材料高性能化理论与实践. 北京: 国防工业出版社, 2011.

[3] 益小苏. 先进复合材料技术研究与发展. 北京: 国防工业出版社, 2006.

[4] Kim J, Baillie C, Poh J, et al. Fracture toughness of CFRP with modified epoxy resin matrices. Composites Science and Technology, 1992, (43): 283-297.

[5] 益小苏, 安学峰, 唐邦铭, 等. 中国, CN 1923506.

[6] 益小苏, 许亚洪, 程群峰, 等. 航空树脂基复合材料的高韧性化研究进展. 科技导报, 2008, (26): 84-92.

[7] Xuefeng A, Shuangying J, Bangming T, et al. Toughness improvement of carbon laminates by periodic interleaving thin thermoplastic films. Journal of Materials Science Letters, 2002, (21): 1763-1765.

[8] Yi X S, An X, Tang B, et al. Ex-situ formation periodic interlayer structure to improve significantly the impact damage resistance of carbon laminates. Advanced Engineering Materials, 2003, (5): 729-732.

[9] 白龙斌, 张彦飞, 杜瑞奎, 等. 微米 Al_2O_3 层间增韧 EP/CF 复合材料性能研究. 工程塑料应用, 2015, 30-34.

[10] Berlin A. Principles of polymer composites. Springer-Verlag, 1986: 124.

[11] Jiang Z, Zhang H, Zhang Z, et al. Improved bonding between PAN-based carbon fibers and fullerene-modified

epoxy matrix. Composites Part A: Applied Science and Manufacturing, 2008, (39): 1762-1767.

[12] Wang Z, Huang X, Bai L, et al, Effect of micro-Al_2O_3 contents on mechanical property of carbon fiber reinforced epoxy matrix composites. Composites Part B: Engineering, 2016, (91): 392-398.

[13] Chen Q, Linghu T, Gao Y, et al, Mechanical properties in glass fiber PVC-foam sandwich structures from different chopped fiber interfacial reinforcement through vacuum-assisted resin transfer molding (VARTM) processing. Composites Science and Technology, 2017, (144): 202-207.

[14] Vaidya U K, Pillay S, Bartus S, et al. Impact and post-impact vibration response of protective metal foam composite sandwich plates. Materials Science and Engineering: A, 2006, (428): 59-66.

[15] Nemat-Nasser S, Kang W, Mcgee J, et al. Experimental investigation of energy-absorption characteristics of components of sandwich structures. International Journal of Impact Engineering, 2007, (34): 1119-1146.

[16] Leong K, Jin L. An experimental study of heat transfer in oscillating flow through a channel filled with an aluminum foam. International Journal of Heat and Mass Transfer, 2005, (48): 243-253.

[17] Frostig Y. Behavior of delaminated sandwich beam with transversely flexible core-high order theory. Composite Structures, 1992, (20): 1-16.

[18] Crupi V, Montanini R. Aluminium foam sandwiches collapse modes under static and dynamic three-point bending. International Journal of Impact Engineering, 2007, (34): 509-521.

[19] Mccormack T, Miller R, Kesler O, et al. Failure of sandwich beams with metallic foam cores. International Journal of Solids and Structures, 2001, (38): 4901-4920.

[20] Yasaee M, Mohamed G, Hallett S R. Interaction of Z-pins with multiple mode Ⅱ delaminations in composite laminates. Experimental Mechanics, 2016, (56): 1363-1372.

[21] Tomashevskii V, Sitnikov S Y, Shalygin V, et al. A method of calculating technological regimes of transversal reinforcement of composites with short-fiber microparticles. Mechanics of Composite Materials, 1989, (25): 400-406.

[22] Tomashevskii V, Shalygin V, Romanov D, et al. Transversal reinforcement of composite materials using ultrasonic vibrations. Mechanics of Composite Materials, 1988, (23): 769-772.

[23] Dai S C, Yan W, Liu H Y, et al. Experimental study on z-pin bridging law by pullout test. Composites Science and Technology, 2004, (64): 2451-2457.

[24] Sohn M S, Hu X Z. Mode Ⅱ delamination toughness of carbon-fibre/epoxy composites with chopped Kevlar fibre reinforcement. Composites Science and Technology, 1994, (52): 439-448.

[25] Mouritz A. Review of z-pinned composite laminates. Composites Part A: Applied Science and Manufacturing, 2007, (38): 2383-2397.

[26] Steeves C A, Fleck N A. In-plane properties of composite laminates with through-thickness pin reinforcement. International Journal of Solids and Structures, 2006, (43): 3197-3212.

[27] Sohn M S, Hu X Z. Comparative study of dynamic and static delamination behaviour of carbon fibre/epoxy composite laminates. Composites, 1995, (26): 849-858.

[28] Sohn M, Hu X. Impact and high strain rate delamination characteristics of carbon fibre epoxy composites. Theoretical and Applied Fracture Mechanics, 1996, (25): 17-29.

[29] Sun S, Chen H. Quasi-static and dynamic fracture behavior of composite sandwich beams with a viscoelastic interface crack. Composites Science and Technology, 2010, (70): 1011-1016.

[30] Shi S S, Sun Z, Hu X Z, et al. Carbon-fiber and aluminum-honeycomb sandwich composites with and without Kevlar-fiber interfacial toughening. Composites Part A: Applied Science and Manufacturing, 2014, (67): 102-110.

[31] Sun Z, Hu X, Sun S, et al. Energy-absorption enhancement in carbon-fiber aluminum-foam sandwich

structures from short aramid-fiber interfacial reinforcement. Composites Science and Technology, 2013, (77): 14-21.

[32] Sun Z, Shi S, Hu X, et al. Short-aramid-fiber toughening of epoxy adhesive joint between carbon fiber composites and metal substrates with different surface morphology. Composites Part B: Engineering, 2015, (77): 38-45.

[33] Yasaee M, Bond I, Trask R, et al. Mode Ⅱ interfacial toughening through discontinuous interleaves for damage suppression and control. Composites Part A: Applied Science and Manufacturing, 2012, (43): 121-128.

[34] Sun Z, Jeyaraman J, Sun S, et al. Carbon-fiber aluminum-foam sandwich with short aramid-fiber interfacial toughening. Composites Part A: Applied Science and Manufacturing, 2012, (43): 2059-2064.

[35] Yasaee M, Bond I, Trask R, et al. Mode Ⅰ interfacial toughening through discontinuous interleaves for damage suppression and control. Composites Part A: Applied Science and Manufacturing, 2012, (43): 198-207.